Soziale Robotik

Sozialwissenschaftliche Einführungen

Herausgegeben von
Rainer Schützeichel

Band 4

Soziale Robotik

Eine sozialwissenschaftliche Einführung

Herausgegeben von
Florian Muhle

DE GRUYTER
OLDENBOURG

ISBN 978-3-11-071391-6
e-ISBN (PDF) 978-3-11-071494-4
e-ISBN (EPUB) 978-3-11-071495-1
ISSN 2570-0529
e-ISSN 2570-0537

Library of Congress Control Number: 2022945804

Bibliografische Information der Deutschen Nationalbibliothek
Die Deutsche Nationalbibliothek verzeichnet diese Publikation in der Deutschen
Nationalbibliografie; detaillierte bibliografische Daten sind im Internet über
http://dnb.dnb.de abrufbar.

© 2023 Walter de Gruyter GmbH, Berlin/Boston
Satz: Integra Software Services Pvt. Ltd.
Druck und Bindung: CPI books GmbH, Leck

www.degruyter.com

Danksagung

Die Idee zu diesem Lehrbuch entstand im Sommer 2019 im Gespräch mit Rainer Schützeichel, dem Herausgeber der Schriftenreihe ‚Sozialwissenschaftliche Einführungen', in der auch dieser Band erscheint. Zu diesem Zeitpunkt hatten das neuartige Coronavirus SARS-CoV-2 und die vom Virus ausgelöste Krankheit COVID-19 noch nicht das Licht der Welt erblickt, so dass der ursprüngliche Plan, das Buch bis Ende des Jahres 2021 fertig zu stellen, durchaus realistisch erschien. Nur wenige Monate später sah die Situation schon ganz anders aus und infolge von pandemiebedingten Kontaktbeschränkungen und Lockdowns war in vielerlei Hinsicht nicht mehr an normales Arbeiten zu denken. Insbesondere Kolleg:innen mit Sorge-Verantwortung waren und sind bis heute von den zusätzlichen Belastungen durch die globale Pandemie betroffen.

Letztlich hat sich dies auch auf die Fertigstellung dieses Buches ausgewirkt, das nun einige Monate nach dem ursprünglich geplanten Datum erscheinen wird. Vor diesem Hintergrund möchte ich allen Kolleg:innen, die mit ihren Beiträgen zum Gelingen dieses Buches beigetragen haben für Ihre Geduld und ihre Mitarbeit einen großen Dank aussprechen. Ich freue mich sehr, dass alle an Bord geblieben sind und bin zuversichtlich, dass sich die Mühen gelohnt haben!

Ebenso gebührt mein Dank dem Verlag De Gruyter Oldenbourg für das Vertrauen in das Buchprojekt und hier vor allem Lucy Jarman und Maximilian Geßl, welche die Entstehung des Buches mit großer Geduld begleitet haben und für Rückfragen stets zur Verfügung standen.

Schließlich haben mich im Laufe der drei Jahre des Entstehens einige Personen unterstützt, indem sie mir bei Formatierungen und Korrekturen geholfen haben. An der Universität Bielefeld, an der ich bis Ende 2021 beschäftigt war, sind dies Sabine Adam und Fatih Car. An der Zeppelin Universität in Friedrichshafen, an der ich seitdem tätig bin, habe ich in den letzten Wochen vor Fertigstellung des Manuskriptes tatkräftige Unterstützung durch meine Mitarbeiterin Judith Reinbold erhalten, ohne die sich das Projekt wohl noch einmal einige Zeit in die Länge gezogen hätte. Daher gilt ihr ein besonders großer Dank.

Ich hoffe, dass das Buch auf interessierte und kritische Leser:innen stößt und freue mich über Feedback sowohl von Kolleg:innen, die Texte aus dem Buch in der Lehre einsetzen als auch von Studierenden für die das Buch ja in erster Linie gedacht ist und denen es Lust auf die sozialwissenschaftliche Auseinandersetzung mit Technik im Allgemeinen und sozialer Robotik im Besonderen machen soll.

Bielefeld, im August 2022   Florian Muhle

https://doi.org/10.1515/9783110714944-202

Inhaltsverzeichnis

Florian Muhle

1 Soziale Robotik aus Perspektive der Sozialwissenschaften – Zur Einführung

‚Soziale Roboter' sind – Stand heute – keinesfalls gesellschaftsweit verbreitet. Eher erscheinen sie als Wesen aus der Zukunft, die uns aus der Science-Fiction vertraut sind, nicht jedoch aus unserem Alltag. Zu denken wäre hier etwa an bekannte Roboter wie den emotionslosen Androiden *Data* aus der zweiten ‚Star Trek'-Generation, den stets peniblen Protokolldruiden *C3PO* aus ‚Star Wars', aber auch an den mit Tötungsauftrag ausgestatteten *Terminator* aus dem gleichnamigen Film oder die um ihr Leben und ihre Freiheit kämpfende *Ava* aus ‚Ex Machina'.

Nichtsdestotrotz wird nicht nur in Filmen, die in der Zukunft spielen, an sozialen Robotern gebaut. Vielmehr versuchen Forscher:innen in der ganzen Welt schon heute als Teil aktueller Forschungen zur Künstlichen Intelligenz (KI) die Vision von sozialen Robotern Wirklichkeit werden zu lassen. Tatsächlich gibt es erste Systeme, die bereits kommerziell vertrieben werden und/oder in verschiedenen Kontexten zum Einsatz kommen. So lassen sich bspw. im Heinz Nixdorf MuseumsForum (HNF) in Paderborn, dem größten Computermuseum der Welt, einige solcher Systeme betrachten und ausprobieren (vgl. Abb. 1.1) und auch in manchem Bau- oder Elektromarkt wurden bereits Roboter als ‚elektronische Assistenten' eingesetzt.

Wer einmal die Gelegenheit hat mit entsprechenden Systemen zu ‚interagieren'[1], wird allerdings schnell feststellen, dass diese bis auf ihr Äußeres noch nicht viel mit den Vorbildern aus der Science-Fiction gemeinsam haben, da v. a. ihre kommunikativen Fähigkeiten bisher – insbesondere im Vergleich mit den Filmvorbildern – eher bescheiden anmuten (vgl. Krummheuer 2010; Pfadenhauer & Dukat 2014; Muhle 2019). Dennoch handelt es sich um erste Prototypen, die deutlich machen, dass ‚intelligente' sprachfähige Maschinen an der Schwelle zum Eintritt in den Alltag stehen und in Anbetracht einer zunehmend technisierten und digitalisierten Welt auch das Potential besitzen, sich einen dauerhaften Platz darin zu sichern[2].

---

[1] Ob es sich bei Begegnungen mit humanoiden Robotern im soziologischen Sinne um Interaktionen handelt, ist durchaus umstritten.

[2] Angesichts ‚intelligenter' Sprachassistenten, welche mittlerweile in den meisten Mobiltelefonen und Computern oder auch in privaten Wohnräumen implementiert sind, lässt sich dies wohl kaum bezweifeln.

https://doi.org/10.1515/9783110714944-001

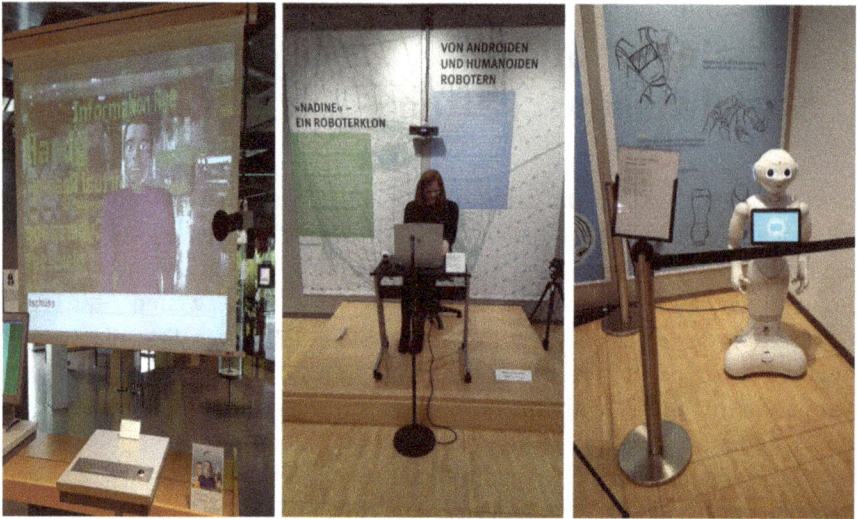

Abb. 1.1: Soziale Roboter im HNF, links der digitale Avatar MAX, in der Mitte Android NADINE und rechts Roboter PEPPER.

Entsprechend scheint es an der Zeit, dass sich nicht nur die Technikwissenschaften, sondern auch die Sozialwissenschaften dem Thema Soziale Robotik und den damit verbundenen Herausforderungen in systematischer Weise stellen. Denn wenn diese Systeme tatsächlich den Alltag erobern, tragen sie sicher zur Veränderung sozialer Handlungs- und Kommunikationszusammenhänge bei und vermögen gar unser traditionell menschenzentriertes Verständnis von Sozialität ins Wanken zu bringen. Vor diesem Hintergrund möchte das vorliegende Lehrbuch in die sozialwissenschaftliche Beschäftigung mit der sozialen Robotik einführen und in von profilierten Forscher:innen im Feld verfassten Beiträgen aufzeigen, wie sich die Sozialwissenschaften aus unterschiedlichen Perspektiven dem Phänomen nähern können, welche dieses zugleich ernst nehmen und auf (sozialwissenschaftliche) analytische Distanz bringen.

Zum Einstieg soll im Folgenden kurz geklärt werden, was unter sozialen Robotern eigentlich zu verstehen ist und was die Entwicklung dieser technischen Systeme antreibt, um anschließend den Aufbau des Lehrbuches zu skizzieren und knappe Überlegungen zum (Lehr-)Gebrauch dieses Buches zu präsentieren.

1.1 Was ist unter sozialen Robotern zu verstehen?

Es gibt unterschiedliche Arten zu definieren, was Roboter im Allgemeinen und soziale Roboter im Besonderen sind. Dies wird nicht zuletzt auch in den Beiträgen dieses Buches deutlich, die in jeweils unterschiedlicher Weise und mit verschiedenen Schwerpunkten ihr eigenes Verständnis sozialer Roboter skizzieren. Erkennbar wird an der existierenden Vielfalt möglicher Definitionen aber nicht nur, dass die gewählte analytische Perspektive immer auch die Bestimmung eines Gegenstands mit beeinflusst. Darüber hinaus zeigt sich, dass die soziale Robotik ein vergleichsweise junges Forschungsfeld darstellt, in dem gegenwärtig noch ausgehandelt wird, was soziale Roboter sind bzw. sein sollen und zu welchen Zwecken sie entwickelt und gebaut werden. Nichtsdestotrotz lässt sich in einem ersten Zugriff sagen, dass soziale Roboter technische Systeme sind, die einerseits im weitesten Sinne ein menschenähnliches Äußeres besitzen und andererseits – zumindest dem Anspruch der Entwickler:innen nach – in der Lage sein sollen, i. w. S. in Interaktion mit Menschen zu treten. Interaktion kann hierbei sowohl die verbale Kommunikation mit Menschen meinen (vgl. Kap. 9) als auch das gemeinsame Tun mit Menschen, bspw. in Arbeitszusammenhängen (vgl. Kap. 8).

Umstritten ist in der sozialen Robotik, wie weit die Menschenähnlichkeit und die kommunikativen Fähigkeiten der Systeme gehen und zu welchen Zwecken diese überhaupt entwickelt werden sollen. In vereinfachter Darstellung können hierbei zwei Strömungen innerhalb der sozialen Robotik unterschieden werden[3]. Auf der einen Seite stehen Forscher:innen, die das Ziel haben, technische Systeme zu entwickeln, die tatsächlich über soziale Fähigkeiten verfügen, als ‚künstliche Personen' kaum noch von uns unterscheidbar sind und damit verbunden auch in der Lage sein sollen in soziale Beziehungen mit Menschen einzutreten (vgl. Decker 2010: 46 ff.). Eine solche Sichtweise vertritt etwas Cynthia Breazeal, eine der Pionier:innen der sozialen Robotik, der zufolge ein sozialer Roboter in der Lage sein sollte, mit Menschen in einer persönlichen Weise zu kommunizieren, sich selbst und Andere als soziale Wesen wahrzunehmen, zu lernen und sich vor dem Hintergrund gemachter Erfahrungen an seine Umwelt anzupassen (vgl. Breazeal 2002: 1). Das heißt für Breazeal „in short, a sociable robot is socially intelligent in a humanlike way, and interacting with it is like interacting with another person" (Breazeal 2002: 1).

---

3 Innerhalb der Forschung zur Künstlichen Intelligenz stellt die Entwicklung sozialer Roboter nur einen kleinen Teilbereich dar. Zur Entwicklung der KI-Forschung im Allgemeinen und der sozialwissenschaftlichen Beschäftigung mit derselben, vgl. Kapitel 2 und 3.

Dieser Sichtweise zufolge geht es also darum, Maschinen zu bauen, die kaum noch vom Menschen unterscheidbar sind und damit verbunden letztlich auch nicht mehr als Maschinen konzipiert werden, sondern als menschenähnliche Personen, die zu Gefährt:innen und Partner:innen des Menschen werden. Manche Entwickler:innen veranlasst dies gar dazu, androide Roboter zu entwickeln, die nicht mehr wie Roboter aussehen, sondern „in ihrem Äußeren einem Mann oder einer Frau „zum Verwechseln" ähnlich sehen" (Decker 2010: 45). Roboter Nadine, der in der Mitte von Abb. 1.1 zu sehen ist, stellt ein gutes Beispiel für einen solchen androiden Roboter dar (vgl. auch Kap. 9).

Ob es aber überhaupt möglich und sinnvoll ist, Maschinen mit entsprechenden Fähigkeiten und Eigenschaften auszustatten, ist hochgradig umstritten und bereits seit den Anfängen der Forschung zur KI Gegenstand von Debatten. Damit verbunden existiert neben den Vertreter:innen einer ‚starken KI' auch eine Strömung, welche eine ‚schwache KI' vertritt. Vertreter:innen dieser Strömung sind im Vergleich mit ihren Kolleg:innen weniger anspruchsvoll hinsichtlich der tatsächlichen sozialen und kognitiven Fähigkeiten von Robotern und verfolgen andere Ziele. So wird hier der Bau humanoider sozialer Roboter eher als Mittel zum Zweck betrachtet (vgl. Decker 2010: 49 ff.) und eine Menschenähnlichkeit von Robotern wird v. a. angestrebt, um einerseits Menschen eine möglichst intuitive und ‚natürliche' Interaktion mit den Systemen zu ermöglichen und es andererseits den Robotern zu erlauben, kompetent in für Menschen gemachten Umgebungen zu agieren (vgl. Decker 2010: 49 ff.). Vertreter:innen der genannten zweiten Strömung geht es demnach nicht darum, tatsächlich Roboter als künstliche Personen mit sozialen Eigenschaften zu entwickeln, sondern es wird als hinreichend angesehen, wenn Roboter von Menschen als soziale Wesen wahrgenommen und behandelt werden (vgl. Hegel et al. 2009) und/oder in soziale Handlungszusammenhänge eingebunden werden.

Der Unterschied zwischen starker und schwacher KI ist nicht trivial, sind damit doch sowohl unterschiedliche Anspruchsniveaus an die Fähigkeiten und Eigenschaften von Robotern verbunden als auch unterschiedliche Verständnisse von Sozialität (vgl. hierzu auch die Kap. 7 bis 10). Schließlich ist es im ersten Fall notwendig, einer Maschine bestimmte Fähigkeiten und Eigenschaften zu implementieren, während es im anderen Fall ausreicht, diese zu simulieren, um Menschen dazu zu veranlassen, entsprechende Fähigkeiten zuzuschreiben[4] oder mit Maschinen in Interaktion zu treten. In Einklang mit den vergleichsweise niedri-

---

4 Begünstigt wird dies durch menschliche Tendenzen zur Anthropomorphisierung unbelebter Gegenstände (vgl. hierzu grundlegend Luckmann 1980 und mit Blick auf Computer Reeves/ Nass 1996).

gen Ansprüchen an künstliche Intelligenz werden soziale Roboter von Vertreter:-innen der schwachen KI auch weniger als Partner:innen konzipiert, sondern eher als untergeordnete Assistent:innen und Gehilf:innen von Menschen, denen sie bspw. unliebsame Arbeiten abnehmen. Im weitesten Sinne können so auch (autonome) Fahrassistenzsysteme (vgl. Kap. 5) und Roboterarme in industriellen Anwendungen (vgl. Kap. 8) als soziale Robotersysteme begriffen werden.

Deutlich wird, dass die soziale Robotik ein dynamisches und keineswegs einheitliches Forschungsfeld darstellt, in dem ebenso konkurrierende Ziele und Zwecke verfolgt werden, wie unterschiedliche Vorstellungen von Menschen und Maschinen zirkulieren, die Einfluss auf die Ziele und Zwecke nehmen. Soziale Roboter stellen damit nicht einfach nur neue Kommunikations- und Interaktionstechnologien dar. Vielmehr wird in der sozialen Robotik auch verhandelt, was Sozialität ist, was Menschen und Maschinen unterscheidet und wie das zukünftige Verhältnis von Menschen und Maschinen gestaltet werden soll. Je nachdem welche der Strömungen der sozialen Robotik sich durchzusetzen vermag, wird die Zukunft des Mensch-Maschine-Verhältnisses anders aussehen und werden sich auch andere Folgen für die Gesellschaft und unser Verständnis von Sozialität ergeben. So macht es sicher einen Unterschied, ob Roboter in Privathaushalten in Zukunft lediglich den Geschirrspüler ausräumen werden oder als Teil der Familie darauf beharren (können) als Person wahrgenommen und behandelt zu werden.

Damit bietet sich die soziale Robotik als bedeutsames Forschungsfeld für die sozialwissenschaftliche Technikforschung an, die sich dafür interessiert, welche Annahmen und Vorstellungen in die Entwicklung dieser technischen Systeme einfließen (sollten) und welche Folgen die Etablierung derselben für Gesellschaft und soziale Beziehungen nach sich zieht. Doch nicht nur für die Technikforschung im engeren Sinne ist die soziale Robotik hochgradig relevant. Denn wenn zumindest ein Teil der Robotikforschung darauf abzielt, tatsächlich künstliche Personen zu erschaffen, stellt dies auch die Sozialwissenschaften und ihr eigenes Selbstverständnis vor Herausforderungen. Schließlich werden auf diese Weise traditionelle Annahmen, die den Bereich des Sozialen exklusiv für Menschen reservieren, ins Wanken gebracht und es stellt sich die Frage, ob und inwiefern die menschenzentrierten Sozialwissenschaften die Grenzen ihres Gegenstandsbereiches erweitern müssen, wenn neben Menschen möglicherweise (künftig) auch Maschinen zu sozialen Akteuren werden. Die soziale Robotik weist damit nicht nur für die Technikwissenschaften, sondern auch für die Gesellschaft und die Sozialtheorie einige Herausforderungen auf. Wie diese in den Blick genommen werden können, ist Gegenstand dieses Lehrbuches.

1.2 Zum Aufbau des Buches

Das Lehrbuch beleuchtet in drei Abschnitten relevante Aspekte der sozialen Robotik aus sozialwissenschaftlicher Perspektive. Die einzelnen Beiträge stammen von einschlägigen Forscher:innen im Bereich der sozialwissenschaftlichen Beschäftigung mit der sozialen Robotik und zeigen somit zugleich auch das Spektrum der Möglichkeiten der Auseinandersetzung mit diesem innovativen Forschungsfeld auf.

Der erste Abschnitt setzt sich in grundlegender Weise mit der (Vor-)Geschichte der KI-Forschung sowie des ‚Traums‘ vom künstlichen Menschen auseinander und zeichnet nach, wie die Sozialwissenschaften seit den 1980er Jahren das Thema begleitet haben. Auf diese Weise soll in das Thema eingeführt und Hintergrundwissen für die Beschäftigung mit der sozialen Robotik bereitgestellt werden. Der Beitrag von *Florian Muhle* zur Geschichte der KI-Forschung (Kap. 2) skizziert hierzu ausgehend vom Menschheitstraum der Erschaffung künstlicher Personen einige Entwicklungsschritte der KI-Forschung von der Entstehung der modernen ‚klassischen KI‘, der es darum ging, ‚denkende‘ Maschinen zu entwickeln, hin zu gegenwärtigen Ansätzen der Erschaffung ‚sozialer‘ Maschinen, die nicht mehr (nur) besser und schneller denken können sollen als Menschen, sondern auch mit diesen interagieren. Hieran anschließend skizziert *Werner Rammert*, einer der Pioniere in der (deutschsprachigen) sozialwissenschaftlichen Debatte um die KI, wie die Soziologie zur KI gekommen ist und sich auch im Zusammenspiel mit wechselnden Phasen der Technikentwicklung die sozialwissenschaftlichen Zugänge und Forschungsfragen verändert haben (Kap. 3). Damit schafft er die Grundlage für das Verständnis der sozialwissenschaftlichen Beschäftigung mit der KI und eine Einordnung der folgenden Beiträge in den Abschnitten 2 und 3.

Im zweiten Teil stehen Perspektiven der sozialwissenschaftlichen Technikforschung auf die soziale Robotik im Zentrum, die sich sowohl mit der Herstellung sozialer Roboter in den Laboren der Technikwissenschaften und den gesellschaftlichen Folgen der Entwicklung und Etablierung sozialer Roboter befassen als auch der Frage nachgehen, welchen konstruktiven Beitrag die Sozialwissenschaften zur Entwicklung sozialer Roboter leisten können. Den Beginn macht der Beitrag von *Andreas Bischof*, der basierend auf seiner eigenen Feldforschung in Robotik-Laboren zeigt, wie sich die Entstehung und Entwicklung sozialer Roboter sozialwissenschaftlich beforschen lässt und damit nicht nur einen Einblick in die epistemischen Praktiken der sozialen Robotik gewährt, sondern auch in die Technikgeneseforschung und deren Fragestellungen und wichtige analytische Konzepte (Kap. 4). Daran anschließend stellt *Michael Decker* die Perspektive der Technikfolgenabschätzung (TA) vor, der es darum geht, möglichst frühzeitig mögliche Folgen technischer Entwicklungen zu antizipieren, um diese in öffentlichen Debatten und politischen Entscheidungsprozessen berücksichtigen zu können (Kap. 5). Hierbei skizziert er einerseits die konzeptuelle und methodische Entwicklung der TA und stellt andererseits exemplarisch dar, wie TA-Studien zur sozialen Robotik konkret vorgehen (können). Unter anderem zeigt er hierbei auch das Potenzial von TA zur Identifizierung realer Bedarfe für Technikentwicklung und damit verbundene Möglichkeiten auf, Einfluss auf konkrete Entwicklungsprozesse zu nehmen. Diesen Aspekt vertieft *Antonia Krummheuer* in ihrem (englischsprachigen) Beitrag, der genauer darauf eingeht, wie Soziolog:innen mit ihrem Begriffs- und Methodenapparat konstruktiv zur Entwicklung sozialer Roboter beitragen können (Kap. 6). So stellt sie einen soziologischen Werkzeugkasten vor, der es Sozialwissenschaftler:innen ermöglicht, ihre etablierte Rolle als (kritische) Beobachter:innen der Technikentwicklung zu verlassen und sich selbst mit ihrem Wissen und ihren Fähigkeiten in gemeinsame Entwicklungsprojekte mit Technikwissenschaftler:innen einzubringen.

Im Zentrum des dritten Abschnittes stehen dann sozialtheoretische Perspektiven auf die Sozialität sozialer Roboter. Im Fokus stehen damit nicht mehr im engeren Sinne techniksoziologische Fragestellungen, sondern Probleme der allgemeinen Soziologie. Die traditionelle ‚Humanzentrierung' der Sozialwissenschaften (mehr oder weniger) verlassend, gehen die hier versammelten Beiträge der Frage nach, ob und inwiefern es jenseits der formulierten Ansprüche der Technikentwickler:innen auch aus sozialwissenschaftlicher Perspektive sinnvoll erscheint, eine Sozialität von oder mit Robotern anzunehmen. Die Beiträge nehmen dabei unterschiedliche sozialtheoretische Perspektiven ein und zeigen auf diese Weise nicht nur, wie aus der jeweiligen Perspektive die mögliche Sozialität von und mit Robotern konzipiert und untersucht wird. Darüber hinaus wird es möglich, im Vergleich der Beiträge zu erkennen, dass und wie die Beantwortung der Frage von bestimmten sozialtheoretischen Vorannahmen und Setzungen beeinflusst wird. Konkret wird es um vier sozialtheoretische Perspektiven gehen, die innerhalb sozialtheoretischer Diskussionen um die Sozialität von und mit Robotern derzeit eine wichtige Rolle spielen (vgl. Muhle 2018). Den Beginn macht der Beitrag von *Michaela Pfadenhauer* und *Annalena Mittlmeier*, in dem die Autorinnen in der Tradition des Sozialkonstruktivismus nachzeichnen, wie sich aus wissenssoziologischer Perspektive Sozialität verändert, wenn Roboter in diese integriert werden (Kap. 7). Dabei zeigen sie auch aktuelle konzeptuelle Veränderungen der Wissenssoziologie und deren Modifikation hin zu einem Kommunikativen Konstruktivismus auf und betonen aus der gewählten Perspektive bedeutsame Unterschiede zwischen menschlichen Sinnsetzungsprozessen und den Grundlagen maschinellen Operierens. Damit verbunden betrachten sie Roboter nicht als soziale Akteure, sondern als ‚Objektivationen' menschlichen Handelns. Im Unterschied hierzu wählen *Ingo Schulz-Schaeffer, Martin Meister, Tim*

Clausnitzer und *Kevin Wiggert* eine handlungstheoretische Perspektive (Kap. 8). Grundlage hierfür bildet das von Werner Rammert und Ingo Schulz-Schaeffer in den frühen 2000er Jahren entwickelte Konzept des gradualisierten Handelns, das unterschiedliche Ebenen der Handlungsfähigkeit unterscheidet und diese damit nicht (mehr) fest an bewusste Sinngebungen bindet. In der Folge werden in der gewählten handlungstheoretischen Einstellung auch Roboter, die nicht mit Bewusstsein ausgestattet sind, anders als in der wissenssoziologischen Perspektive als (mit-)handelnde Einheiten betrachtet, die in sozio-technische Konstellationen verteilten Handelns zwischen Mensch und Maschine eingebunden sind. Eine nochmals andere Sichtweise stellt *Florian Muhle* vor, wenn er darlegt, wie soziale Roboter aus kommunikationstheoretischer Perspektive in den Blick genommen werden können (Kap. 9). Diese interessiert sich anders als kommunikativer Konstruktivismus und Handlungstheorie nicht für die (Handlungs-)Fähigkeiten von Menschen und Maschinen, sondern fokussiert auf die Analyse von Kommunikationsprozessen, an denen diese beteiligt sind, wodurch Fragen bzgl. des Akteursstatus von sozialen Robotern noch einmal anders gestellt und beantwortet werden als in den konkurrierenden Theorieperspektiven. Den Abschluss bildet schließlich die Perspektive eines feministischen Neomaterialismus, die von *Pat Treusch* vorgestellt wird (Kap. 10). Diese Perspektive ist im Kontext einer größeren sozialtheoretischen Bewegung zu verorten, der es darum geht, die Verwobenheit menschlicher und materieller Handlungsfähigkeiten stärker als bisher in der Sozialtheorie üblich dezidiert in den Blick zu nehmen. Spezifisch feministisch hierbei ist insbesondere die Anerkennung und Betonung der politisch-ethischen Dimension dieser Verwobenheit inklusiver ihrer Machtkonstellationen. In diesem Sinne geht es der vorgestellten Perspektive um die situierte Analyse von Macht-, Raum- und Zeit-Gefügen des Zusammenwirkens von menschlichen und nichtmenschlichen Entitäten, in denen deren Identitäten und Eigenschaften diskursiv-materiell stabilisiert oder destabilisiert werden. Wie entsprechende Analysen aussehen können, zeigt die Autorin am Beispiel ihrer Forschung in einem Küchenrobotiklabor.

1.3 Zum Gebrauch dieses Buches

Das Lehrbuch ist so konzipiert, dass die einzelnen Kapitel als Textgrundlage für Sitzungen eines sozialwissenschaftlichen Seminares zur sozialen Robotik dienen können. Dabei kann entweder das ganze Buch (in der vorgeschlagenen systematischen Reihenfolge) zur Seminargrundlage gemacht werden oder es können je nach Interesse und Schwerpunktsetzung einzelne Kapitel gewählt werden. Dementsprechend sind die Beiträge so gestaltet, dass sie aus sich heraus verständlich sein sollten und die Lektüre anderer Kapitel hierfür nicht vorausgesetzt wird. Dies führt sicherlich zu gewissen Redundanzen, da viele Beiträge noch einmal definieren, was sie unter sozialen Robotern verstehen. Gleichzeitig wird so aber auch die Vielfalt möglicher Definitionen sichtbar (vgl. Kap. 1.1).

Ein Anliegen des Buches ist zudem, nicht nur abstrakt in die sozialwissenschaftliche Beschäftigung mit der sozialen Robotik einzuführen, sondern auch exemplarisch – und damit notwendigerweise hochgradig selektiv –zu zeigen, wie konkrete empirische Forschung in diesem Feld aussieht bzw. aussehen kann. Darum finden sich in den meisten Kapiteln explizite Hinweise auf konkrete Fallstudien, die i.d.R. von den Autor:innen selbst durchgeführt worden sind. Zur Vertiefung der Auseinandersetzung mit den jeweiligen Perspektiven bietet es sich sicherlich an, die jeweils an anderer Stelle in ausführlicher Darstellung publizierten Studien in den Seminarplan von Lehrveranstaltungen zu integrieren.

Konzeption und Erstellung dieses Lehrbuches waren zudem von der Hoffnung begleitet, neben einer Einführung in die sozialwissenschaftliche Beschäftigung mit der sozialen Robotik eine knappe Einführung in Fragen und Problemstellungen der Techniksoziologie und der Sozialtheorie zu bieten. Auch in dieser Hinsicht bietet es sich an, die techniksoziologisch orientierten Texte im zweiten Teil des Buches um techniksoziologische Grundlagenliteratur zu ergänzen. Gleiches gilt für die sozialtheoretisch orientierten Texte im dritten Teil. Diese können zugleich als Einführung in Grundbegriffe der Soziologie gelesen und entsprechend um weitere sozialtheoretische Einführungsliteratur ergänzt werden. Umgekehrt ist es ebenso denkbar, einzelne Texte im Rahmen von allgemeineren Einführungen in die Techniksoziologie oder Sozialtheorie zu verwenden und den Gegenstand der sozialen Robotik als Fallbeispiel zu nutzen. In diesem Sinne ist das Buch auch als eine Einladung zu verstehen, die versammelten Texte in anderen Kontexten zu verwenden und fruchtbar zu machen.

Literatur

Breazeal, C., 2002: Designing Sociable Robots. Cambridge MA: Cambridge University Press.

Decker, M., 2010: Ein Abbild des Menschen: Humanoide Roboter. S. 41–62 in: Bölker, M., M. Gutmann, & W. Hesse, (Hrsg.), Information und Menschenbild. Berlin, Heidelberg: Springer.

Hegel, F., C. Muhl, B. Wrede, M. Hielscher-Fastabend & G. Sagerer, 2009: Understanding Social Robots. S. 169–174 in: IEEE Computer Society (Hrsg.), The Second International

Conferences on Advances in Computer-Human Interactions (ACHI). Cancun, Mexico: IEEE. doi:10.1109/achi.2009.51.

Krummheuer, A., 2010: Interaktion mit virtuellen Agenten? Zur Aneignung eines ungewohnten Artefakts. Stuttgart: Lucius & Lucius.

Luckmann, T., 1980: Über die Grenzen der Sozialwelt. S. 56–92 in: Luckmann, T., Lebenswelt und Gesellschaft. Grundstrukturen und geschichtliche Wandlungen. Paderborn: Schöningh.

Muhle, F., 2018: Sozialität von und mit Robotern? Drei soziologische Antworten und eine kommunikationstheoretische Alternative. Zeitschrift für Soziologie 47: 147–163.

Muhle, F., 2019: Humanoide Roboter als ‚technische Adressen'. Zur Rekonstruktion einer Mensch-Roboter-Begegnung im Museum. Sozialer Sinn 20: 85–128.

Pfadenhauer, M. & C. Dukat, 2014: Künstlich begleitet. Der Roboter als neuer bester Freund des Menschen? S. 189–210 in: Grenz, T. & G. Möll (Hrsg.), Unter Mediatisierungsdruck. Wiesbaden: Springer Fachmedien Wiesbaden.

Reeves, B. & C.I. Nass, 1996: The media equation: How people treat computers, television, and new media like real people and places. Cambridge MA: Cambridge University Press.

Teil 1: Einführung in die Geschichte der KI und der sozialwissenschaftlichen KI-Forschung

Florian Muhle
2 (Vor-)Geschichte der Künstliche-Intelligenz-Forschung und der sozialen Robotik

2.1 Einleitung

Die soziale Robotik lässt sich als eines von vielen Forschungsfeldern innerhalb der Künstliche-Intelligenz (KI)-Forschung verorten.[1] Diese hat sich in den mittlerweile gut 70 Jahren ihrer Existenz hochgradig ausdifferenziert und zahlreiche, keineswegs homogene Forschungszweige hervorgebracht[2]. Neben der sozialen Robotik ist hier heute v. a. die Entwicklung von Techniken des maschinellen Lernens relevant, mit deren Hilfe große Datenmengen verarbeitet und analysiert werden und die etwa in Empfehlungssystemen oder bei der Steuerung autonomer Fahrzeuge zum Einsatz kommen.

Die gemeinsame Klammer der unterschiedlichen Zweige der KI-Forschung besteht darin, dass diese immer darauf zielen, ‚intelligente' Technik zu entwickeln, die weitgehend autonom operieren kann. Von Anfang an bildete hierbei die menschliche Intelligenz den Gradmesser für die Entwicklung von KI und es ging darum, Maschinen zu entwickeln, die dem Menschen und seinen Fähigkeiten mindestens ebenbürtig, wenn nicht gar überlegen sind. Genau dies macht wohl die Faszination, aber auch die Bedrohlichkeit künstlicher Intelligenz aus, die insbesondere in der Science-Fiction vielfach thematisiert wird.

In den folgenden Ausführungen geht es nun nicht darum, die komplexen und widerstreitenden Debatten, Phasen und Forschungszweige innerhalb der KI-Forschung in aller Ausführlichkeit und Detailliertheit wiederzugeben. Vielmehr werden insbesondere solche Entwicklungen fokussiert, die für die Herausbildung des heutigen Forschungszweigs der sozialen Robotik von Bedeutung sind und denen es dezidiert um die Erschaffung möglichst menschenähnlicher Maschinen geht. Ihren Ursprung haben diese letztlich in Visionen der Erschaffung künstlicher Menschen, die schon wesentlich älter sind als die KI-Forschung selbst. Mit diesen älteren Visionen, die bis in die Antike zurückführbar sind, startet auch der Beitrag (Kapitel 2.2). Hieran anschließend wird der Beginn der modernen KI

---

1 Teile dieses Beitrags beruhen auf den Kapiteln 2.2 und 2.3 in Muhle (2013).
2 Als Geburtsstunde gilt die sog. ‚Dartmouth Conference' im Jahr 1956. Diskussionen über maschinelle Intelligenz haben aber auch schon ein paar Jahre eher eingesetzt.

https://doi.org/10.1515/9783110714944-002

ab den 1950er Jahren thematisiert, der im Vergleich zu vorherigen Versuchen der Erschaffung menschenähnlicher Maschinen mit der Schaffung neuer Kriterien der Menschenähnlichkeit von Maschinen einher geht. Stand zuvor die Konstruktion sich bewegender Automaten im Fokus, ging es nun darum, menschliche Denkprozesse zu simulieren (Kapitel 2.3). Die damit verbundenen Versuche waren aber nicht sehr erfolgreich, sodass ab Mitte der 1980er Jahre ein Paradigmenwechsel innerhalb der KI-Forschung beobachtbar ist. In dessen Folge geht es heute in vielen Bereichen der KI darum, Systeme zu entwickeln, die ihre Intelligenz in der Interaktion sowohl mit ihrer menschlichen als auch ihrer nicht-menschlichen Umwelt zeigen und entwickeln. Dies gilt für lernende Algorithmen im Bereich des ‚machine learning' ebenso wie für soziale Roboter, die konstruiert werden, um sich kompetent und autonom in ihrer Umgebung zu bewegen und mit ihren menschlichen Nutzer:innen zu kommunizieren (Kapitel 2.4).

2.2 Vorgeschichte der KI: Der Traum vom künstlichen Menschen

Schon lange gesellschaftlich zirkulierende Visionen der Erschaffung künstlicher Menschen sind in ihrer Bedeutung für die Entstehung der KI-Forschung nicht zu unterschätzen (vgl. zur Sozialrobotik als Realisierung von Visionen auch Kapitel 4). So reichen die Wurzeln der Idee, selbständige, dem Menschen ähnliche, aber dennoch unabhängige Maschinen zu entwickeln, (mindestens) bis in die Antike zurück. Denn schon in der antiken griechischen Mythologie spielt die Entwicklung künstlicher Personen eine wichtige Rolle: „Die vielleicht frühesten Beispiele für den Drang, künstliche Personen zu schaffen, sind die griechischen Götter", resümiert Pamela McCorduck (1987: 16) in ihrer (durchaus affirmativen) ‚Geschichte der künstlichen Intelligenz'. Es ist der Mythologie zufolge insbesondere Hephaistos, Gott des Feuers und göttlicher Schmied, der in seiner Werkstatt künstliche Wesen erschafft, darunter auch die Pandora, welche mit ihrer Büchse alles Übel in die Welt bringt (McCorduck 1987: 16). Doch nicht nur die griechischen Götter, auch griechische Gelehrte versuchten bereits vor ca. 2000 Jahren selbsttätige Automaten zu bauen. Berühmt geworden ist etwa ein automatisches Theater, welches Heron von Alexandria entwickelt hat, in dem sich die Bühne eigenständig öffnet und schließt und auch Figuren automatisch bewegt werden.

In der Neuzeit erlebte der Automatenbau ab der Renaissance eine Wiederbelebung, und es wurde teilweise mit explizitem Bezug auf die Automaten des antiken Griechenlands von Neuem an der Entwicklung menschenähnlicher Automaten gearbeitet. Von Leonardo da Vinci wurden bspw. Skizzen gefunden, die einen künstlichen Ritter beschreiben, der automatisch Schultern, Ellenbogen, Arme und Handgelenke [...] [bewegen] sowie das Visier öffnen" (Mockenhaupt 2021: 300) konnte. Im 18. Jahrhundert erlebte der Automatenbau dann seine Hochzeit: Insbesondere die Automaten des französischen Ingenieurs Jacques des Vaucanson – darunter u. a. ein automatischer Flötenspieler und eine mechanische Ente – gelangten zu einiger Berühmtheit und faszinieren noch heute. In gewisser Hinsicht können all diese Automaten, die mithilfe von Mechanik und Pneumatik in der Lage waren, sich zu bewegen und weitere Aktivitäten zu vollziehen, als frühe Formen von Robotern betrachtet werden, denen es gelang, mithilfe klug erdachter Mechanismen den Eindruck von Lebendigkeit zu erwecken. Für entsprechende Automaten galt lange Zeit, dass sie umso vollkommener seien, je besser sie die Bewegungen von Menschen nachzuahmen wissen (Heintz 1993: 273 f.).

Forschende im Bereich der sozialen Robotik sehen sich durchaus in der Tradition dieser frühen Automatenbauer (Dautenhahn 2007), zielen sie doch ebenso darauf ab, künstliche Systeme zu bauen, die autonom operieren und sich in ihrer Umwelt kompetent bewegen können (vgl. Abschnitt 4). Dennoch hat die moderne KI im 20. Jahrhundert zunächst einen ganz anderen Weg eingeschlagen. Denn mit der Entstehung der ersten modernen Computer änderten sich auch die Kriterien für die Menschenähnlichkeit von Maschinen: Mit dem Wandel von mechanischen Automaten hin zu informationsverarbeitenden Maschinen wurde anstelle von Beweglichkeit vorerst zunehmend Intelligenz und damit verbunden v. a. ‚Denkfähigkeit' als Kriterium für die Menschenähnlichkeit von Maschinen relevant.

2.3 Moderne KI: Mensch und Maschine als informationsverarbeitende, regelgeleitet operierende Systeme

Einen wichtigen Meilenstein für die Entwicklung moderner Computer und damit verbunden für die Entstehung der KI-Forschung stellt ein mittlerweile weltberühmter Aufsatz des britischen Mathematikers und Logikers Alan Turing dar (Turing 1936). In diesem Aufsatz erarbeitet Turing die formalen Grundlagen für die Ersetzung menschlicher Tätigkeiten durch Maschinen und legt so den Grundstein für den angesprochenen Paradigmenwechsel in der Konstruktion menschenähnlicher Maschinen von mechanischen Apparaten zu informationsverarbeitenden Maschinen (vgl. Kapitel 3.3). Folgten Maschinen zuvor den Gesetzen der Kinematik, entwirft Turing eine universale Rechenmaschine, die den Weg zur Digitalisierung, Programmierung und Softwareentwicklung frei macht und somit neue Horizonte für die Entwicklung ‚intelligenter' Maschinen öffnet (Rammert 1995: 92 ff).

Turing beschreibt, zunächst als Gedankenmodell am Beispiel eines rechnenden Menschen, die später nach ihm benannte Turingmaschine[3] – den Idealtypus des modernen Computers. Mithilfe seines Gedankenexperimentes möchte Turing in erster Linie zur Präzisierung des Algorithmuskonzeptes beitragen. Er zeigt, dass das Befolgen eines jeden Algorithmus zum einen ein rein mechanischer Prozess ist und sich zum anderen auf wenige Grundoperationen reduzieren lässt[4] (Heintz 1995: 39). Das Entscheidende ist, dass es bei einer Maschine, wie sie Turing entwirft, nicht mehr auf das kompliziert abgestimmte Bewegen von Rädern und Stangen ankommt, sondern auf Informationsverarbeitung. Und diese funktioniert selbst bei komplexen Berechnungen im Prinzip so einfach, dass sie von einer simplen Maschine, welche die besagten Grundoperationen beherrscht, ausgeführt werden kann[5]. Voraussetzung ist einzig, dass die Rechenregel bekannt ist. Turing stellt somit fest, dass das, was Menschen tun, wenn sie einem Algorithmus (oder: einer Anleitung, denn nichts anderes ist ein Algorithmus) folgen, auch von einer Maschine (bzw. einem Computer) erledigt werden kann. „Mit dieser These hat Turing zwanzig Jahre, bevor die Künstliche Intelligenz ihren Namen bekam, ihre theoretische Grundlage formuliert" (Heintz 1995: 40).

Aus soziologischer Perspektive ist an Turings These besonders interessant, dass in ihr bereits gewisse Grenzen künstlicher Intelligenz, zumindest in ihrer klassischen Vorgehensweise, formuliert sind – selbst wenn dies von den anderen Vertretern[6] der Disziplin zunächst ganz anders gesehen wurde. Denn in seinem Aufsatz spricht Turing lediglich davon, dass regelgeleitetes Handeln durch die von ihm beschriebene Maschine ausgeführt werden kann, wenn die Regel, die das Handeln anleitet, bekannt ist. Um an die Regeln, die das zu simulierende Handeln anleiten, zu gelangen, schlägt Turing später (Turing 1964: 9) Folgendes vor: „If one wants to make a machine mimic the behavior of the human computer in some complex operation one has to ask him how it is done, and then translate it into the form of an instruction table".

Das Wissen, auf dem das menschliche Handeln beruht, muss also diskursivierbar sein, um eine maschinelle Simulation des Handelns zu ermöglichen. Aller-

---

3 Er selbst bezeichnet sie als ‚Papiermaschine'.
4 Eine ausführlichere Beschreibung der Funktionsweise der Turingmaschine liefert bspw. Heintz (1993: Kapitel 2).
5 Und tatsächlich finden sich wesentliche Aspekte der Turingmaschine bis heute in den CPUs moderner Computer wieder.
6 Tatsächlich sind dies in der Anfangsphase der KI nur Männer (McCorduck 1987).

dings können Menschen nur für bestimmte Tätigkeiten Auskunft über ihre Handlungsweisen geben. Ein Großteil der alltäglichen Handlungen sind den Menschen nämlich nicht bewusst und somit auch nicht explizierbar (Heintz 1993: 268 ff), selbst wenn sie regelgeleitet ablaufen. Während etwa das Verfolgen bestimmter Züge beim Schachspiel klar angebbaren, expliziten Regeln folgt, gilt dies für alltägliche Konversation oder Bewegungsabläufe im Sport nicht unbedingt. Deshalb ist es aus soziologischer Perspektive auch nicht verwunderlich, dass die KI relativ schnell Schach spielende Computer hervorbrachte, die menschliche Leistungen im Schachspiel übertreffen können. Beim Versuch Roboter zu bauen, die sich in natürlichen Umgebungen autonom bewegen oder die in Interaktion mit Menschen treten können, steht die KI jedoch bis heute (und wohl auch noch in Zukunft) vor ungleich größeren Schwierigkeiten.

Entsprechende Aufgaben standen jedoch nicht im Fokus der klassischen KI. Denn dieser ging es (noch) nicht darum, Systeme zu entwickeln, die sich bewegen und mit Menschen interagieren, sondern vielmehr um die Entwicklung von *Denk*maschinen, welchen die Turingmaschine als Vorbild diente. Von den Pionieren der frühen KI wurde dabei infolge von Turings Überlegungen eine Analogie zwischen Computer und menschlichem Gehirn angenommen und die Turingmaschine als Modell zur allgemeinen Beschreibung menschlicher Denkprozesse verwendet. Damit verbunden wurde angenommen, dass sich (Computer-)Intelligenz auf eine komplexe Menge programmierbarer Regeln zurückführen ließe (Heintz 1993: 97). Seinen Ausdruck findet diese Annahme in der Behauptung der frühen Protagonisten der KI, dass „every aspect of learning or any other feature of intelligence can in principle be so precisely described that a machine can be made to simulate it" (Wennker 2020: 2).

Sowohl Menschen als auch Computer sind demnach im Wesentlichen nichts anderes als regelgeleitete symbolverarbeitende Systeme (Becker 1992: 28). Sie unterscheiden sich, so die Annahme, lediglich in ihrer konkreten materiellen Realisierung, nicht aber in ihrer Funktionsweise. Wie Pamela McCorduck schreibt, brachte dies Marvin Minsky, einer der Pioniere der frühen KI-Forschung, auf den Punkt, der behauptete, „das Gehirn ist per Zufall eine Maschine aus Fleisch" (McCorduck 1987: 77). Somit wundert es nicht, dass es in der ersten Phase der KI, die später Bezeichnungen wie ‚Informationsverarbeitungsmodell' (McCorduck 1987), ‚Symbolismus' (Eraßme 2002) oder ‚Mentalismus' (Braun-Thürmann 2002) gefunden hat, v. a. darum ging, „kognitive Prozesse menschlicher Problem - und Entscheidungsfindung auf dem Computer zu simulieren" (Mainzer 2016: 11). Beispielhaft steht hierfür die Entwicklung des sog. ‚General Problem Solver'. Hierbei handelt es sich um ein Programm, welches „menschliche Denkabläufe nachvollziehen und in Form von algorithmischen Regeln umkodieren sollte" (Turkle 1998: 202), um auf diesem Wege „die heuristische Basis für menschliches Problemlösen überhaupt fest[zu]legen" (Mainzer 2016: 11) und eine Art allgemeine KI zu entwickeln. Tatsächlich standen aber auch schon früh Versuche computergestützter Übersetzung von Sprache im Fokus der KI. In Zeiten des Kalten Krieges ging es dabei – gefördert durch das Militär in den USA – bspw. darum, automatische Übersetzungen vom Russischen ins Englische zu ermöglichen (Wennker 2020: 3). Wie sich herausstellte reichte aber weder die Kapazität der damaligen Rechner aus, um derart ambitionierte Vorhaben zu realisieren, noch erwiesen sich die seinerzeit vorherrschenden Vorstellungen von Wissen und Intelligenz als passend, um menschliche Kognitionsprozesse angemessen und umfassend nachzuahmen. So zeigte sich, dass Sprachverarbeitung und das Lösen komplexer Probleme nicht einfach auf Grundlage abstrakter und kontextfreier Regeln möglich sind, sondern in der Regel Hintergrund- und Kontextwissen benötigt wird, welches Maschinen aber nur sehr schwer zugänglich ist. Dies zeigt sich auch heute noch an internetgestützten Übersetzungsprogrammen, die über riesige internetbasierte Datenbanken verfügen und trotzdem immer wieder Übersetzungsvorschläge anbieten, welche die kontextspezifische Bedeutung von Wörtern nicht angemessen wiedergeben[7].

In der Konsequenz waren die Ergebnisse der Forschung in der frühen KI-Phase ernüchternd und nach einigen Jahren wurden zuvor groß aufgelegte Forschungsprogramme wieder eingestellt.

Eine Renaissance erlebte die KI dann in den 1970er und 1980er Jahren mit der Entwicklung damals neuartiger sog. Expertensysteme. Nach dem Scheitern der frühen Versuche der Entwicklung allgemeiner KI (Stichwort: general problem solver) war der Anspruch, der an diese Expertensysteme gerichtet wurde, bescheidener und es ging fortan lediglich darum Systeme zu konstruieren, die in der Lage sind „in einem sehr engen Themenfeld regelbasierte Antworten zu geben" (Wennker 2020: 4). Man sah also ein, dass Wissen und Intelligenz kontextspezifisch sind und versuchte diese Einsicht auf technische Systeme zu übertragen. Der Fokus verschob sich damit, wie Werner Rammert in Kapitel 3.4 dieses Lehrbuches anschaulich formuliert, „vom ‚general problem-solving' zum speziellen ‚knowledge engineering'". Das Ziel hierbei war, für spezifische soziale Domänen das Wissen der dort tätigen Expert:innen zu erheben, um dieses in KI-Systeme zu überführen und auf diese Weise letztlich die menschlichen Expert:innen ersetzen zu können:

> Das menschliche Expertenwissen sollte auf diese Weise für die Anwender-Organisationen
> sichtbar gemacht, rationalisiert, perfektioniert und dauerhaft angeeignet werden können,

---

7 Wer einmal die Begriffe „google", „translate" und „fails" in eine Suchmaschine eingibt, wird viele kuriose Übersetzungen in den unterschiedlichsten Sprachen finden.

um die Verhandlungsmacht der fachlichen Experten und Professionsmitglieder einzuschränken und sie auf die Dauer zu ersetzen. (Rammert 2021: 146)

Tatsächlich haben es manche Expertensysteme auch zum praktischen Einsatz geschafft und konnten so vor allem dazu beitragen, Arbeitsprozesse zu verbessen. Das System ‚R1/XCON‘ wurde bspw. Anfang der 1980er Jahre bei einem Computerhersteller eingesetzt, um dessen fehleranfällige Logistik zu optimieren. „Basierend auf 2500 Regeln gab der R1 den Verkäufern Fragen vor, anhand dessen eine sinnvolle Bestellung zusammengefügt werden konnte. Die geschätzten Einsparungen durch den Einsatz von R1 beliefen sich auf 25 Mio. US$ pro Jahr" (Wennker 2020: 4). Die meisten Systeme scheiterten jedoch an ähnlichen Gründen wie ihre Vorgänger in der frühen Phase der KI. Zwar wurde nun versucht, nur noch domänenspezifisches Wissen zu implementieren und damit eine Lehre aus dem Scheitern der frühen Systeme gezogen. Allerdings handelte es sich beim Wissen der Expert:innen, auf dem die Programmierregeln der neuen Expertensysteme basierten, (zwangsläufig) um explizites Wissen, das abgefragt und dann algorithmisiert werden konnte. Damit verbunden wurden für die Erhebung des durch die Systeme zu repräsentierenden Wissens die Expert:innen in den jeweiligen Domänen befragt und Analysen der relevanten Fachliteratur unternommen (Becker 1992: 43; vgl. hierzu auch die Ausführungen weiter oben zu den Grenzen der Automatisierung von menschlichem Handeln). Wie sich im Einsatz zeigte, macht Expertise in der Praxis aber noch viel mehr aus und es stellte sich schnell heraus, dass im Alltag von Organisationen häufig implizites Wissen und implizite Regeln hohe Relevanz besitzen, die den Expert:innen selbst nicht bewusst sind (vgl. Kapitel 3.4). Organisationssoziolog:innen, die um die Bedeutung und den Sinn von Informalität in Organisationen wissen, wird dies nicht überraschen (Tacke 2015). Für die KI-Forschung war es aber eine neue und auch bittere Erfahrung.

2.4 Paradigmenwechsel vom Mentalismus zum Interaktionismus

Letztlich war mit dem Scheitern der Expertensysteme zugleich die Geburtsstunde der neueren KI verbunden, deren fester Bestandteil die soziale Robotik geworden ist. Denn aus dem Scheitern der bisherigen Entwicklungen und Ansätze heraus vollzog sich allmählich ein Paradigmenwechsel vom ‚Mentalismus‘ zum ‚Interaktionismus‘, der ab Mitte der 1980er Jahre begann und dann in den 1990er und 2000er Jahren deutlich an Fahrt aufnahm. Aus Unzufriedenheit mit den eigenen

Ergebnissen und in Absetzung vom „good old-fashioned symbolic information processing" (Suchman 2007: 207) wandten sich Forscher:innen der Idee zu, bei der Entwicklung intelligenter Systeme „die Umwelt-System-Interaktion stärker als bisher zu berücksichtigen" (Becker 2003: 57). Ihnen wurde deutlich, dass mit dem Ansatz einer ‚Top-Down-Architektur' bei der einem System die Regeln auf deren Grundlage es arbeitet, a priori eingeschrieben werden, keine lernenden und autonomen Maschinen zu entwickeln sind und damit verbunden auch keine Maschinen, die in der Lage wären, Lösungen für komplexe und nicht vollständig determinierbare Probleme zu finden.

Intelligenz, so die für die KI neue Annahme, ist also nichts, was ein System einfach besitzt, sondern etwas das sich im Umgang mit der Umwelt entwickelt und zeigt. Wie ein Kind in Auseinandersetzung mit seiner menschlichen und nicht-menschlichen Umwelt lernt und seine Intelligenz entwickelt, sollten nun auch Maschinen nicht mehr einfach intelligent *sein,* sondern sich intelligent verhalten. Dieses Verhalten sollten sie nach dem Vorbild menschlicher Sozialität erwerben und auf diese Weise zu ‚sozialen' Maschinen werden. Man versuchte von nun an also „die Sozialität, Grundbedingung menschlicher Existenz, durch die Konzeption kooperierender Systeme stärker als bisher in den Blick zu nehmen" (Becker 2003: 57).

Letztlich wurden dadurch auch einige Überlegungen und Entwicklungen wieder aktuell, die bereits zu Beginn der KI-Forschung eine Rolle gespielt haben, sich damals aber nicht durchsetzen konnten. So mischte sich Alan Turing, der auch wegweisend für die Entwicklung des modernen Computers war (vgl. Kapitel 2.2), in die am Anfang der KI-Forschung stehende Debatte um Möglichkeiten maschineller Intelligenz ein, indem er in einem Aufsatz schon 1950 die seinerzeit im Mittelpunkt der Diskussion stehende ontologische Frage „Können Maschinen denken?" als wenig hilfreich zurückwies (Turing 1964 [1950]). Stattdessen schlug er vor, danach zu fragen, ob Maschinen denkbar sind, die sich in ihrem Verhalten nicht von einem Menschen unterscheiden[8]. Mit dieser

---

8 Um diese Frage beantworten zu können, schlug Turing ein Testsetting vor, das er selbst ‚Imitationsspiel' nannte (Heintz 1995: 43) und das heute als Turingtest bekannt ist. Die Testanordnung sieht vor, dass ein Computer (A) und ein Mensch (B) in zwei unterschiedlichen Räumen positioniert und jeweils per Fernschreiber mit einer weiteren Person, der Testperson, verbunden werden. Die Aufgabe der Testperson, die weiß, dass auf der anderen Seite jeweils ein Mensch und eine Maschine sind, ist es nun, „durch geschickte Fragen zu beliebigen Themen aus den Antworten Hinweise darauf zu gewinnen, wer wer ist" Schulz-Schaeffer (2007: 457). Dem befragten Menschen kommt dabei die Aufgabe zu, möglichst authentisch zu antworten, während der Computer simulieren soll, ein Mensch zu sein. Gelingt es dem Computer, die Testperson über seine ‚wahre' Identität zu täuschen, hat er den Turing-Test bestanden. Das heißt, so Turing, man müsste sein Verhalten gerechterweise als intelligent bezeichnen, wenn man annimmt, dass auch dem men-

Verschiebung der Fragestellung wies er also noch vor der eigentlichen Geburtsstunde der KI und der Entwicklung erster ‚mentalistischer' Systeme darauf hin, dass Intelligenz sich erst in der Interaktion mit der Umwelt zeigt und entwickelt. Durch seinen Vorschlag, der zwar bis heute umstritten ist (Shieber 2004), wies Turing demnach schon früh den Weg der KI-Forschung in Richtung ‚Interaktionismus', auch wenn sich diese Perspektive erst sehr viel später durchsetzen sollte.

Durchgesetzt hat sich der ‚Interaktionismus' wie gesagt erst ab Mitte der 1980er Jahre und besonders seit den 1990er Jahren. Dennoch gab es im Kontext früherer Ansätze zur automatischen Sprachverarbeitung auch schon erste Versuche, dialogfähige Systeme zu entwickeln. Ein erstes frühes System, welches es zu großer Berühmtheit schaffte, war das Computerprogramm ELIZA, das in den 1960er Jahren von Joseph Weizenbaum am MIT in Cambridge entwickelt wurde (Weizenbaum 1966). Bei ELIZA handelt es sich um ein technisch relativ einfach strukturiertes Programm, das in der Lage ist, schriftlich in Form eines Chats, eine bestimmte Art von Psychotherapiegespräch zu führen (nach der sog. Rogers Therapie[9]). Dabei übernimmt das Programm die Therapeut:innen-Rolle und soll auf die Eingaben der Nutzer:innen in einer Weise antworten wie dies echte Therapeut:innen auch tun würden. Der folgende von Weizenbaum (1966: 36 f) selbst publizierte Abschnitt gibt einen Einblick in den Verlauf von Gesprächen mit ELIZA[10]:

Men are all alike.
IN WHAT WAY
They're always bugging us about something or other.
CAN YOU THINK OF A SPECIFIC EXAMPLE
Well, my boyfriend made me come here.
YOUR BOYFRIEND MADE YOU COME HERE
He says I'm depressed much of the time.
I AM SORRY TO HEAR YOU ARE DEPRESSED

---

schlichen Verhalten Intelligenz zugrunde liegt. Dabei kam es Turing explizit nicht darauf an, entscheiden zu können, ob die internen Prozesse bei Mensch und Maschine tatsächlich analog ablaufen. „Anstatt über innere Wesensähnlichkeiten [zwischen Mensch und Maschine, wie sie in der klassischen KI postuliert werden; F.M] zu spekulieren, wird der Vergleich am Verhalten festgemacht – genau genommen am Sprechen" (Heintz 1993: 273).

9 Die Rogers Therapie wurde vom amerikanischen Psychotherapeuten Carl Rogers entwickelt. Ein in diesem Zusammenhang bedeutender Aspekt von Therapiegesprächen nach dieser Methode liegt darin, dass der oder die Therapeut:in Aussagen des Patienten bzw. der Patientin lediglich spiegelt, um eine Fortsetzung der Erzählung zu ermöglichen.

10 Die Beiträge des Programms sind in diesem Fall in Großbuchstaben wiedergegeben.

It's true. I am unhappy.
DO YOU THINK COMING HERE WILL HELP YOU NOT TO BE UNHAPPY
[...]

An dem Beispiel wird die Funktionsweise von ELIZA sehr gut deutlich. In Anlehnung an die Rogers Therapie geht es nicht darum, eigene Gesprächsinitiative zu entwickeln, sondern vielmehr darum, das Gegenüber zur Fortsetzung des Sprechens über eigene Probleme zu bewegen. Dies erfolgt in erster Linie durch eine Spiegelung der Aussagen der Patient:innen bzw. in diesem Fall der Nutzer:innen. Das Programm benötigt entsprechend kein Weltwissen und keine Lernfähigkeit, weshalb es relativ simpel realisiert werden kann. Hierauf weist Weizenbaum selbst hin:

> This mode of conversation was chosen because the psychiatric interview is one of the few examples of categorized dyadic natural language communication in which one of the participating pair is free to assume the pose of knowing almost nothing of the real world. If, for example, one were to tell a psychiatrist ‚I went for a long boat ride' and he responded ‚tell me about boats', one would not assume that he knew nothing about boats, but that he had some purpose in so directing the subsequent conversation (Weizenbaum 1966: 42).

Für die technische Realisierung des Programms ergibt sich damit eine simple Strukturierung:

> The gross procedure of the program is quite simple; the text is read and inspected for the presence of a keyword. If such a word is found, the sentence is transformed according to a rule associated with the keyword, if not a content-free remark or, under certain conditions, an earlier transformation is retrieved. The text so computed or retrieved is then printed out. (Weizenbaum 1966: 37)

Das Programm sucht also nach Schlüsselwörtern in den Eingaben der menschlichen Nutzer:innen und wandelt diese entsprechend bestimmter, in einem Skript abgelegter Regeln in eine Antwort um. Die Regeln umfassen dabei zum einen grammatische Konventionen, die bspw. aus dem in der ersten Person Singular (my) formulierten Satz „Well, my boyfriend made me come here." die in der zweiten Person (YOUR) verfasste Phrase „YOUR BOYFRIEND MADE YOU COME HERE" erzeugen. Zum anderen sind in dem Skript kontextspezifische Regeln über den Ablauf von Therapiegesprächen abgelegt[11]. Zudem hält ELIZA für den Fall, dass keine vorher spezifizierten Schlüsselwörter gefunden werden, zufällig ausgewählte Auffangantworten wie „I see" bereit (Tewes 2006: 154 f).

---

11 Diese könnten für unterschiedliche Kontexte, etwa eine Fahrplanauskunft bei der Bahn, variiert werden, vgl. Heintz (1993: 276).

Die Beschränktheit und Einfachheit des Programms wurde von Weizenbaum immer wieder betont und tatsächlich ging es ihm mit der Entwicklung des Systems v. a. darum einen simplen Prototypen für Sprachverarbeitungsprogramme zu entwickeln, um daran noch zu lösende Probleme sowie Grenzen der maschinellen Verarbeitung von Sprache aufzuzeigen. Er versuchte auf diese Weise auch die „aura of magic" (Weizenbaum 1966: 43), welche das Programm schnell umgab, zu durchbrechen. Denn viele Menschen, die ELIZA ausprobierten, waren vom Programm – trotz seiner Limitationen – in hohem Maße fasziniert. Einige Psychotherapeut:innen gingen in ihrer Begeisterung sogar so weit, dass sie das Programm in der eigenen therapeutischen Praxis einsetzen wollten, um so in einer Stunde mehrere hundert Patient:innen behandeln zu können (Weizenbaum 1977: 17).

ELIZAs Entwickler war von der allgemeinen Begeisterung für das von ihm entwickelte System schwer entsetzt und wurde in der Folge zu einem scharfen Computerkritiker, der seine Arbeit als vollkommen missverstanden betrachtete[12]. Dennoch war ein wichtiger erster Schritt in der Entwicklung kommunikationsfähiger Maschinen unternommen und es entstanden auch in den Folgejahren – allerdings zunächst neben dem Mainstream der KI-Forschung – vereinzelt weitere Systeme, die auf den Vorarbeiten Weizenbaums aufbauten[13].

---

[12] Seiner Erschütterung verschaffte er mit der 1977 erscheinenden Publikation ‚Die Macht der Computer und die Ohnmacht der Vernunft' Luft und avancierte damit zu einem der wichtigsten Kritiker der KI. Heute trägt bspw. das ‚Deutsche Internet Institut', an dem die „die ethischen, rechtlichen, ökonomischen und politischen Aspekte des digitalen Wandels untersucht" werden, um „die Digitalisierung verantwortungsvoll zu gestalten" den Namen Weizenbaums (https://www.weizenbaum-institut.de/das-institut/) [Stand: 21.08.2022].

[13] Viele dieser Programme, die auch als Chat-Bots bezeichnet werden, stellen sich dem seit 1991 jährlich stattfindenden Loebner-Contest, bei dem sie dem Turing-Test unterzogen werden. Bis heute ist es jedoch keinem Programm gelungen, die Testpersonen überzeugend zu täuschen und so die von Hugh Loebner, dem Gründer des Wettbewerbs, ausgelobte Goldmedaille und 100.000$ Preisgeld zu gewinnen. Trotz der Erweiterungen der Systeme folgen sie weiterhin relativ simplen Reiz-Reaktions-Schemata und sind auf klar angebbare Domänen beschränkt. Tewes (2006: 158) urteilt entsprechend über das Programm A.L.I.C.E., welches – ohne den Turing-Test zu bestehen – mehrmals als bestes Chatprogramm beim Loebner-Contest ausgezeichnet wurde, dass es „insgesamt keine wirkliche Innovation auf dem Feld der maschinellen Sprachverarbeitung natürlicher Sprachdaten" darstelle. Diese Aussage kann pars pro toto auch für die übrigen Programme, die sich in der Vergangenheit am Loebner-Contest beteiligt haben, Geltung beanspruchen, so dass der (Technik-)Soziologe Ingo Schulz-Schaeffer sie insgesamt als recht ‚dumme' Programme abqualifiziert (Schulz-Schaeffer 2007: 460). ELIZA und ihre ‚Nachfahren' bleiben bei weitem hinter den Ansprüchen der KI-Forschung zurück und von menschenähnlichen kommunikativen Fähigkeiten oder gar Intelligenz kann mit Bezug auf deren Programmierung und Leistung kaum die Rede sein.

Bis zum Paradigmenwechsel in der KI-Forschung und damit auch zur ‚Wie-derentdeckung' der frühen Wurzeln der Forschung zu kommunikationsfähigen Maschinen dauerte es noch eine ganze Weile. Neben dem Scheitern der mentalis-tischen Ansätze und Programme trugen auch technische Entwicklungen hierzu entscheidend bei, die es möglich machten, bereits zuvor erbrachte theoretische und konzeptuelle Überlegungen auch in konkrete technische Entwicklungspro-jekte zu übersetzen. Zum einen erhöhte sich die Rechenkapazität von Computern. Zum anderen begann allmählich auch die Vernetzung derselben, was schließlich zur Etablierung des Internets führte (vgl. Kapitel 3.5) und damit verbunden auch die ‚Interaktion' zwischen Rechnern bzw. Maschinen erst ermöglichte.

Diese enge Verbindung von Entwicklung der Computertechnik und Para-digmenwechsel in der KI stellt auch die Technikforscherin Lucy Suchman her-aus, wenn sie schreibt:

> In the 1990s transformations in computational infrastructure breathed new life into the project of designing humanlike, conversational artifacts. Web-based and wireless techno-logies in particular inspired renewed attention to the interface as a site for novel forms of connection, both with and through computational devices. Futures projected through the imaginaries of AI and robotics have recently been elaborated within a discourse of soft-ware agents, knowbots and their kin. (Suchman 2007: 206)

Letztlich sorgten als die veränderten infrastrukturellen Bedingungen dafür, dass seit den 1990er Jahren die KI-Forschung wieder von Neuem Schwung auf-nehmen konnte, der sich auch bis heute aufrechterhalten hat. In diesem Zuge differenzierte sich die KI weiter aus. Etwas vereinfacht lässt sich hier einerseits zwischen in der ‚virtuellen' und der physischen Realität verankerten Systemen unterscheiden. Mit in der ‚virtuellen' Realität verankerten Systemen sind hier-bei solche gemeint, die computerbasiert realisiert werden und – anders als Ro-boter – keine eigenständige physische Verkörperung besitzen[14]. Andererseits kann auch zwischen solchen Systemen differenziert werden, die untereinander ‚interagieren' und solchen, die für die Interaktion mit Menschen konzipiert wurden[15].

Miteinander interagierende und in der virtuellen Realität des Computers realisierte Systeme sind bspw. sog. Multi-Agentensysteme, die – mitunter auch

---

14 In diesem Sinne wird an dieser Stelle also ein weiter Begriff von ‚virtueller Realität' ver-wendet, der nicht auf VR-Anwendungen im engeren Sinne (z. B. VR-Brillen) beschränkt ist.
15 Um diese Formen der ‚Interaktion' voneinander und auch von der zwischenmenschlichen Interaktion zu unterscheiden, schlägt Werner Rammert vor, zwischen der ‚Interaktion' zwi-schen Menschen, der ‚Interaktivität' zwischen Mensch und Maschine sowie der ‚Intra-Aktion' zwischen technischen Objekten zu differenzieren (Rammert 2007: 15 f).

in der Soziologie – für Simulationszwecke eingesetzt werden (vgl. Kapitel 3.5), aber auch Programme, die bspw. im Internet bei automatisierten Preisverhandlungen Verwendung finden oder in der Logistik unabhängig von Eingaben menschlicher Nutzer:innen Arbeitsabläufe regeln. Auch Formen des maschinellen Lernens, bei denen Algorithmen Zusammenhänge zwischen verschiedenen Datensätzen erschließen können, welche bspw. als Grundlage für Empfehlungssysteme dienen, können letztlich hierzu gezählt werden. Denn hier werden Daten, die von verschiedenen Nutzer:innen auf verschiedenen Geräten produziert werden, zusammengeführt und miteinander verglichen. Beispiele für in der physischen Realität miteinander interagierende Systeme wären demgegenüber vernetzte Industrieroboter, wie sie etwa in der Automobilindustrie seit Langem eingesetzt werden (Babel 2021: 363 f)[16].

Während entsprechende Systeme sowohl in der virtuellen als auch in der physischen Realität in erster Linie dafür gedacht sind, im Dienst und anstelle von Menschen bestimmte Aufgaben zu übernehmen und so i. w. S. als Werkzeuge dienen, ändert sich dies bei Systemen, die für die Interaktion *mit* Menschen entwickelt werden. Denn diese sind nicht primär als Werkzeuge gedacht, sondern als Kooperations- und Kommunikationspartner von Menschen, was in der Regel auch bedeutet, mit diesen in ‚natürlicher‘ Sprache zu kommunizieren und so in einem engeren Sinne ‚sozial‘ zu werden.

Eine besondere Herausforderung stellt hierbei dar, Systeme zu entwickeln, die anders als ELIZA und andere simple Vorgängersysteme auch zu *situierter* Kommunikation fähig sind (Wachsmuth 2008: 4). Das heißt, intelligente Systeme müssen in der Lage sein, sich situationsangemessen zu verhalten und sich etwa an ihre Gesprächspartner:innen und den jeweiligen Kontext, in dem Gespräche stattfinden, anpassen, um kompetent interagieren zu können. Bedingung hierfür sind aber nicht nur verbale, sondern auch nonverbale Fähigkeiten. Denn kommunikative Abstimmungsprozesse finden im Bereich der zwischenmenschlichen Kommunikation zu einem großen Teil auch nonverbal durch Körperbewegungen sowie Gestik und Mimik statt. Damit zusammenhängend werden KI-Systeme zur Interaktion mit Menschen heute in der Regel als *verkörperte* Systeme konzipiert, die selbst etwa Gestik und Mimik einsetzen, um sich verständlich zu machen, aber auch über Sensoren und Interpretatoren verfügen, um Bewegungen, Gestik und Mimik ihrer Gesprächspartner:innen wahrnehmen und einordnen zu können.

Im Bereich der virtuellen Realität spielen hier v. a. sog. verkörperte Agenten eine wichtige Rolle. Hierbei handelt es sich um i. d. R. humanoide animierte

---

16 Hiervon zu unterscheiden sind sog. ‚Cobots‘, die für die Kollaboration mit Menschen entwickelt werden (vgl. Kapitel 8).

Charaktere, die in der Lage sein sollen, autonom zu agieren, häufig Emotionen zeigen können und zu verbaler und non-verbaler Kommunikation fähig sind. Eingesetzt werden solche Agenten bspw. als digitale Assistenten, die Menschen bei der Organisation ihres Alltags helfen sollen (Kopp et al. 2018) oder als digitale Guides in Museen (Kopp et al. 2005; Pfeiffer et al. 2011).

In der physischen Realität verankert sind dagegen die sozialen Roboter, die auch im Fokus dieses Lehrbuches stehen. Entsprechende Roboter übernehmen ähnliche Funktionen wie ihre virtuellen ‚Kollegen'. Zusätzlich bewegen sie sich aber wie wir Menschen im Raum und müssen daher zusätzlich zu Dialogfähigkeiten auch über Fähigkeiten verfügen, sich zu orientieren und zu bewegen. Damit verbindet sich in der sozialen Robotik letztlich die moderne KI wieder mit ihren Vorläufern des Automatenbaus. Denn die Menschenähnlichkeit von Robotern soll sich nicht nur in ihren kognitiven und kommunikativen Fähigkeiten erweisen, sondern eben auch in ihrer Gestalt und Geschicklichkeit – und damit im Zusammenspiel von „mind, body and environment" (Dautenhahn 2007: 680).

Manche Forschende träumen davon, dass Roboter auf diese Weise zu unseren Gefährt:innen werden, die tatsächlich soziale Beziehungen mit uns eingehen. Anderen reicht es, wenn sie uns als Assistenten oder Helfer bestimmte Aufgaben abnehmen (vgl. Kapitel 1) und bspw. unterstützend in der Küche tätig werden (vgl. Kapitel 10), wo sie Geschirrspüler ausräumen oder uns Getränke und Essen anreichen.

So oder so handelt es sich bei sozialen Robotern um komplexe Systeme, die aus vielen verschiedenen Komponenten bestehen (vgl. Kapitel 4) und damit zugleich um den aktuell avanciertesten Versuch ‚soziale' Maschinen zu entwickeln. Wie und in welche Richtung sich die Forschung weiterentwickelt, bleibt abzuwarten. Gegenwärtig scheint sich abzuzeichnen, dass die verschiedenen Richtungen der ausdifferenzierten neuen KI in spezifischen Hinsichten wieder zusammenfinden könnten. Ein prominentes Beispiel hierfür stellen die bereits in Privathaushalten weit verbreiteten Smart Speaker dar, die einerseits über eine Mensch-Maschine-Schnittstelle verfügen, die verbale Mensch-Maschine-Kommunikation zulässt, andererseits aber an das Internet angebunden sind und damit verbunden über eine riesige vernetzte Datenbasis verfügen, um die Mensch-Maschine-Kommunikation automatisch auszuwerten und zu verbessern. In diesem Sinne handelt es sich um Systeme, die verkörpert sind und an der Oberfläche der Mensch-Maschine-Kommunikation dienen, während im Hintergrund vernetzte Rechner operieren, Daten teilen und mit machine learning den Output an der Benutzungsoberfläche optimieren sollen.

Im Bereich der sozialen Robotik setzen Forschende zudem darauf, soziale Roboter mit Smart Home-Systemen zu verbinden. Auf diese Weise können Roboter etwa im Bereich der Altenpflege sowohl mit Sensoren verbunden werden, die der Gebäudesteuerung oder dem Tracking der Aktivitäten der Personen im Haushalt dienen, z. B. um Stürze zu registrieren (Anghel et al. 2020). Genauso können Roboter auch mit dem Internet verbunden werden und ähnlich wie Alexa oder Siri als Schnittstelle dienen, um Online-Bestellungen vorzunehmen oder die Lieblingsmusik aus der Cloud auszuwählen und abzuspielen. Welche Annahmen über den Nutzen von Robotern und die sinnvolle Verteilung von Aktivitäten zwischen Mensch und Maschine in entsprechende Entwicklungen einfließen und wie sich Sozialität möglicherweise verändert, wenn Roboter und andere ‚intelligente' Systeme heute und in Zukunft immer mehr Teil des Alltags werden, ist Gegenstand der vielfältigen sozialwissenschaftlichen Forschung, der sich die folgenden Kapitel genauer widmen und die sowohl für die kritische Begleitung als auch die kritische Reflexion der Entwicklungen der KI wichtige Handwerkszeuge bereit hält.

Literatur

Anghel, I., T. Cioara, D. Moldovan, M. Antal, C.D. Pop, I. Salomie, C.B. Pop & V.R. Chifu, 2020: Smart Environments and Social Robots for Age-Friendly Integrated Care Services. International journal of environmental research and public health 17.

Babel, W., 2021: Automatisierung der Automobilbranche im Zeitraffer – Robotik. S. 361–374 in: Industrie 4.0, China 2025, IoT: Springer Vieweg, Wiesbaden.

Becker, B., 1992: Künstliche Intelligenz. Konzepte, Systeme, Verheißungen. Frankfurt/Main: Campus Verlag.

Becker, B., 2003: Zwischen Autonomie und Heteronomie. S. 56–68 in: T. Christaller & J. Wehner (Hrsg.), Autonome Maschinen. Wiesbaden.

Braun-Thürmann, H., 2002: Künstliche Interaktion. Wie Technik zur Teilnehmerin sozialer Wirklichkeit wird. Wiesbaden: Westdeutscher Verlag.

Dautenhahn, K., 2007: Socially intelligent robots: dimensions of human–robot interaction. Philosophical Transactions of the Royal Society B: Biological Sciences 362: 679–704.

Eraßme, R., 2002: Der Mensch und die „Künstliche Intelligenz". Eine Profilierung und kritische Bewertung der unterschiedlichen Grundauffassungen vom Standpunkt des gemäßigten Realismus.

Heintz, B., 1993: Die Herrschaft der Regel. Zur Grundlagengeschichte des Computers. Frankfurt/Main [u. a.]: Campus Verlag.

Heintz, B., 1995: „Papiermaschinen". Die sozialen Voraussetzungen maschineller Intelligenz. S. 37–64 in: W. Rammert (Hrsg.), Soziologie und künstliche Intelligenz. Produkte und Probleme einer Hochtechnologie. Frankfurt/ Main, New York: Campus Verlag.

Kopp, S., M. Brandt, H. Buschmeier, K. Cyra, F. Freigang, N. Krämer, F. Kummert, C. Opfermann, K. Pitsch, L. Schillingmann, C. Straßmann, E. Wall & R. Yaghoubzadeh, 2018: Conversational Assistants for Elderly Users – The Importance of Socially

Cooperative Dialogue. Proceedings of the AAMAS Workshop on Intelligent Conversation Agents in Home and Geriatric Care Applications co-located with the Federated AI Meeting 2338.

Kopp, S., L. Gesellensetter, N.C. Krämer & I. Wachsmuth, 2005: A Conversational Agent as Museum Guide – Design and Evaluation of a Real-World Application. S. 329–343 in: T. Panayiotopoulos, J. Gratch, R. Aylett, D. Ballin, P. Olivier & T. Rist (Hrsg.), Intelligent Virtual Agents: Springer Berlin / Heidelberg.

Mainzer, K., 2016: Eine kurze Geschichte der KI. S. 7–14 in: Künstliche Intelligenz – Wann übernehmen die Maschinen?: Springer, Berlin, Heidelberg.

McCorduck, P., 1987: Denkmaschinen. Die Geschichte der künstlichen Intelligenz. Haar bei München: Markt-u.-Technik-Verl.

Mockenhaupt, A., 2021: Robotik. S. 297–323 in: Digitalisierung und Künstliche Intelligenz in der Produktion: Springer Vieweg, Wiesbaden.

Muhle, F., 2013: Grenzen der Akteursfähigkeit. Die Beteiligung „verkörperter Agenten" an virtuellen Kommunikationsprozessen. Wiesbaden: Springer VS.

Pfeiffer, T., C. Liguda, I. Wachsmuth & S. Stein, 2011: Living with a Virtual Agent: Seven Years with an Embodied Conversational Agent at the Heinz Nixdorf MuseumsForum. S. 121–131 in: S. Barbieri, K. Scott & L. Ciolfi (Hrsg.), Proceedings of the Re-Thinking Technology in Museums 2011 – Emerging Experiences: thinkk creative & the University of Limerick.

Rammert, W., 1995: Von der Kinematik zur Informatik. Konzeptuelle Wurzeln der Hochtechnologien im sozialen Kontext. S. 65–109 in: W. Rammert (Hrsg.), Soziologie und künstliche Intelligenz. Produkte und Probleme einer Hochtechnologie. Frankfurt/ Main, New York: Campus Verlag.

Rammert, W., 2007: Die Techniken der Gesellschaft: in Aktion, in Interaktivität und in hybriden Konstellationen. Technical University Technology Studies. Working Papers 4.

Rammert, W., 2021: Systeme der Informatik und gesellschaftliche Konstellationen verteilter Gestaltungsmacht. S. 129–157 in: J. Pohle & K. Lenk (Hrsg.), Der Weg in die „Digitalisierung" der Gesellschaft. Was können wir aus der Geschichte der Informatik lernen? Marburg: Metropolis-Verlag.

Schulz-Schaeffer, I., 2007: Zugeschriebene Handlungen. Ein Beitrag zur Theorie sozialen Handelns. Weilerswist: Velbrück Wissenschaft.

Shieber, S.M. (Hrsg.), 2004: The Turing test. Verbal behavior as the hallmark of intelligence. Cambrigde, Mass.: MIT Press.

Suchman, L.A., 2007: Human-machine reconfigurations. Plans and situated actions. Cambridge: Cambridge University Press.

Tacke, V., 2015: Formalität und Informalität. S. 37–92 in: Formalität und Informalität in Organisationen: Springer VS, Wiesbaden.

Tewes, M., 2006: ‚Eliza' und ihre Kinder: Chat- und Lingubots als Beispiel für Mensch-Maschine-Kommunikation im Internet. S. 148–171 in: P. Schlobinski (Hrsg.), Von **hdl** bis **cul8r**. Sprache und Kommunikation in den Neuen Medien. Mannheim u. a.: Dudenverlag, Bibliographisches Institut & F.A. Brockhaus.

Turing, A., 1936: On computable numbers, with an application to the Entscheidungsproblem. Proceedings Of the London Mathematical Society 42: 230–265.

Turing, A., 1964: Computing Machinery and Intelligence. S. 4–30 in: A.R. Anderson (Hrsg.), Minds and Machines. New York.

Turkle, S., 1998: Leben im Netz. Identität in Zeiten des Internet. Reinbek: Rowohlt.

Wachsmuth, I., 2008: Cognitive Interaction Technology: Humans, Robots, and Max. Proceedings of the International Conference on Informatics Education and Research for Knowledge-Circulating Society (icks 2008): 4–5.

Weizenbaum, J., 1966: ELIZA--a computer program for the study of natural language communication between man and machine. Communications of the ACM 9: 36–45.

Weizenbaum, J., 1977: Die Macht der Computer und die Ohnmacht der Vernunft. Frankfurt am Main: Suhrkamp.

Wennker, P., 2020: Künstliche Intelligenz – Eine kurze Geschichte. S. 1–8 in: Künstliche Intelligenz in der Praxis: Springer Gabler, Wiesbaden.

Werner Rammert

3 Wie die Soziologie zur ,Künstlichen Intelligenz' kam: Eine kurze Geschichte ihrer Beziehung

3.1 Von programmierten ,Dialogen', automatisierten ,Wissens'-Systemen und verteilten ,Agenten'-Gesellschaften: Wann und wie wurden KI-Produkte Gegenstände soziologischer Forschung?

Was haben Roboter mit der ,Künstlichen Intelligenz' (KI) zu tun? Anfangs wenig, so scheint es. Als physikalische Artefakte barocker Ingenieurkunst waren die ersten ,Roboter' zwar raffiniert kombinierte, jedoch stumm und stur operierende Arbeitsmaschinen oder komplizierte Bewegungen nachahmende Spielautomaten. Der im Mälzerschen Schachautomaten versteckte kleine Mensch war ein frühes Anzeichen für ihre Intelligenzlücke. Auch als fantastische Figuren der Science-Fiction fehlte den künstlichen Menschen die Intelligenz. Frankensteins Geschöpf wird in Shelleys Novelle zum stupiden Monster, weil es seinem erwachenden Geist im zusammengeflickten Körper an zugewandtem Dialog und sozialem Sprach- und Wissenserwerb mangelt. Erst die symbolische Interaktion mit anderen, das Erlernen von Regeln und Rollen einer Kultur und der spielerisch-experimentelle Umgang damit hätten es nach Mead, Goffman und Dewey zu einem wirklich intelligenten Wesen sozialisiert.

Ganz anders ist die gegenwärtige Beziehung zwischen KI und Robotik: Roboter sind in den letzten Dekaden dank der KI-Forschung zunehmend dialog-, entscheidungs- und kooperationsfähig geworden. Diese hat inzwischen Konzeptionen und technische Verfahren entwickelt, um die oben angedeuteten Lücken der Intelligenz Schritt für Schritt zu verringern. Es sind diese neuen Fähigkeiten gegenwärtiger Maschinen – etwa zur symbol-vermittelten ,Interaktivität' mit Menschen, zur regel- und wissensbasierten Informationsverarbeitung und zum verteilten Agieren im Kollektiv –, welche die soziologische Neugier weckten.

Gleichzeitig wuchs die soziologische Forschung zur KI aus unterschiedlichen Erkenntnisinteressen heraus. Diese reichten anfangs von der Ideologie- und Begriffskritik über das Verstehen des technischen Wandels der Gesellschaft bis hin

https://doi.org/10.1515/9783110714944-003

zur Erklärung und Voraussage der Technikfolgen für Arbeit und Alltag (vgl. Kapitel 5). Später kam zu den drei klassischen Erkenntnisinteressen der Kritik, des Verstehens und des Erklärens (Habermas 1969) eine vierte hinzu: das Konstruieren und experimentelle Ausprobieren der technologischen Pragmatik (Rammert 2010, vgl. Kapitel 6). Im Kern ging es der Soziologie dabei immer um Antworten auf die Frage, welche Akteure und welche Kräfte die einzelnen Gestalten und den Gang der Entwicklungen der KI in welcher Weise bestimmen. Dabei haben sich die genaue Ausrichtung dieser Frage und die gegebenen Antworten sowohl in Abhängigkeit von der gewählten theoretischen Perspektive als auch in Abhängigkeit von Phasen der technischen Entwicklung verändert. Die folgenden Ausführungen versuchen dies deutlich zu machen und die Entwicklung der soziologischen Beschäftigung mit der KI nachzuzeichnen.[1]

In einem ersten Abschnitt wird hierfür dargelegt, aus welchen unterschiedlichen Perspektiven die Soziologie beobachtet, wer oder was die Entwicklung und Gestalt künstlicher Intelligenz in welcher Weise bestimmt (Abschnitt 2). Im Anschluss daran wird die Geschichte der Beziehung zwischen KI und Soziologie für drei Phasen beispielhaft rekonstruiert.

Abschnitt 3 widmet sich der *Anfangsphase*, in der Computer, EDV, programmierbare Maschinen und Speichermedien im Vordergrund standen. Diese Anfänge der KI waren an Leitbildern eines ‚elektronischen Gehirns‘, einer ‚menschenleeren Fabrik‘ oder eines ‚papierlosen Büros‘ orientiert und wurden von der Sozialwissenschaft als „Informatisierung" (Nora & Minc 1979) beschrieben und als Umbruch zu einer nachindustriellen „*Informationsgesellschaft*" (Bell 1985) gedeutet.

In einer späteren *Hochphase* schoben sich ‚wissens-basierte Systeme‘, Architekturen mit Regeln der Sprachverarbeitung und der logischen Schlussfolgerung – ausgestattet mit umfangreichen Speichern von Alltags- und mit besonderem Fachwissen – in den Mittelpunkt. Die soziologische Zeitdiagnose hatte sich inzwischen zur „*Wissensgesellschaft*" (Stehr 1994) hin verschoben. Daher sah sich die Soziologie, besonders die Wissens-, Sprach- und Kommunikationssoziologie, von diesen neuen „Wissensmaschinen", dem ‚knowledge engineering‘ der KI und seinen Techniken der ‚Wissensakquisition‘ (Rammert et al. 1998) besonders herausgefordert und nahm in den Blick, wie die Transformation des impliziten Expertenwissens in kodierte und formale Systeme wirklich gemacht wird, wann und warum sie in der Anwendung funktionieren und woran sie scheitern (Abschnitt 4).

---

1 Der Beitrag enthält Zitate und Passagen aus Vorträgen, Vorlesungen und Veröffentlichungen der letzten drei Dekaden. In den Fußnoten wird auf weiterführende Literatur hingewiesen. Für hilfreiche Kommentare danke ich Florian Muhle, Cordula Kropp, Dzifa Ametowobla, Dirk Baecker, Jan-Hendrik Passoth und Gesa Lindemann.

In der *Aufbruchphase* nach dieser „fünften Generation" der KI (vgl. Feigenbaum & McCorduck 1984) vervielfachten sich die Produkte der Informatik, fanden alternative Paradigmen eine Chance und führten neue Kombinationen – etwa mit Techniken des Internet – zur Diagnose einer „Netzwerkgesellschaft" (Castells 1996) und zu gemeinsamen Forschungs- und Entwicklungsprogrammen mit der Soziologie. In diesem Rahmen entstanden Programme wie die „Social Computational Systems", die Simulation „artifizieller Gesellschaften" oder die „Sozionik", in denen die Inter-Aktivitäten, die Architekturen und die Infrastrukturen nach soziologischen Konzepten pragmatischer Interaktion, medialer Kommunikation und gesellschaftlicher Institutionalisierung gestaltet werden (Abschnitt 5).

3.2 Akteure und Strukturen, Techniken und soziotechnische Konstellationen aus soziologischer Perspektive: Wer oder was bestimmt Gestalten und Entwicklungen der KI in welcher Weise?

‚*Künstliche Intelligenz*' war schon Ende der 1950er Jahre ein Name für ein Forschungsprogramm, das dem Sammelsurium neuer Techniken nach dem II. Weltkrieg eine anspruchsvolle visionäre Ausrichtung geben sollte (vgl. Kap. 2). Der Name klingt nicht nur nach einer zentral integrierten Nachrichtenagentur, der „Central Intelligence Agency" (CIA). Es schwingt auch schon die Vision einer Imitation menschlichen Denk- und Handlungsvermögens mit. Je nach fachlicher Sicht und sachlicher Gewichtung firmierte das Programm anfangs unter den Konzepten der ‚Kybernetik', ‚Informatik' oder ‚Computer Sciences'. Nüchtern betrachtet umfasste es die damals neuen Techniken der Nachrichtenübermittlung und der Informationsverarbeitung, die Techniken der Regelung und Automatisierung von maschinellen Prozessen und die „technische Kommunikation"[2] mit menschlicher und natürlicher Umwelt mittels Sensor-, Signal- oder Bildgebenden Schnittstellentechniken. In der 60-jährigen Geschichte der KI-Forschung veränderten sich die Visionen, Programme und paradigmatischen

---

2 Siehe zur Geburt der „Hochtechnologie" aus dem Geist der „technischen Kommunikation" (Rammert 1995a: 65–109) und zur Geschichte der Kybernetik am Beispiel ihrer Artefakte (Meister & Lettkemann 2004), Pioniere und Konzepte (Pickering 2011).

Produkte immer wieder und mit ihnen die Anreize und Annäherungspunkte für die soziologische Forschung. In deren Fokus steht zunächst die Frage, welche Akteure oder Akteurstypen mit welchen Interessen, Orientierungen und Potentialen an der Entwicklung der KI arbeiten.[3]

3.2.1 Welche Kräfte kommen für die Gestaltung von Informations- und speziell KI-Techniken infrage?

Folgen wir dem öffentlichen Diskurs, so finden wir ein buntes Gemisch von bestimmenden Größen aus verschiedenen Bereichen der Gesellschaft. Aus soziologischer Perspektive beobachten wir diese gleichsam doppelt. Zum einen sehen wir sie als individuelle und als kollektive Akteure, die mit Intention und Interesse in einer bestimmten Situation etwas handelnd und interaktiv aushandelnd schaffen, etwas bewirken und auch bezeichnen. Dabei beziehen sie sich kreativ und kooperativ, kritisch und konflikthaft auf andere Akteure. Zum anderen beobachten wir sowohl die Akteure wie auch ihre Produkte – seien es soziale Handlungs-, technische Operations- oder kulturelle Deutungssysteme – als institutionalisierte Strukturen und gesellschaftliche Tatsachen, von denen selbst wiederum ein einschränkender oder ermöglichender Einfluss auf zukünftige Möglichkeiten der soziotechnischen Entwicklungen ausgeht.[4]

Nähern wir uns der Geschichte der KI aus der *akteurstheoretischen* Perspektive[5], so treffen wir zunächst auf einzelne Personen und ihre Projekte der Technisierung, die geistig kreativ und praktisch kooperativ in Bezug auf andere Akteure in ihrem Feld handeln. Über die Zeit und verschiedene Disziplinen hinweg bilden sie eine wissenschaftliche Bewegung, die durch geteilte epistemische Stile, Forschungspraktiken und wechselseitige Bezugnahmen zu einem kollektiven Akteur wird.[6] Zu den Pionieren der Informatisierung zählen wir Alan Turing, Norbert Wiener, John von Neumann, Herbert Simon, Joseph Weizenbaum, Marc Weiser, Marvin Minsky, Rodney Brooks und viele andere. Das

---

3 Vgl. zur frühen Geschichte aus Sicht US-amerikanischer Computerwissenschaftler McCurdock (1987), zum Rückblick deutscher Pioniere der Informatisierung Pohle & Lenk 2021, zur Grundlagengeschichte des Computers Heintz (1993) und zur Wechselbeziehung zwischen Technisierungsschüben, soziologischen Thematisierungen und theoretischen Wenden Rammert (2021).

4 Zum theoretischen Bezug auf Durkheims und Giddens' „Regeln der soziologischen Methode" siehe Rammert (1995b: 13 ff.) und zum technischen Aspekt in Berger/Luckmanns Sozialkonstruktivismus Rammert (2016: 41 ff.).

5 Zum Verhältnis von Akteur- und Strukturperspektive vgl. Schimank (2000).

6 Zur Entstehung wissenschaftlicher Fachgemeinschaften vgl. Gläser (2006).

sind Forscherpersönlichkeiten, die schon früh über Möglichkeiten und Wege
einer künstlichen Intelligenz nachgedacht, sie entworfen, modelliert und teilweise erprobt haben. Die theoretische und experimentelle Vorstellungskraft
von Persönlichkeiten aus dem Bereich der Wissenschaft und ihre wechselseitige Kritik und Kommunikation sind in ihrer orientierenden Wirkung auf die
Entwicklung der KI nicht zu unterschätzen.

Heute stoßen wir dagegen vornehmlich auf Namen wie Bill Gates, Steve Jobs,
Jeff Bezos oder Marc Zuckerberg aus dem Bereich der Wirtschaft. Sie alle sind
Schumpetersche Unternehmer, die mit diesen Technologien in Verbindung mit
dem Internet neue Geschäftsmodelle disruptiver Innovation entwickeln und als
kreative Kapitalisten ganze Wirtschaftszweige radikal umkrempeln. Dazu gehören natürlich auch die Chip-Hersteller, Computer- und Software-Unternehmen,
die Plattform-Giganten, Risiko-Kapitalisten und Start-up-Firmen. Letztlich sind es
die weltweit agierenden Konzerne, die als kollektive und organisierte Akteure in
wechselseitiger Konkurrenz und Kooperation die besondere Gestalt und die weitere Entwicklung der jeweiligen Hochtechnologien massiv mitprägen.[7]

Mit der Zeit rückten auch Akteure aus dem Bereich der Politik in den Vordergrund, etwa Margrethe Vestager und andere, die in der EU mit dem ‚Digital
Service Act' und dem ‚Digital Market Act' wirksam den Datenschutz stärken
und die monopolistische Marktmacht der ‚Big Five' begrenzen wollen. Zu dieser
Gruppe der politischen Gestalter:innen – ganz gleich ob Regulierer oder Protes-
tierer – gehören einzelne ‚Whistleblower' wie Edward Snowden als auch größere Gruppierungen und organisierte soziale Bewegungen wie ‚Wikileaks' und
der ‚Computer Chaos Club'. In Zeiten der Globalisierung und massiver Digitalisierung wirken diese Akteure durch öffentliche Kritik, gesetzliche Rahmung
und subversive Intervention korrigierend auf Konstruktion, Kurs und Konsequenzen der KI ein.

Die Gruppe der Verbraucher, Anwender und Endnutzer an den Schnittstellen
kam in ihrer Rolle als aktive Mitgestalterin recht spät in den Blick. Erst als sie
sich nicht mehr an die fix und fertig vorgegebenen Gestalten einzelner Geräte,
Zeichen-Formate und ganzer technischer Architekturen und Infrastrukturen passiv anpassen wollte, entstanden aus vielen kulturellen Wurzeln aktive Gegenbe-
wegungen: Über die klassische Arbeiter-, Verbraucher- und Datenschutzbewegung
hinaus entstehen auf vielen Feldern neuer Technologien kollektive Akteure, die
eine Beteiligung an Entwicklungs- und Anwendungsprojekten einfordern, die bei
infrastrukturellen Entscheidungen rechtzeitig einbezogen werden wollen und die
sich im Sinne einer Selbstermächtigung etwa in innovativen Maker-Communities

---

7 Vgl. u. a. Zuboff (2018), Staab (2019) und Pfeiffer (2021).

(3D-Print, Blockchain, Bitcoin) und anderen Alternativtechnik-Kollektiven organisieren.[8]

Aus einer *gesellschaftstheoretischen* Perspektive geraten eher die größeren Strukturen des Gestaltungshandelns in den Blick. Die Gesellschaft kann offensichtlich als horizontal differenziert in verschiedene Bereiche und Felder gesehen werden. Wissenschaft, Wirtschaft, Politik und Kulturen bilden eigene institutionelle ‚Logiken' heraus, welche der Gestaltung eine bestimmte Richtung geben (Rammert 1992). Es bedarf natürlich immer der oben geschilderten individuellen Akteure, um etwas in Gang zu setzen, eine Vision zu entwickeln und dafür alle Kräfte zu mobilisieren. Es sind dann jedoch eher die kollektiven Bewegungen und institutionalisierten Akteure, welche die jeweiligen Projekte mit Macht und Ressourcen ausstatten, die Mobilisierung organisieren und gegenüber anderen Akteuren in Konfliktarenen und auf weiteren Feldern durchsetzen. Letztlich sind es diese gestalteten Strukturen der Gesellschaft – Wissensregime, Wirtschaftsformen, politische Ordnungen, soziale Normen, kulturelle Werte und Lebensstile –, die als *soziale Institutionen* mit ihren bewusst oder meist auch unbewusst wiederholten und eingeübten Handlungsmustern und Sinnorientierungen einen stark strukturierenden Einfluss auf zukünftige gesellschaftliche Transformationen ausüben, einschließlich der treibenden technischen Entwicklungen und der umgestalteten soziotechnischen Konstellationen.

Eine wichtige Aufgabe der Soziologie, die Technisierungsprozesse und Technostrukturen der Gesellschaft untersucht, besteht vor diesem Hintergrund darin, näher zu bestimmen, wie konkrete (KI-)Technologien im komplexen und konfliktreichen Zusammenspiel zwischen verschiedenen Akteuren und bestehenden sozialen Institutionen in die Welt gelangen und Form annehmen.

3.2.2 Was wird da eigentlich bestimmt, wenn wir Techniken aus soziologischer Perspektive untersuchen?

Anfangs herrschten stark vereinfachte und vereinseitigte Auffassungen vor, wenn es um die soziologische Bestimmung von Technik ging: *Techniken* – wie auch die Naturkräfte – galten als außergesellschaftliche Größen, die in ihrer eigenen ‚Logik' und ‚Gesetzlichkeit' auf die Gesellschaft determinierend einwirken, indem sie als ‚technische Revolutionen' zu radikalen Veränderungen und Anpassungen ihrer ökonomischen und sozialen Strukturen zwängen. Aus dieser *ersten* Perspektive, die ‚*Technikfolgen für Gesellschaft*' zu erforschen, gera-

---

8 Vgl. dazu Birtshnell & Urry (2016) und Dolata & Schrape (2018).

ten große technische Erfindungen und Trends ihrer Installation in den Blick (vgl. Kap. 5), etwa wie Werkzeugmaschine und Industrialisierung die Arbeits-, Macht- und Klassenstrukturen der Gesellschaft verschoben haben, wie technische Transportmittel, Verkehrs- und Telefonnetze ihre Mobilitäts- und Kommunikationsstrukturen revolutioniert haben oder wie gegenwärtig Computer, neue Medien und Informatisierung die Beziehungs- und Öffentlichkeitsstrukturen verändern. Techniken werden aus dieser Sicht als einzelne Geräte, als massenhaft verbreitete Mittel und als konfigurierte operative Systeme gesehen, die – ähnlich wie die sozialen Institutionen – als „technische Installationen" (Halfmann 1995: 220) strukturelle Wirkkraft zeigen.

Da liegt die Frage nahe, ob die Gestalt und die Genese der Techniken und ihrer Installationen nicht auch selbst Resultate gesellschaftlichen Gestaltungshandelns sind. Aus dieser *zweiten* Perspektive, welche die *gesellschaftliche Konstruktion der Techniken* erforscht, werden daher die Technisierungsprozesse und Technostrukturen als konstitutiver Teil der Gesellschaft begriffen (vgl. Kap. 4). Denn auch Techniken werden durch soziales Handeln ge- und erfunden, weiterentwickelt, erprobt, letztlich im täglichen Gebrauch eingeübt und auf Dauer praktisch eingerichtet. Sie entstehen durch das kreative und experimentierende Gestaltungshandeln in Forschungs- wie auch in Nutzungskontexten. Sie werden bei erfolgreicher Wiederholung und bestätigter Erwartung in der Form von wirksamen „Schemata der Technisierung" kommuniziert und in verschiedenen „Trägermedien" materiell-sachlich fixiert (Rammert 1998a). Drei Typen lassen sich davon unterscheiden:

a) *Menschliche Körperbewegungen und Kognitionsleistungen*, die durch Habitualisierung und Training technisiert werden, etwa das Tastaturtippen, Daumenwischen oder Mausklicken vor Bildschirmen,

b) *physische Stoffe, Dinge und Lebewesen*, die durch Mechanisierung, Automation und operative Manipulation in effektive Formen gebracht werden, etwa Mikroprozessoren, Roboter oder Onko-Mäuse, und

c) *Zeichen und Symbole*, die durch Informatisierung und Mediatisierung Wissen wirksamer verarbeiten, verbreiten und speichern können, etwa Kodes, Programme und digitale Dateien.[9]

All diese *technischen Installationsformen* üben – ähnlich den institutionellen Sozialstrukturen – selbst wiederum Gestaltungsmacht aus, sei es durch Fixierung von Praktiken und materiellen Formen oder durch Vorgabe von Formaten und festen Infrastrukturen. Aus dieser zweiten soziologischen Perspektive gehen

---

9 Siehe zur ausführlicheren Herleitung und Begründung des prozessualen und relationalen Technikbegriffs und der medientheoretischen Differenzierung Rammert (1989: 128–173).

weder Macht noch Sachzwang von der Technik, ihrer eigenen ‚Logik‘, ‚Materialität‘ oder ‚Technizität‘ aus. Diese gewinnen erst als gesellschaftlich gestaltete und
installierte Strukturen ihren bestimmenden, begrenzenden wie ermöglichenden
Einfluss, wenn sie in praktisches Handeln vertrauensvoll eingebunden, kulturell
zustimmend als wirksam und nicht schädlich bewertet und auf diese Weise politisch gerechtfertigt werden.

Von dieser Auffassung ist es kein weiter Schritt hin zu einer *dritten* soziologischen Perspektive, der ‚*hybriden Interaktivitäts- und Konstellationsanalyse*‘: Sie
fasst das Gestalten und Handeln als gleichzeitig technische wie auch soziale Konstruktion der Wirklichkeit auf[10] und macht die hybriden Konstellationen einer
auf Menschen, Maschinen und Programme verteilten Handlungsträgerschaft zu
ihrem Gegenstand. Sie begann mit einer ingenieurnahen Analyse und Gestaltung
„soziotechnischer Systeme“ (Ropohl 1979), die als wechselseitig rückgekoppeltes
technisches und menschliches Arbeitssystem konzipiert wurden. Es folgte eine
vergleichende Organisationsanalyse von Hochrisiko-Systemen, in der technische
Faktoren und menschliche Aktoren in ihrer funktionalen Aufgabenerfüllung und
ihrer sequentiellen Interaktionsbeziehung gleichbehandelt wurden (vgl. Perrow
1987). Die hybride Sichtweise fand schließlich mit der radikalisierten und um-
strittenen Actor-Network-Theory (vgl. Latour 1998)[11] eine große internationale
Sichtbarkeit. Deren soziologische Defizite, wie die symmetrische Gleichstellung
von Menschen und Nicht-Menschen als ausschließlich machtvoll wirkende
‚Aktanten‘ und die Ausblendung von Sinn bildender Interaktion, werden
von der pragmatistischen Technik- und Sozialtheorie kritisiert und durch ein Konzept gradueller und verteilter Handlungsträgerschaft überwunden (vgl. Rammert &
Schulz-Schaeffer 2002; vgl. auch Kap. 8).

In dieser Perspektive werden die oben skizzierten *soziologischen* Konzepte
(vgl. Kap. 3.2.1) – das waren a) das sinnhaft auf andere Akteure bezogene Handeln,
b) die meist auf verschiedene Instanzen verteilte organisierte Kollektivhandlung
und c) das über verschiedene Institutionenkomplexe verteilte selektiv-strukturelle
Bestimmen in der Gesellschaft – mit dem *technologischen* Konzept des verteilten
Operierens – wie wir es a) vom „Distributed Computing“, b) von Systemen der ‚Verteilten Künstlichen Intelligenz‘ und c) von mehr oder weniger streng gekoppelten
komplexen technischen Systemen kennen (vgl. hierzu Kap. 3.5) – zu einem *hybriden Konzept verteilter heterogener Konstellationen* verbunden. Diese erweiterte Perspektive nimmt die vielfältigen und engen Verflechtungen zwischen menschlichen,

---

10 Siehe Fußnote 4 und speziell für die auf Zeichen und Symbole bezogene „rechnerische
Konstruktion“ Seyfert & Roberge (2017).
11 Vgl. kritisch zur Unterscheidung von Akteuren, Aktanten und Agenten Schulz-Schaeffer
(1998) und systematisch vergleichend Roßler (2016).

maschinellen, medialen und zeichenprozessierenden Aktivitäten in den analytischen und gestalterischen Blick. Sie untersucht dabei beides, die strukturbildenden *‚Interaktivitäten'* zwischen menschlichen Akteuren und technischen Agenten wie auch die durch das Design der Architekturen und Infrastrukturen bestimmte Verteilung der Gestaltungsmacht, von Autonomie und Kontrolle, innerhalb der *„soziotechnischen Konstellationen"* (Rammert 2003: 289).

3.2.3 Die Macht des gestaltenden Handelns und die Selektivität des installierten Designs: Wie erfolgt das Bestimmen der Konstellationen aus soziologischer Sicht?

Was wird gestaltet und zu welchem Zweck? Alles, was hergestellt wird, hat eine Gestalt. Seien es physische Dinge wie Geräte, Gebäude oder große Anlagen, oder seien es Zeichensysteme wie Kalküle, Computerprogramme oder Regelungs- und Nachrichtensysteme. Auch Informatiker:innen arbeiten an der Gestaltung von Dingen mit, der ‚Hardware'; meistens arbeiten sie jedoch mit Zeichen, an Zeichensystemen und Verfahren der Zeichenverarbeitung, der ‚Software'. Gestaltet werden Algorithmen, Programme, Compiler, Computer- oder Netzarchitekturen. Soziolog:innen und Psycholog:innen sind eher an der Gestaltung von Schnittstellen zwischen Mensch und Technik beteiligt (vgl. Laurel 1991; Janda 2018). Neben die technisch funktionale Gestalt treten die leichte, möglichst intuitive Bedienbarkeit, der ästhetische Reiz und das kulturelle Prestige.

Design heißt in diesem mehrfachen Sinne, einem Ding, einem Prozess, einem Zeichensystem oder einer Schnittstelle eine bewusste Form und sichtbare Ordnung zu geben, um sie für bestimmte Zwecke – technische, ökonomische, kulturelle, ästhetische – nützlich zu machen. Beim ‚Bauhaus'-Design war es die Verbindung zwischen Kunst, Handwerk, Industrie und Ökonomie. Bei der Apple-Design-Strategie von Dieter Rams und Steve Jobs hieß es, erst dann auf den boomenden PC-, Player- oder Smartphone-Markt zu gehen, wenn man in der technischen Funktionalität hoch überlegen ist, in Usability und ästhetisches Design genügend Kreativkraft investiert hat und dafür einen weit höheren Preis verlangen und eine exklusive Nutzer-Community bedienen und begründen kann. Das vom Hasso-Plattner-Institut propagierte ‚Design Thinking' verallgemeinert in hegemonialer Absicht diese Design-Prinzipien auf alle Bereiche: die Gestaltung von Websites wie auch die Verkettung von Arbeitsabläufen, die Kuratierung von Museumsausstellungen und die Inszenierung von Konferenzen und Verhandlungsergebnissen (vgl. Seitz 2017).

Das Design von Dingen und zeichenhaften Artefakten ist nicht neutral, sondern immer auch wertbezogen: Es ist etwa an Profit orientiert, an politischer Macht und Kontrolle interessiert oder auf einer besonderen kulturellen Moral basiert. Ein *erster* Aspekt dieses *multiplen Wertbezugs* kann dahingehend beobachtet werden, ob die Gestalten explizit oder implizit auf unterschiedliche Interessen und Orientierungen bezogen sind. Das betrifft etwa die Auswahl, welche Elemente einbezogen und die Weise, wie sie aufeinander bezogen werden, und letztlich die gesamte Ausrichtung einer technischen Konfiguration. *Explizit* heißt dabei: Manches macht man ausdrücklich mit bestimmter Absicht, und dann ist es auch häufig sichtbar wie bei den ‚gläsernen Produktionsstätten' oder ‚fair'-globalisierten Handelsketten. *Nicht-explizit* wäre etwa die absichtlich verheimlichte Software zur Abschaltung des Diesel-Katalysators beim TÜV-Test. Und *implizit* ist sie dann, wenn sie als unbeabsichtigte Nebenfolge eines absichtlichen Handelns eintritt, wenn – wie im Fall der ersten elektronischen Kassen von Nixdorf und der damit beabsichtigten Rationalisierung des Rechnungs- und Bestellsystems im Einzelhandel – sich später die zusätzlich eingebaute Möglichkeit ergibt, gleichzeitig Leistung, Fehlzeiten und fehlerhafte Eingaben der Kassierer:innen kontrollieren zu können. Heute setzt sich diese enge Verbindung von Produkt-, Prozess- und Personenkontrolle in allen KI-gestützten Systemen fort, seien es die Logistik- und Liefersysteme oder die digitalen Arbeitskonfigurationen im Home Office. Die Aufdeckung der impliziten Absichten, die politische Aushandlung der expliziten Interessen und die Ausbalancierung von Kontrolle und Autonomie werden zu allgegenwärtigen Problemen der soziologischen Forschung wie auch der politischen Gestaltung.

Ein *zweiter* Aspekt dieses Wertebezugs zeigt sich darin, dass diese Systemkonfigurationen auch in ihrer gesamten Konstellation mehr oder weniger gewollte Wirkungen oder Nebeneffekte erzeugen: Bestimmte Gruppen wie auch die Öffentlichkeit werden ausgeschlossen; die Zugänge zu Daten und Diensten werden in Organisationen hierarchisch organisiert; die Möglichkeiten zur Beeinflussung der Regeln und zur Wahl der Responses sind für die Nutzer:innen extrem undurchsichtig und eingeschränkt. Es können demnach Asymmetrien der Macht installiert werden[12]. Dabei sind legitime von illegitimen Machtbeziehungen zu unterscheiden. Illegitime Vertuschungen, Verdunkelungen und Geheimhaltungen,

---

12 Der klassische soziologische Begriff von *Macht* nach Max Weber besagt, dass diese in der Chance besteht, innerhalb einer Beziehung den eigenen Willen auch gegen das Widerstreben des Anderen durchzusetzen – gleichviel, worauf die Chance beruht, ob auf Gewalt, Belohnung, Autorität oder Verführung. Macht ist soziologisch immer eine zweiseitige Beziehung: Wer auch immer über das jeweilige Machtmittel verfügt, bleibt selbst darauf angewiesen, dass der oder die im jeweiligen Fall Unterlegene die Unterwerfung mitmacht und diese damit letzt-

wie wir sie in der letzten Zeit bei staatlichen Behörden, Investmentbanken oder Social Media-Plattformen im Umgang mit Daten erleben, konnten wir erst mit der kritischen und technischen Intelligenz der Whistleblower, Wikileaker und Hacker aufgedeckt bekommen.

Neben Machtunterschieden zwischen Individuen gibt es auch die *strukturelle Macht*. Sie hängt davon ab, wie stark die sozialen Institutionen schon vorstrukturiert sind und bspw. Einigen Gruppen mehr oder weniger Rechte und Schutz gewähren. Das gilt auch für die Verfasstheit technischer Architekturen und Infrastrukturen[13]: Dort ist in die Systeme eingebaut und in Programme eingeschrieben, wer die Agenda setzen kann, wer Zugang zu bestimmten Daten und Regelsetzungen hat, wer gegenüber anderen über „datensetzende Macht", Führungsmacht oder Diskursmacht verfügt (vgl. Rammert 2008). Die Medien und das Netz sind heute neue Machtverstärker; sie selbst verfügen über keine Macht, sie vermitteln nur die in sie eingeschriebenen asymmetrischen Zugangs- und Verteilungsstrukturen. Die neuen Produkte der Informatik, etwa die in ihre Systeme eingebaute ‚Künstliche Intelligenz', die ‚Deep Learning'-Schnittstellen oder das ‚Internet der Dinge', sind also in dieser Hinsicht genauer zu untersuchen.

Bisher wurde skizziert, wie sich die Soziologie mit ihren Erkenntnisinteressen, Begriffen und theoretischen Konzepten eher allgemein dem Phänomen der Informatisierung genähert und der Herausforderung der Künstlichen Intelligenz gestellt hat. Der Weg führte über einen Wechsel ihrer Perspektiven: von der Erforschung der Technikfolgen für die Gesellschaft über die gesellschaftliche Konstruktion von Techniken bis hin zur soziotechnischen Interaktivitäts- und Konstellationsanalyse. Er legte einen Wandel des Technikbegriffs nahe: eine Umstellung von instrumenteller und materieller Technik hin zu Technisierungsprozessen und eine Erweiterung um ihre Vergegenständlichung in unterschiedlichen Trägermedien.

In den folgenden Abschnitten soll eher exemplarisch an ausgewählten Studien demonstriert werden, wie sich die soziologische Forschung den neuen Technisierungsphänomenen neugierig genähert und welche Erkenntnisfortschritte sie dabei gewonnen hat.[14] Sie beziehen sich auf drei Phasen der Geschichte der Informatisierung: die Frühphase der Computerentwicklung in den

---

lich als legitime Herrschaftsbeziehung anerkennt. Wichtig für die Machtbeziehung sind also die in der Beziehung aufrechterhaltene Asymmetrie und die Beteiligung beider Seiten daran.

13 Zur analogen Struktur von politischer und technischer Verfasstheit am Beispiel der Brücken von New York vgl. Winner (1980).

14 Siehe Rammert (2021) für einen Überblick, wie sich die deutschsprachige Technik- und Innovationssoziologie unter dem Eindruck dieser Technisierungsschübe während dieser Zeit entwickelt hat.

70er und 80er Jahren (Abschnitt 3), die Hochphase der wissensbasierten Informatiksysteme in den 80er und 90er Jahren (Abschnitt 4) und die Aufbruchphase zu ‚Softbots' und ‚sozionischen' Konstellationen ‚Verteilter Künstlicher Intelligenz' seit 2000 (Abschnitt 5).

3.3 Frühe Phase der Computerentwicklung: Soziologische Studien zu Konstellationen der Gestaltung und zur gesellschaftlichen Kultivierung

> Informatiker konstruieren Bit für Bit eine neue künstliche Computerwelt. Sozialwissenschaftler spekulieren Blatt für Blatt über die drohende Zersetzung der vertrauten Alltagswelt. Lassen sich die beiden Welten wirklich nicht vereinbaren? (Rammert 1990a: 7)

In der frühen Phase der KI-Entwicklung war die Soziologie eher aus arbeits- organisations- und industriesoziologischer Perspektive mit den Folgen der Informatisierung befasst[15]. Bezeichnend dafür waren Diskussionen über Folgen einer ‚Informatisierung der Arbeit' (vgl. Malsch & Mill 1992) und die Transformation der industriellen zur „*Informationsgesellschaft*" (vgl. Sonntag 1983). Es zeichneten sich jedoch erste technik- und mediensoziologische Ansätze ab, den Computer nicht nur als physikalische Rechen-Maschine und probates Mittel der Automation anzusehen. Er wurde auch als zeichen-verarbeitendes Operationssystem begriffen, das als Medium der Kommunikation und persönlicher Computer (PC) über die Industrie hinaus alle übrigen Bereiche des Alltagslebens tangiert (Joerges 1988; Rammert 1990b). Diese erste Begegnung mit einer frühen Form der KI regte die Soziologie zur Entwicklung einer an Prozessen, praktischem Umgang und unterschiedlichen stofflichen Medien orientierten Technik- und Sozialtheorie an.

Anhand von drei Fällen aus dieser Zeit soll nun gezeigt werden, wie sich Sozialtheorie und soziologische Forschung den frühen Konstellationen der Computerentwicklung angenähert und dabei selbst verändert haben.

---

15 In Philosophie und Geisteswissenschaften wurde eher eine ideologiekritische Position zur Künstlichen Intelligenz eingenommen. Kritiker der KI zeigten auf, dass Computer weder selbständig denken, noch sinnvoll sprechen, weder Dinge sehen, noch Zeichen verstehen könnten (vgl. Dreyfus & Dreyfus 1987; Searle 1986). In den Computerwissenschaften selbst stritt man hingegen mit konstruktivem Interesse um alternative Entwicklungspfade und immer bessere Konkretisierungen der Vision.

Beim *ersten* Fall geht es um die Gestaltungsmacht einzelner Akteure, üblicherweise der Entwickler:innen aus der Gruppe der KI-Pioniere und Computerwissenschaftler. Aus soziologischer Sicht kommen zusätzlich die in die Informatik-Produkte mehr oder weniger bewusst eingebauten Erwartungen an die späteren Nutzer:innen von PCs und Softwareprogrammen in den Blick. Die Macht-Beziehung der Entwickler:innen gegenüber späteren Nutzer:innen war in den Anfängen der Entwicklung selbst einem so gewissenhaften Forscher und erfolgreichen Entwickler wie Joseph Weizenbaum nicht bewusst (Weizenbaum 1978). Er hat für die Entwicklung eines ‚Dialogsystems' namens ELIZA einfach die schematisierte Frage- und Antworttechnik einer psychiatrischen Methode übernommen: Der Psychiater fragt und die Patientin antwortet. Der Psychiater greift ein Wort aus der Antwort heraus und baut es schematisch in die anschließende Frage ein, und immer so weiter, ohne wirklich ein Gespräch zu führen. Trotzdem fühlt sich die Patientin anschließend besser, weil sie glaub, verstanden zu werden. Erst als Weizenbaum seine Sekretärin dabei beobachtet, wie sie das technische Dialogsystem ernsthaft benutzt, bemerkt er die unbeabsichtigte Macht des Entwicklers und seines Produkts.

Aus *techniksoziologischer* Sicht ist zusätzlich hervorzuheben: Erst die Nutzerin – hier die ausprobierende Sekretärin – hat durch ihre praktische Anwendung aus diesem technischen Entwurf eines Dialogprogramms eine funktionierende therapeutische Technik gemacht. Gleichzeitig wird deutlich, dass die praktische Aneignung und der Vollzug der Handlung soziale Akzeptanz signalisieren, nicht eine erfragte Einstellung von Nutzer:innen. Dahinter steckt auch keine geheime „Macht des Computers" und seiner Meisterentwickler. Es wirkt in diesem Fall ganz offensichtlich die *Verführungsmacht* von schriftlich-sprachlicher Rede bei der Ausgabe: Wenn auf dem Bildschirm etwas geschrieben steht, reagiert man automatisch mit der Vorstellung, es stehe eine menschliche Person dahinter, die antwortet und einen versteht. Das gilt noch mehr für gesprochene Worte und begleitende bewegte Gesten, etwa beim Puppenspiel, bei Animationen oder bei kommunikativen „Agenten" (vgl. Maes 1994). Verstehen und verstanden werden fühlen sich einfach großartig an.[16]

Wir können festhalten: Die Gestaltungsmacht ist in diesem Fall – und beispielgebend für Schnittstellen wie Alexa, Siri u. a. bis heute – auf mehrere Instanzen verteilt: auf die Softwareentwicklung, auf die deutende und umnutzende Person und auf das Schnittstellendesign, das bei der Gestaltung der Ausgabe von

---

[16] Vgl. die frühen soziologischen Analysen zur Technisierung und Medialisierung der Interaktions- und Kommunikationssituation von Geser (1989), Heintz (1993), Esposito (1993) und Faßler (1996), und aktuell zur künstlichen Kommunikation Muhle (2013), Esposito (2017) und Dickel (2021).

‚Rechnerergebnissen' das natürlich-menschliche ‚Antwort'-Verhalten nachahmt und den Output nicht mehr in abstrakter Form als Lochkarte oder als Band kaum lesbarer Zeichenskripte editiert.

Bei der *zweiten* Studie können wir eine deutliche Verschiebung der Macht in der Gestaltungskonstellation beobachten. Der britische Soziologe Steve Woolgar hat in einer teilnehmenden Untersuchung herausgefunden, wie Hersteller von PCs und deren Entwickler:innen absichtlich die technische Konfiguration des Geräts und der Schnittstelle so gestalten, dass die Nutzer:innen in ihren Möglichkeiten eingeschränkt und in ihren Nutzungsweisen beeinflusst werden (vgl. Woolgar 1990). Hersteller und Entwickler legen durch die technische Konfiguration von vornherein fest, wozu und wie der PC genutzt werden soll und kann. Über die Gestaltung der technischen Struktur ‚konfigurieren' sie also gleichzeitig den „User": Es wird vorstrukturiert und vorprogrammiert, wovon er ausgeschlossen wird, was er nicht wissen soll, wie er damit erwartungsgemäß umgehen soll und was seiner Bequemlichkeit dient. Hier handelt es sich um eine andere Form der Macht, nämlich die Gestaltungs- und *Verfügungsmacht* der Hersteller.

Bei der *dritten* Studie geht es um die Ausweitung des soziologischen Blicks über die Mikro-Konstellationen von Entwickler-Nutzer-Beziehungen hinaus auf die gleichsam höheren Ebenen von Machtkonstellationen, die den alltäglichen Nutzungssituationen vorgelagert sind. In einer umfangreichen Studie zum „Umgang mit Computern im Alltag" (Rammert et al. 1991) Ende der 1980er Jahre im Rahmen des NRW-Programms „Sozialverträgliche Technikgestaltung" identifizierten wir damals drei Ebenen der Gestaltungsmacht: *erstens* die gesamtgesellschaftliche Ebene der institutionellen Akteure und ihrer Makro-Konstellationen, *zweitens* die mittlere Ebene von Gruppen oder sozialen Bewegungen in Konstellationen kollektiver Aneignung und *drittens* die situative Ebene von einzelnen Personen in Mikro-Konstellationen der Mensch-Technik-Interaktion.

Auf der *Makroebene* konnten wir drei gesellschaftliche ‚Arenen der Aushandlung' zwischen den kollektiven und organisierten Akteuren unterscheiden: (1) In der techno-ökonomischen Arena wurde über den neu entstehenden Markt für PCs die Beziehung zwischen ökonomischem Preis und sozialem Gebrauchswert ausgehandelt. Das können wir bis heute mit noch raffinierteren Vermarktungsmethoden etwa beim Leasing smarter Neugeräte und bei abonnierten Zugängen zu medialen Netzen und Plattformen beobachten. (2) In der soziokulturellen Arena wurden die Diskurse über Sinn und Unsinn der Umgangsformen geführt. Dabei kamen kreative Nutzungsideen ins Spiel; aber es wurden auch Ideologiekritik am Computermythos und Technikkritik an den Folgen geübt. (3) In der politisch-rechtlichen Arena ging die gesellschaftliche Debatte und politische Willensbildung damals schon um Fragen der ‚Verfassungsverträglichkeit' und der gesetzlichen Rahmengestaltung: Sind abweichende Nutzungsweisen wie etwa das ‚Hacken' eher kriminell? Wann fördern oder gefährden bestimmte Praktiken die Demokratie? Das sind Fragen, die auch die heutigen Debatten um das ‚Internet der Dinge', Plattform-Märkte und die ‚Sozialen Medien' prägen und aktuell die Diskurse um ‚smarte' Geräte, ‚autonome' Fahrzeuge und ‚lernende' Algorithmen bewegen.

Als Einsicht für die Analyse der Konstellationen auf der Makroebene der institutionellen Akteure können wir festhalten: Für die Aushandlung der gesellschaftlichen Gestalt neuer Produkte oder Systeme der Informatisierung sind die *ökonomische Marktmacht, die kulturelle Diskursmacht und die politische Mobilisierungsmacht* als entscheidende Größen zu beobachten.

Auf der *mittleren Ebene* sozialer Gruppen und kultureller Bewegungen stellten wir fest: Auch die Kräfte, die kreativ vom Etablierten abwichen und sich alternativ vom dominanten Design abwandten, bestimmten die Gestalt und Richtung der Computerentwicklung in den gesellschaftlichen Arenen stark mit – zumindest in dieser Anfangsphase. Die ‚User' – männliche und weibliche, jüngere und ältere gleichermaßen – waren damals mehr als heute gefragt und gefordert, selbst auszuprobieren, was man mit dem Computer zuhause überhaupt sinnvoll machen kann. Da wir uns auch für die kollektiven Formen der Computernutzung interessierten, konnten wir für die damalige Zeit überraschend feststellen, dass Gruppen und soziale Bewegungen den Computer etwa für die Organisation einer alternativen Selbsthilfe-Initiative, für Reisezeitmessungen und Leistungsverbesserungen im Taubensportverein – man denke an heutige Selbst-Vermessungen – und auch für die Abstimmung der Instrumente untereinander in einer Musikband nutzten, so dass die Mitglieder allein üben und dann die ‚Takes' zu einem Stück im Tonstudio zusammenführen konnten – was übrigens seit der Techno-Musik in der Musikszene übliche Praxis ist. Dasselbe gilt für die kollektive Praxis einer medizinkritischen feministischen Gruppe, die den PC für den Aufbau und die Koordination einer politischen Bewegung nutzte. Auch das ist gegenwärtig gängige Praxis.

Diese frühen Nutzungsformen haben die User, die Gruppen und die Computerbewegungen zum großen Teil erst erfunden und gestaltet; die Hersteller, Entwickler und Gestalter in Konstellationen, die sich auf Anwender wie Militär, Großunternehmen und Großforschung konzentrierten, wussten von diesen kreativen und massenkonsumtauglichen Möglichkeiten noch nichts oder nahmen diese neuen Gestaltungseinflüsse nur zögerlich von den Nutzenden auf. Diese Fälle zeigen, dass auch diejenigen über Gestaltungsmacht verfügen, die sich neue Nutzungsformen ausdenken, rumtüfteln und ausprobieren und letztlich diese von den üblichen Praktiken abweichende Formen zu einer innovativen gesellschaftlichen Praxis verbreiten.

Computer sind das, was wir aus ihnen machen. Was wir mit der neuen Technik tun und welche Folgen dies hat, hängt auch davon ab, wie wir sie deuten und in unseren Alltag einbauen. (Rammert et al. 1991)

Diese innovative Praxis findet sich auch auf der *dritten Ebene* der Mensch-Computer-Interaktion: Die einzelnen Personen können sogar noch in diesen individuellen Nutzungskonstellationen stark unterschiedliche Beiträge leisten und die Gestaltung in sehr verschiedene Richtungen der Nutzung vorantreiben. Entgegen der damals gängigen Annahme waren nämlich nicht alle Nutzer junge, männliche, blasse, pickelige ‚Nerds‘ mit „Maschinencharakter" (Pflüger & Schurz 1987). Wir beobachteten stattdessen eine Vielfalt von Nutzertypen und Nutzungsstilen: etwa die ‚Glasperlenspieler‘, die den Umgang mit dem PC eher als intellektuelle Herausforderung sahen, oder die ‚Lifestylisten‘, die sich mit allen möglichen ästhetisch designten Geräten und Zubehörteilen, etwa ‚slim‘ und ‚schwarz‘ gestylten Stationen und Kopfhörern, ausstatteten. Da gab es die ‚Bastler‘ und ‚Schrauber‘, die immer wieder neue Teile einbauten und andere Konfigurationen ausprobierten und Freude am ‚Tunen‘ der Leistungsparameter hatten, ebenso die ‚Aufstiegsorientierten‘, die sich am PC weiterbildeten, um die Kompetenzen später beruflich nutzen zu können. Und unter allen Typen fanden wir auch dank unseres theoretischen Samplings weibliche und ältere Nutzer.[17]

Was kann man aus den Ergebnissen folgern? Die Nutzenden bleiben auf der persönlichen Ebene der Nutzungskonstellation immer noch mit Kreativität und Eigensinn an der Ausgestaltung beteiligt. Dies gilt v. a. für die frühen Einführungsphasen, in denen man neue Möglichkeiten der Nutzung erfinden und ausprobieren und auch vorliegende Formen um-konfigurieren kann. In späteren Phasen bauen sich durch die eingespielten, institutionalisierten und technisch verfestigten Formen immer mehr Hindernisse für eine echte Mit- und Umgestaltung auf. Allerdings besteht dann weiterhin die Möglichkeit, auf den beiden anderen Ebenen der Konstellationsgestaltung – den institutionalisierten Konfliktarenen und den sozialen Bewegungen – Widerstand auszuüben und Verhandlungsmacht für eine Umgestaltung zu gewinnen: Kritik und Gegenpositionen kann eine Plattform gegeben werden. Gegenmacht kann durch politische und kulturelle Bewegungen mobilisiert und organisiert werden. Sie kann sich auch durch politisch-rechtliche Interventionen Gehör verschaffen. Sie gewinnt noch größere Wirksamkeit, wenn sie durch gesellschaftliches Experimentieren mit technischen und ökonomischen Alternativen deren Machbarkeit zeigt.

---

17 Kritisch zu „männlichen" und „frauenspezifischen" Zugangsweisen zum PC, vgl. Hoffmann (1989) und Rammert et al. (1991: 176 ff.).

3.4 Hochphase der wissensbasierten Informatiksysteme: Verschiebungen zwischen KI-Vision, Wissenspraxis der Profession und Macht in der Organisation

> Die Idee der künstlichen Intelligenz ist anregend und aufregend zugleich. Die einen regt
> sie an zu kühnen Visionen einer körperlosen Evolution des Geistes, animiert sie zur Kon-
> zeption künstlicher neuronaler Netze analog zum menschlichen Hirn oder inspiriert sie
> zur Konstruktion sogenannter Expertensysteme. Die anderen regen sich auf über die maß-
> lose Arroganz der Visionen, kritisieren die wissenschaftliche Unhaltbarkeit der zentralen
> theoretischen Konzepte und warnen vor den Risiken der hochtechnologischen Produkte.
> (Rammert 1995a: 7)

Im Verlauf der 1990er Jahre wechselten in den Computerwissenschaften die anspruchsvollen Visionen, die technologischen Paradigmen und die darauffolgen-
den hoch finanzierten Forschungsprogramme immer schneller (vgl. Breiter
1995). Sie verschoben sich von der zeichen-basierten Informationsverarbeitung
hin zur wissens-basierten Entscheidungsvorbereitung, vom ‚general problem-
solving' zum speziellen ‚knowledge engineering'. Die in diesem Kontext entstehenden sog. ‚Expertensysteme' wurden von der utopischen Idee getragen, die
Grammatik und Pragmatik menschlicher Alltagssprache in linguistisch begründete Programme übersetzen und das Regel- und Fachwissen verschiedenster
Experten ‚objektorientiert' speichern und abrufen zu können.

Gleichzeitig fühlte sich die Soziologie von diesen Wendungen der KI zu
Sprachverarbeitung und Wissensgenerierung herausgefordert. Sie wollte sich
nicht nur an der Kritik eines kognitivistisch verkürzten, funktionalistischen und
körperlosen Intelligenzbegriffs beteiligen (vgl. Schwartz 1989; Collins 1990; Wolfe
1991). Vielmehr erschloss sie sich ein breiteres Spektrum an „soziologischen Zugängen zur künstlichen Intelligenz", wie man dem ersten systematischen Sam-
melband zu „Soziologie und künstliche Intelligenz" entnehmen kann (Rammert
1995a). Die Soziologie war daran interessiert, die gesellschaftlichen Wurzeln dieser Hochtechnologie und ihrer Projekte der Technisierung von Kommunikation
und Wissensverarbeitung historisch-empirisch aufzudecken. Sie wollte nicht nur
am allgemeinen Diskurs über Möglichkeit und Grenzen einer maschinellen Intelligenz teilnehmen, sondern die besonderen Bedingungen ihrer Herstellung und
die dabei auftretenden Differenzen von technischem Funktionieren – im Modell
oder Labor – und sozialer Performanz – im Projekt oder in organisierter Praxis –

genauer erkunden.[18] Vor allem wollte sie empirisch erklären, welche Konstellation von prägenden Gestaltungskräften in konkreten Entwicklungs- und Anwendungskontexten letztendlich für ein Scheitern oder Gelingen von installierten Expertensystemen verantwortlich sind.

> Wer also den Streit um die künstliche Intelligenz angemessen verstehen will, der sollte sich nicht durch die Konkurrenz der Ideen blenden lassen und nur eine Kritik der Konzepte und Ideologien betreiben; der sollte vor allem die Produkte der künstlichen Intelligenz, die Praktiken ihrer Produktion und die Probleme ihrer gesellschaftlichen Reproduktion als Gegenstand behandeln und beobachten. (Rammert 1995a: 8)

Schauen wir uns eine exemplarische Studie zu dieser zweiten Phase genauer an. Sie weist schon mit ihrem Titel auf einen Wandel der Perspektiven von der Informations- zur „*Wissensmaschine*" und des Diskurses von der Informations- zur *Wissensgesellschaft* hin. Es geht wieder um die Verteilung der Gestaltungsmacht von Akteursgruppen, in diesem Fall bei der Konstruktion und Anwendung wissensbasierter Informatiksysteme (vgl. Rammert et al. 1998). Solche ‚Expertensysteme' wurden in dieser Phase entwickelt, um das Expertenwissen von Instandhaltern in der Autoindustrie, von Sachbearbeiter:innen in Versicherungsunternehmen oder von Herzchirurg:innen in einer Klinik, die Organtransplantationen durchführt, zu erheben und in wissensbasierte KI-Systeme zu überführen. Man ging davon aus, dass man das Wissen einer Domäne in seiner Gesamtheit, Strukturierung und Regelbasiertheit akquirieren und dann mit Hilfe schlussfolgernder Mechanismen nachahmen könnte. Das menschliche Expertenwissen sollte auf diese Weise für die Anwender-Organisationen sichtbar gemacht, rationalisiert, perfektioniert und dauerhaft angeeignet werden können. Mit dem wissenschaftlichen Interesse an Erkenntnisgewinn und dem technologischen Interesse am wirksamen Funktionieren ging gleichzeitig ein wirtschaftliches Interesse an Unternehmensgewinn und Kontrolle einher. Solche Expertensysteme, wenn sie funktionierten, würden die Verhandlungsmacht der fachlichen Expert:innen und Professionsmitglieder schwächen und sie selbst auf die Dauer ersetzen.

In vier verschiedenen Fällen haben wir als Techniksoziologen – im Rahmen eines Verbunds für Technikfolgenabschätzung der Künstlichen Intelligenz in NRW – an den Entwicklungs- und Gestaltungsprozessen von Expertensystemen teilgenommen: Wir haben nicht einfach von außen befragt und Folgen bewertet; wir waren vielmehr Teil eines interdisziplinären Projekts aus Informatikern, Philosophinnen und Sozial- und Kommunikationswissenschaftlern. Wir begleiteten diese konstruktiven Prozesse in teilnehmender Beobachtung und konnten

---

18 Vgl. zur sozialen Konstitution und Situiertheit von Intelligenz im Turing-Test Schwartz (1989) und Heintz (1993).

daher die jeweils aus unserer Perspektive absehbaren sozialen Implikationen den beteiligten Entwicklern und Verwendern sogleich zurückspiegeln.

Uns bewegte dabei die umfassende Forschungsfrage:

> Wodurch wird der gesamte Konstruktionsprozess in seinem Verlauf – von der leitenden Idee der künstlichen Intelligenz über ihre technische Umsetzung beim Bau eines Expertensystems bis hin zur organisatorischen Implementation – tatsächlich beeinflusst?

Damals herrschte allgemein die Annahme vor, dass das wissenschaftliche Leitbild der KI die Anwendung unmittelbar bestimmen würde. Der kritische Diskurs um die Chancen und Grenzen der KI, der fast ausschließlich von *Vertreter:innen der KI*, der Linguistik und der Philosophie und nur unter spärlicher Beteiligung einer empirisch forschenden Soziologie geführt wurde, verstärkte diese Position. Ihr lag die Ansicht zugrunde, dass Technik einfach und einbahnig als angewandte Wissenschaft aufgefasst werden könne, was allerdings nach dem Stand der Wissenschaftsforschung längst als widerlegt galt. Wir konnten zwar feststellen, dass sich die Systemgestalter:innen in ihren Begründungen und Rechtfertigungen für bestimmte Vorgehensweisen auf eines der verschiedenen Paradigmen künstlicher Intelligenz bezogen und dadurch in ihrer Arbeit motiviert wurden, sie in ihren wissensbasierten Systemen konkret umzusetzen. Allerdings blieb davon im weiteren Prozess der Umsetzung nach unseren Beobachtungen nur wenig übrig.

Wendet man nämlich die Aufmerksamkeit weg von denjenigen Vertreter:innen der KI, die den Diskurs in den wissenschaftlichen Medien und in der breiteren Öffentlichkeit maßgeblich gestalten, hin zu der *zweiten* Gruppe, welche die Expertensysteme für die jeweiligen Domänen konkret entwirft und vor Ort wirklich gestaltet, dann zeigen sich andere und komplexere Konstellationen von Gestaltungsmächten als in den KI-Diskursen. Die *Software- und Systementwickler:innen*, die die Expertensysteme bauen, müssen sich mit den Professionen und Expert:innen in den jeweiligen Wissensfeldern und auch mit den unterschiedlichen Organisationen auseinandersetzen. In der von Kenntnissen in empirischer Sozialforschung unberührten ‚Wissensakquise' versuchten sie das Fach- und das Erfahrungswissen von Instandhaltern, von Herzchirurgen, von Sachbearbeiter:innen oder Verkäufern komplex konfigurierter Produkte abzufragen und wie einfache Rohstoffe zu bergen. Dann folgt die Kodierung des expliziten Wissens und der expliziten Regeln, dann die Umsetzung in Programme, die etwa berechnen, welche medizinischen Indizien für eine vordringliche, welche für eine immunverträgliche Herztransplantation sprechen, aber auch welche personalen Kriterien für eine erfolgreiche, nachhaltige oder besonders förderliche Durchführung einbezogen werden sollen. Letztlich sollte durch dieses wissensbasierte System die lebensentscheidende Reihenfolge der Herz-operationen objektiviert werden.

In dieser Konstellation setzten Informatiker das relevante Wissen der Experten – in diesem besonderen Fall der besten Herzchirurgen und Transplanta-tionsmediziner:innen – nicht einfach eins-zu-eins um. Wir konnten durch die soziolinguistische Auswertung der Interviewprotokolle aller Akquise-Sitzungen nachweisen[19], dass ein asymmetrischer Übersetzungsprozess stattgefunden hatte: Die Informatiker hatten gegenüber den medizinischen Experten letztlich die entscheidende Gestaltungsmacht, weil sie den anderen ihren ,Frame' aufge-zwungen haben. Die Systementwickler:innen können nämlich nur die explizit gemachten Wissensstücke und Wissensregeln benutzen, die sie formalisieren und als Algorithmen formulieren können. Immer, wenn Herzchirurgen etwas aus guten Erfahrungsgründen ambivalent formuliert hatten, mussten sie sich entgegen ihrer Haltung irgendwann auf eine eindeutige Form festlegen, weil die Informatiker aus programmierlogischen Gründen darauf bestanden.

Heute spüren wir überall und alltäglich diese Macht, die von vorstrukturier-ten und fremden ,Frames' ausgeht, etwa bei der Gestaltung des „Like"-Knopfs von Facebook. Da hätte man sich gerne eine Konstellation gewünscht, bei der So-ziologinnen oder Psychologen Gestaltungsmacht gehabt hätten. Mindestens eine symmetrische „I like not"-Option, wenn nicht gar eine Fünfer-Skala von „Sehr gut – Mittelgut – Unentschieden – Schlecht – Sehr schlecht" würden diese ärger-liche und zu emotionalen Steigerungs- und Verbreitungseffekten stimulierende Asymmetrie aus der Welt geschafft haben, bevor sich alle Nutzerinnen an sie ge-wöhnt und sie durch ihren stillschweigenden Vollzug institutionalisiert hätten.

Schließlich entdeckten wir noch eine *dritte* Gestaltungsmacht. Diese macht sich bei den Implementationsprozessen neuer Techniken in den jeweiligen Orga-nisationen, also auch beim Einsatz der Expertensysteme bemerkbar: Es sind die *Verwender*, die letztlich über Erfolg oder Misserfolg bestimmen. In unseren vier Fällen waren es zwei industrielle Großunternehmen, ein Versicherungskonzern und eine Spezialklinik für Herztransplantation. In der Mehrzahl wurde hier letzt-lich – enttäuscht von der Kluft zwischen überhöhten Ansprüchen und der gerin-gen Performanz – festgestellt, dass die Expertensysteme gescheitert sind. Das Expertensystem zum Konfigurieren eines Fahrzeugs mit 700 Ausstattungsvarian-ten für Verkauf und Produktionsplanung zugleich scheiterte in seiner Beratungs-funktion, wurde am Ende nur noch zum Ausdrucken des Beratungsergebnisses

---

19 Siehe das Kapitel 5 „Die Aushandlung von Praktiken: Kommunikation zwischen Fachex-perten und Medieningenieuren" in Rammert et al. (1998: 129–188). Vgl. auch die neue und dif-ferenzierter auf Organisation und Software-Systeme eingehende Studie von Ametowobla (2022).

und für die Rechnung verwendet. Der OP-Manager für Transplantationen scheiterte, weil die Regeln und Indikatoren nicht so klar formuliert und priorisiert werden durften, wie es erforderlich gewesen wäre. Es handelte sich um die impliziten in der alltäglichen Praxis angewandten Regeln, die bestimmten, wann wer in der Warteschlange an die Reihe kommt. Ob man etwa Bundestagsabgeordnete vorziehen kann, wie die medizinischen Indikatoren jeweils gewichtet werden sollen, wie Alter, Gesundheitsverhalten oder Konkurrenz von Nachbarkliniken zu Buche schlagen, das war nicht klar zu priorisieren. Vorher hatte man die flexible Technik des Karteikastens angewendet, bei der die jeweilige Patientenkarte nach bestem Wissen und Gewissen einfach umgesteckt werden konnte. Diese Praxis war zwar intransparent für die Patient:innen, folgte aber impliziten Fairness-Regeln, die man untereinander situativ aushandelte. Eine programmierte allgemeine Regel, der zufolge etwa Bundestagsabgeordnete aus der Region um fünf Stellen vorrücken dürfen, das war und ist nicht akzeptabel.

Dieser Fall zeigt, dass die angemessene Mischung von Kriterien und ihre situationsgerechte Gewichtung nicht durch formalisierte Systeme allein vorgenommen werden können. Sie erfordern ein Aushandeln zwischen den beteiligten Akteuren und das Finden von Kompromissen. Der OP-Manager scheiterte zwar als Expertensystem der Klinik; er wurde aber weiterhin vom Chirurgen, der ihn mitentwickelt hatte, verwendet, dann allerdings nur als persönliches ‚Assistenzsystem', um seine eigenen Entscheidungen auf Lücken oder Fehler hin zu überprüfen.

Und wie sah es bei den beiden anderen Fällen aus? Bei der Versicherung sorgte die klare Überlegenheit der Managermacht dafür, dass das Expertensystem erfolgreich als Rationalisierungsinstrument eingesetzt werden konnte. Beim mitbestimmten Großunternehmen hingegen wurde das Expertensystem für die Instandhaltung aufgrund der stark organisierten Gegenmacht des Betriebsrats abgelehnt.

Was kann aus den differenzierten Beobachtungen bei diesem Beispiel erkannt werden? Für das technische Funktionieren eines Informatiksystems sind nicht nur die Systementwicklung und das Software-Engineering verantwortlich. Auch die Anwenderinstanz, meistens Personen in leitender Stellung, manchmal auch in operativen Positionen, bestimmen darüber mit, ob eine Technik letztlich im gesellschaftlichen Sinn als funktionstüchtig oder als gescheitert gilt. Außerdem ist die Einsicht festzuhalten, dass sich die bestimmenden Konstellationen im gesamten Innovationsverlauf[20] – von anfänglichen Fiktionen zu späteren Formen des Funktionierens – jeweils verändern: Von den Visionen im

---

20 Vgl. die Methode der „Innovationsbiographie" für die Analyse solcher Verschiebungen im längeren Zeitverlauf (Lettkemann 2016; Lenzen 2020; Thiel et al. 2021).

wissenschaftlichen Diskurs der künstlichen Intelligenz über die Produktion konkreter KI-Systeme in der Praxis des Knowledge Engineering vor Ort bis hin zum Funktionieren in verschiedenen Verwendungskontexten der Gesellschaft rekonfigurieren sich die beteiligten Gestaltungsinstanzen und verschieben sich die Gestaltungspotenziale.

3.5 Aufbruch zu ‚sozionischen' Konstellationen: ‚Softbots' ‚Verteilte Künstliche Intelligenz' und die hybride ‚Gesellschaft der Agenten'

In den 2000er Jahren fand die Annäherung von Soziologie und Künstlicher Intelligenz mit dem DFG-Forschungsprogramm der „Sozionik" einen ersten Höhepunkt. In den Computerwissenschaften inspirierte schon Minsky's visionärer Entwurf menschlicher Intelligenz als einer „Society of Minds" neuere technologische Ansätze, intelligente Ergebnisse aus dem Zusammenwirken vieler kleinerer nicht-intelligenter Prozesse zu erlangen.

> Diese Prozesse nenne ich Agenten. Jeder mentale Agent ist für sich allein genommen nur zu einfachen Tätigkeiten fähig, die weder Geist noch Denken erfordern. Wenn wir diese Agenten jedoch auf eine ganz bestimmte Weise zu Gesellschaften zusammenfassen, ist das Ergebnis echte Intelligenz. (Minsky 1990: 17)

In den 2000er Jahren konnte die Realisierung dieser Vision in Angriff genommen werden. Vor allem drei technische Entwicklungen bildeten dafür die Grundlagen: Das ‚Distributed Parallel Processing' erhöhte die zeitliche und räumliche Rechenkapazität. Die Technik der ‚Agenten-orientierten Programmierung' verbesserte die Fähigkeit von Computerprogrammen, arbeitsteilig und kooperativ, re- und proaktiv, als ‚Softbots' unterschiedliche Aufgaben zu übernehmen. Und die Verbindung aller Kabel- und Sende-Netzwerke zu einem weltweiten ‚Internet' schuf den mobilisierten Software-Agenten den virtuellen Raum, in dem sie im Auftrag eines ‚Prinzipals' stellvertretend aktiv wirken können, etwa in Datenbanken zu recherchieren, über Plattformen Käufe zu tätigen und an Schnittstellen Ergebnisse zu kommunizieren.

In der Soziologie sorgte die Ähnlichkeit dieses Entwurfs einer ‚verteilten künstlichen Intelligenz', die mit Rollen verteilter Agenten operiert und deren Interaktionen über verschiedene Systemstrukturen koordiniert, mit soziologischen Akteur-, System- und Struktur-Konzepten für größere Aufmerksamkeit und engere Zusammenarbeit in manchen interdisziplinären Pioniergruppen. In Kalifornien kam unter dem Label „Social Computational Systems" (Bendifellah et al. 1988; Star 1989; Bond & Gasser 1988) eine kleine Community von Computerwissenschaftler:innen und Soziolog:innen zusammen, um von letzteren soziologische Konzepte für die Gestaltung zu übernehmen. In England entstand um die Zeitschrift „Artificial Societies" (Gilbert & Conte 1995) eine Gruppe, die v. a. agenten-basierte KI-Technologien dafür nutzte, Prozesse in der Gesellschaft differenzierter simulieren zu können, um soziale Mechanismen besser zu verstehen. In Deutschland kam es schließlich zum gemeinsamen eigenständigen Forschungsprogramm der „Sozionik" als kritische und zugleich konstruktive Antwort auf die „Provokation der ‚Artificial Societies'"(Malsch 1997: 3):

> Sozionik ist ein interdisziplinäres Forschungsfeld zwischen Soziologie und Verteilter Künstlicher Intelligenz (VKI): Dabei geht es um die Frage, ob und wie es möglich ist, kommunikations- und kooperationsfähige Computerprogramme zu entwickeln, die sich am Vorbild der menschlichen Gesellschaft orientieren. (Malsch 1998: Klappentext)

Umgekehrt ging es in der Kollaboration auch darum, die soziologischen Konzepte der Akteur- und der Systemtheorie, der Handlungs-, Kommunikations- und Interaktionstheorien zu schärfen und auf ihre Operationalisierbarkeit zu prüfen. Diese Zusammenarbeit hat in der Folge auch den Weg für die Entwicklung des Konzeptes graduellen und verteilten Handelns in soziotechnischen Konstellationen geebnet (Rammert & Schulz-Schaeffer 2002; Kap. 8). Dieses geht über das obige Ziel der Sozionik hinaus, indem die Interaktivitäten *zwischen* den sozial und technisch verteilten Systemen als eine ‚hybride Konstellation' erforscht und gestaltet werden sollen:

> Je mehr technische Systeme aus solchen mobilen und kooperativen Agenten zusammengesetzt sind, desto angemessener wird ihre Beschreibung als Agentur, deren Wirken durch verteilte Prozesse und interaktive Koordination zustande kommt . . . desto stärker erfordern sie auch ein verändertes Verständnis der Beziehung zu den menschlichen Akteuren, die sie konstruieren und anwenden. (Rammert 2003: 300)

Wie hat man sich die sozionische Gestaltung eines komplexen Systems verteilter künstlicher Intelligenz vorzustellen? Softwareprogramme werden jetzt nach dem Modell menschlicher Akteure als agile, mobile und interaktiv sich koordinierende Agenten entwickelt: Für die Bewältigung von komplexen Aufgaben, für die üblicherweise eine Kette von nacheinander abzuarbeitenden Algorithmen zuständig ist, steht jetzt eine gesellschaftsähnliche Koordinationsform vieler verschiedener technischer Agenten – gleichsam eine „Gesellschaft der Heinzelmännchen" (Rammert 1998b) – zur Verfügung, die diese Aufgaben mit einer *delegierten Vollmacht* in einem gerahmten Bereich unter *eigenständiger Verteilung* ausführt. An die einzelnen, verteilt operierenden und sich koordinierenden Software-Agenten wird wirklich ein Teil der Handlungsmacht abgegeben, wenn sie einen Auftrag ausführen. Vorbild sind die menschlichen Akteure, die als ‚Agenten' handeln, wie Gesandte im Auftrag eines Herrschers oder Handels-Agenten mit ‚Prokura‘-Macht, die im Auftrag eines Unternehmens Verträge abschließen und verbindlich unterschreiben können.

Diese *Ausführungs-Macht* kann man ebenso an technische Systeme delegieren, nicht nur an Verhandler oder Verwaltungen. Dort können Agenten unterschiedliche Aufgaben übernehmen: etwas überwachen, Grenzüberschreitungen melden, Informationen besorgen, vergleichen, auswerten, schlussfolgern und schließlich auch mit den Anwender:innen oder den Nutzer:innen in einer gewünschten Form kommunizieren. Außerdem können die verschiedenen Agenten miteinander kooperieren, Aufgaben an andere Agenten delegieren und die verteilten Operationen koordinieren. Schließlich kann man institutionenanaloge Strukturen dafür konstruieren, die sich an soziologischen Konzepten wie offene Gesellschaft, Gemeinschaft, Markt, Hierarchie oder Öffentlichkeit orientieren, um dem verteilten Handeln eine Infrastruktur zu geben. Es ist eine Gründungsidee der Sozionik – analog zur Bionik –, soziologische Konzepte für die Gestaltung solcher komplex verteilten Systeme systematisch zu prüfen und als Modell zu übernehmen. Sozionische Systeme, wie Such-, Empfehlungs-, Buchungs- oder Navigationssysteme, sind zwar gesellschaftsähnlich gebaut; sie sind jedoch – für sich allein gesehen – nicht Gesellschaft in toto, sondern nur der technisch kartierte, simulierte und verkörperte Teil der Gesellschaft. Erst in der Perspektive der hybriden Konstellation werden beide Teilperspektiven mit ihren Interaktivitäten und Verschränkungen zu einem Bestandteil der soziologisch verstandenen Gesellschaft.

Die *Gestaltungs- und die Auftragsmacht* liegen natürlich zunächst – wie bei allen technischen Geräten und Systemen – in den bisher beschriebenen gesellschaftlichen Konstellationen auf Seiten der menschlichen Akteure und der von ihnen institutionalisierten Regeln und Rahmen. Es bleiben delegierte Macht und gefestigte Strukturen – so wie eingerichtet und weiterhin praktisch reproduziert – bestehen.[21] Aber sobald KI-Systeme lernen, a) im Rahmen ihrer Aufträge selbständig ihre Regeln zu verändern und ihren Rahmen an neue Umwelten anzupassen, b) je weniger die Ursachen – Gründe kennen Installationen nicht – für diese ‚besseren‘ Anpassungen nachvollzogen werden können und c) je mehr sie durch ‚Deep Learning‘-Schnittstellen über einen riesigen Datenschatz über das Verhalten aller Elemente, auch über die Muster menschlichen Verhaltens, verfügen, desto eher kann die Situation eintreten, dass sie irgendwie unbemerkt von uns, aber immer noch in unserem allgemein gefassten Auftrag die überlegene Ge-

---

21 Vgl. zu technischen und menschlichen „Verkörperungen" des Sozialen Lindemann (2009: 162–181) und Rammert & Schubert (2019: 105–139).

staltungsmacht übernehmen. Auf jeden Fall kann sich dann neben der Ausführungsmacht heimlich hinter dem Rücken des Prinzipals die Zielsetzungsmacht verlagern (vgl. genauer Schulz-Schaeffer 2019: 20 ff.), da vom System schon die Bewertung der Zielvarianten mitgeliefert und die optimalen Ziele vorstrukturiert sind. Es könnte sich die menschliche Interventionsmacht auch dadurch verringern, dass die komplexen Folgewirkungen gar nicht mehr kontrolliert werden könnten. So könnte sich die Kontrollmacht ungewollt zum KI-System hin verschieben, da die menschlichen Akteure aus mangelnder Kompetenz oder fehlender Kenntnis der komplexen inneren Entscheidungsabläufe dazu immer weniger in der Lage sein könnten.[22]

Auf jeden Fall werden Systeme künstlicher Intelligenzen nicht ‚eigenmächtig' oder gar ‚bewusst' die Kontrolle übernehmen, wie es uns manche Science-Fiction-Filme prophezeien. Umso mehr müssen wir bei der zukünftigen Gestaltung solcher hybriden Konstellationen darauf achten, bis zu welchem kritischen Punkt und für welche Bereiche wir selbst die Gestaltungs- und Kontrollmacht aus Bequemlichkeit oder blinder Technologiegläubigkeit bestimmten sozialen Akteuren oder den smarten Systemen überlassen. *Für die Einschätzung der angemessenen Balance zwischen Autonomie und Kontrolle zählt nicht allein die Struktur der digitalen Systeme, sondern die umfassende Struktur der verteilten Gestaltungsmacht in der hybriden Konstellation.*

Welche folgenreichen Einsichten hat die Soziologie aus ihrer engen Beziehung zur künstlichen Intelligenz im Sozionik-Programm gewonnen?

Erstens hat sie ein *Konzept der „Handlungsträgerschaft" von Technik* entworfen. Mit ihm lassen sich zentrale Studien und Ansätze nach den Kriterien unterscheiden, a) ob sie diese als „Resultat von Be- und Zuschreibungen" oder als „beobachtbare Eigenschaften" ansehen, b) ob es sich um eher „deskriptive" oder „normative" Konzepte handelt und c) ob es für „jede Technik" oder nur für „avancierte Techniken" gilt (vgl. Tab. 3.1).

Zweitens wurde ein „*gradualisierter Handlungsbegriff*" entwickelt, der sich unvoreingenommen für die Beobachtung von Menschen, Tieren und Techniken in Interaktionszusammenhängen verwenden lässt (vgl. Kap. 8)[23]. Er vermeidet den klassischen sozialtheoretischen Vorentscheid, dass nur Menschen, da definitions-

---

22 Beispiele für bewusste und unbewusste Verschiebungen sind etwa die Technografie-Studie zu verteilten Interaktivitäten im Operationssaal (Schubert & Rammert 2006; Schubert 2011), das Simulations-Experiment zum Autonomen Fahren (Fink & Weyer 2011) und die interpretative Fallstudie der Interaktivitäten eines Konversations-Agenten mit menschlichen Partnern (Krummheuer 2011).
23 Das gradualistische Konzept verteilten Handelns ging u. a. ein in das stärker ingenieurwissenschaftliche Konzept des „Wandels von Autonomie und Kontrolle durch neue Mensch-

Tab. 3.1: Kreuztabellierung nach den Dimensionen zuschreibungsbezogen/ eigenschaftsbezogen, deskriptiv/normativ und jede Technik/avancierte Technik (Rammert/ Schulz-Schaeffer 2002: 29).

		Handlungsträgerschaft von Technik als Resultat von Be- und Zuschreibungen	Handlungsträgerschaft als beobachtbare Eigenschaft der Technik
deskriptives Konzept	jede Technik	(1) The Media Equation (Reeves/ Nass)	(2) technisch verfestigte Handlungsmuster (Linde); Aktanten (Callon/Latour)
	avancierte Technik	(3) Turing-Test; ELIZA (Weizenbaum); Julia (Foner)	(4) technische Imitation mimeomorphen Handelns (Collins/Kusch)
normatives Konzept	jede Technik	(5) generalisierte Symmetrie (Callon/Latour); Cyborg- Mythos (Haraway)	(6) (jede Technik, die verändernd wirksam wird)
	avancierte Technik	(7) Ascribing Mental Qualities to Machines (McCarthy); Intentional Stance (Dennett)	(8) Robotik; Agenten-Technologie; Sozionik

gemäß mit „Bewusstsein" begabt, bewusst und intendiert in Bezug auf andere „handeln" können. Er schließt jedoch auch den schwachen Handlungsbegriff der Akteur-Netzwerk-Theorie ein, nach deren symmetrischer Ontologie jedes bewirken durch Intervention – gleich ob durch natürliche Dinge, sachliche oder symbolische Artefakte – als Handeln zu interpretieren ist (vgl. Abb. 3.1).

Drittens werden *drei Ebenen für die Gradualisierung* des Handelns unterschieden: I „Verändernde Wirksamkeit", II „Auch-anders-Handeln-Können" und III „Intentionale Erklärung" und innerhalb der drei Ebenen auch *Spannbreiten der Gradualisierung*: etwa von „kurzfristiger Störung → bis hin zur dauerhaften Umstrukturierung von Handlungszusammenhängen (zu I), von „Auswahl zwischen wenigen vorgegebenen Handlungsalternativen → bis hin zur ‚freien' Selbstgenerierung wählbarer Alternativen" (zu II) und schließlich von der Zuschreibung einfacher Dispositionen bis hin → zur „Verhaltenssteuerung und -koordination mittels komplexer intentionaler Semantiken" (zu III) (vgl. Abb. 3.1).[24]

Technik-Interaktionen" (WAK-MIT) (Gransche et al. 2014: 41–69) und in die Typenbildung für digitalisierte Arbeitssituationen im Bauwesen (Kropp & Wortmeier 2021: 98–117).
24 Vgl. zur Fortentwicklung Schulz-Schaeffer (2019).

Gradualisierung nach Ebenen	Gradualisierung innerhalb der Ebenen
III. Intentionale Erklärung	von der Zuschreibung einfacher Dispositionen bis hin zu Verhaltenssteuerung und -koordination mittels komplexer intentionaler Semantiken
II. Auch-anders-Handeln-Können	von der Auswahl zwischen wenigen vorgegebene Handlungsalternativen bis hin zur „freien" Selbstgenerierung wählbarer Alternativen
I. Verändernde Wirksamkeit	von der kurzzeitigen Störung bis hin zur dauerhaften Umstrukturierung von Handlungszusammenhängen

Abb. 3.1: Niveaus und Grade des Handelns nach Rammert/Schulz-Schaeffer 2002: 49.

Viertens gewinnt das Konzept des verteilten Handelns in „soziotechnischen Konstellationen" seine besondere Bedeutung erst dann, wenn nicht nur die *Interaktionen* zwischen Menschen („Intersubjektivität") und wenn nicht nur die *Intra-Aktivitäten* zwischen Dingen („Interobjektivität"), sondern auch die *Inter-Aktivitäten* zwischen beiden („Interaktivität") in die Analyse einbezogen werden. Außerdem sind bei der Betrachtung aus diesen drei Perspektiven zwei Größenstufungen zu unterscheiden: die zwischen ‚*Mikro-Ensembles*' – das sind ‚synthetische Situationen' aus sozialen Interaktionen und Interaktivität mit unmittelbarer technischer Umgebung[25] – und ‚*Makro-Konstellationen*' – das sind die Verschränkungen zwischen praktizierten und differenzierten Gesellschaftsstrukturen und komplexen technischen Infrastrukturen.[26] Die Grenzübergänge zwischen beiden Perspektiven können am Beispiel der verteilten künstlichen Intelligenz für kleinere Systeme und größere Konstellationen der Mobilität illustriert werden (vgl. Tab. 3.2):

---

25 Vgl. zur Mikro-Perspektive die Begriffe von Schubert (2011) und Knorr Cetina (2012) und die dazu angemessenen Methoden „Technografie" (Rammert & Schubert 2006) und „Videografie" (Tuma et al. 2013).
26 Vgl. zur Makro-Perspektive die Konzepte „reflexiver Institutionalisierung von Technik" (Lindemann 2019) und praktizierter „fragmentaler Differenzierung" (Passoth & Rammert 2019) und zum Konzept der „Infrastrukturen" Star & Ruhleder (1996) und Barlösius (2019).

Tab. 3.2: Schema der Mikro/Makro-Skalierung der Konstellationsebenen in Anlehnung an Rammert 2002.

Einfache Konstellation	Fahrzeugsystem	‚Intra-Aktivitäten' der mechanischen und elektronischen Elemente
	Fahrer-Fahrzeug-Situation	‚Interaktivitäten' zwischen Mensch und Technik
	Fahrer-Fahrzeug-Umwelt-Konstellation	‚Interaktivitäten' zwischen hybridem Ensemble und technisch vermittelter Umwelt (Schnittstellen mit Sensoren, Relais und Video)
Große Konstellation	Soziotechnische Konstellation	‚Interdependenzen' zwischen institutionalisierten und installierten Verkehrsstrukturen und ‚Interaktionen' zwischen kollektiven Akteuren

3.6 Kurzer Rückblick und Ausblick: Was bleibt an Einsichten?

Die These, dass in 25 Jahren die Computer die Intelligenzleistungen des Menschen übertreffen würden und dass dann die Roboter die Menschen an der Front der Evolution ablösen würden, ist eindeutig falsch, weil allein schon die Frage falsch gestellt wurde. Es geht weder um eine technische noch um eine biologische Evolution der künstlichen Intelligenz. Wie wir anhand meiner Ausführungen zur verteilten und hybriden Intelligenz schon ersehen konnten, geht es nicht um die Alternative Mensch oder Technik oder um die Gegenüberstellung von Technik und Gesellschaft. Vielmehr lautet die disziplinübergreifende Frage: Wie sind Initiative und intelligente Aktivitäten in einem hybriden soziotechnischen System auf Menschen, Maschinen und Programme zu verteilen, sodass wir sicher und selbstbestimmt leben und arbeiten können? (Rammert 2016: 241f.)[27]

Dieser Vorausblick vor über 20 Jahren auf die Zukunft der künstlichen Intelligenz, dass sie sich zunehmend „verkörpert", „verteilt" und „hybrid" entwickeln werde und dementsprechend aus dieser Perspektive gesehen werden müsse, scheint sich immer mehr zu bestätigen. Denn in den gegenwärtigen Debatten zur ‚digitalen Gesellschaft' geht es genau um diese Thematiken neuer KI-Technologien. Ich denke an die ‚Robotik' vom Pflegeroboter über das Exoskelett bis hin zum Robo-Advisor, ebenso an die ‚Autonomen Systeme' der Personenmobilität und des Gütertransports, wie oben schon angedeutet, und ich sehe die ganze Breite bei ‚Big Data' mit

---

27 Vortrag „Zukunft der KI" 2002 im Rahmen einer Ringvorlesung an der FU Berlin, zuletzt in Rammert (2016, 227–242).

der automatisierten Sammlung, Kodierung und Auswertung aller möglichen Verhaltensspuren für Manipulations-, Kontroll- oder Sicherheitszwecke.[28]

Verkörpert war die KI natürlich schon von Anfang an: in Großrechnern, PCs und Mikrochips. Heute hat sie sich in alle Felder der Gesellschaft und des Alltagslebens ausgebreitet, und zwar als integraler und strategisch kritischer Teil in Produktions-, Mobilitäts- und Kommunikationssystemen. Besonders sichtbar wird die ‚embodied intelligence‘ mit der Renaissance der Roboter und einer Umwandlung von Maschinen, Fahrzeugen und Anlagen in teilautonome Agenturen.

Verteilt war die KI ebenfalls seit Beginn, etwa auf Hardware und Software, auf Eingabe, Ausgabe, Programme und Operationsprozesse. Heute haben sich die Vielfalt der Funktionen (Aktorik, Motorik, Sensorik, Informatik, Kommunikation), die Anzahl der angeschlossenen Geräte und damit auch der möglichen Schnittstellen rasant vermehrt. Vor allem hat sich die Reichweite einzelner Systeme durch Kopplung der verschiedenen Systeme zu einem weltweiten Internet vergrößert. Die große Masse der in Clouds und anderen privaten, staatlichen und geheimen Speicherplätzen gesammelten Daten ist ohne KI-Einsatz nicht mehr auszuwerten. Auch die neuen ‚Blockchain-Techniken‘ operieren dezentral mit verteilten Protokollen.

Hybrid war auch schon die Beobachtungs- und Gestaltungsperspektive bei einigen Pionieren und Entwicklern von KI-Systemen – wenn auch eher punktuell und implizit. Heute ist diese reflektierte Multi-Perspektivität durchgängig und explizit gefragt: Die dichteren Interaktivitäten zwischen technischen Agenten und menschlichen Akteuren und die stärkeren Interdependenzen zwischen technischen Infrastrukturen und institutionellen Agenturen innerhalb soziotechnischer Konstellationen machen diese erweiterte soziologische Perspektive erforderlich.[29]

Welche Lehren lassen sich aus diesem Rückblick für die Zukunft soziologischer Forschung über „nächste“ Technologien der künstlichen Intelligenz in einer „digitalen Gesellschaft“ (Baecker 2018; Nassehi 2019) ziehen?[30] Zunächst einmal sei festgehalten: Die gesellschaftstheoretische Diagnose eines Formenwandels und die technikgenetische Rekonstruktion neuer soziotechnischer Konstellationen bleiben sinnvolle Erkenntnismethoden: Sie schärfen den Blick für frühe Varianten des Neuen in den alten und für die selektierten alten Muster in den neuen Formationen. Dabei sollte die systemtheoretische Annahme ähnlicher „Muster“ einer mittels *symbolischer Kodes* gesteuerten funktionalen Differenzie-

---

28 Vgl. zu der Bedeutung von „Big Data“ Mämecke et al. (2018).
29 Siehe dazu das breite Spektrum der Perspektiven und der Felder einer „Soziologie des Digitalen“ in Maasen & Passoth (2020).
30 Vgl. zur kritischen Diskussion Passoth & Rammert (2020) und Lindemann (2020).

rung der Gesellschaft und einer mittels *technischer Kodes* programmierten Digitalisierung ebenso für empirische Konkretisierungen offen gehalten werden wie die gesellschaftskritische Annahme vom Aufstieg eines alle Bereiche transformierenden „Überwachungskapitalismus" (Zuboff 2018) oder „Plattformkapitalismus" (Srnicek 2018).[31]

Zudem scheint es für die Erforschung und auch die Gestaltung einzelner neuer Techniken zunehmend erforderlich zu sein, mit einer erweiterten Perspektive heranzugehen: Erstens sollten Techniken in ihren verschiedenen *Konkretionsformen* als imaginierte, projektierte, material konkretisierte, formal organisierte und in alltäglicher Performanz praktizierte Konfigurationen der Wirksamkeit untersucht werden[32]; zweitens sollten Techniken in ihren vielfältigen *Relationen* gesehen werden: zwischen aktorischen, motorischen, sensorischen, informatorischen und kommunikativen Elementen, zwischen einzelnen Elementen und den Systemen, zwischen verschiedenen technischen Systemen und mit unterschiedlichen *Kopplungen*[33]; drittens wären Techniken in ihren hybriden *Konstellationen* in den Blick zu nehmen: in ihren Interaktivitäten mit individuellen und kollektiven Akteuren sowie in ihren Interdependenzen mit institutionalisierten Strukturen.

Schließlich bedeutet diese Ausweitung des Beobachtungsraums auch, den Wandel der Mensch-Technik-Beziehungen genauer empirisch zu erforschen: Einmal im Vergleich zwischen verschiedenen Situationen, Feldern und institutionellen Bereichen[34], zum anderen im Vergleich zwischen den zeitlichen Phasen der Imagination, der Projektierung, der Prototypisierung und der praktischen Implementierung.[35] Dadurch können die Fragen geklärt werden, wie offen oder geschlossen, wie explizit oder implizit, wie gewollt oder ungewollt, von welchen Akteuren akzeptiert und von welchen bekämpft die jeweiligen Machtkonstellationen dort sind und wie flexibel oder irreversibel sie jeweils verkörpert, festgeschrieben oder veränderbar sind.

---

31 Vgl. zu einem solch offenen Theorie- und Forschungsprogramm Lindemann (2018: 410 ff.) und für die wirtschaftliche Transformation Kirchner & Beyer (2016).
32 Vgl. für nicht-soziologische, jedoch soziologisch interessante Software Studies Kitchin & Dodge (2011) und MacKenzie (2006).
33 Vgl. dazu den techniksoziologischen Ansatz, „Daten als Schnittstellen zwischen algorithmischen und sozialen Prozessen" zu konzipieren und ein „Modell der datentechnologischen Verkopplungen" zu entwickeln von Häußling (2020: 134 ff.).
34 Siehe zum techniksoziologischen Ansatz des Vergleichs von „Skripten" und „Inskriptionen" Gläser et al. (2018).
35 Vgl. zum frühen Prototyping durch Szenarien und Laborsettings Schulz-Schaeffer & Meister (2017) und zur Ausweitung auf KI-basierte „Lernende Systeme" jenseits der Labore im Rahmen integrativer ELSI-Forschung Lindemann et al. (2020).

Literatur

Ametowobla, D., 2022: Zur Soziologie der Software. Die Rolle digitaler Technik bei der Kontrolle von Unsicherheiten. Wiesbaden: Springer VS.

Baecker, D., 2018: 4.0 oder die Lücke die der Rechner lässt. Leipzig: Merve Verlag.

Barlösius, E., 2019: Infrastrukturen als soziale Ordnungsdienste. Ein Beitrag zur Gesellschaftsdiagnose. Frankfurt/M.: Campus.

Bell, D., 1985: Die nachindustrielle Gesellschaft. Frankfurt/M.: Campus.

Bendifallah, S., F. Blanchard, A.Cambrosio, J. Fujimura, L. Gasser, E.M. Gerson, A. Henderson, C. Hewitt, W. Scacchi, L.S. Star, L. Suchman & R. Trigg, 1988: The Unnamable. A White Paper on Socio-Computational ‚Systems'. Unpublished paper available from Les Gasser, Dep. of Computer Science. Los Angeles: USCLA.

Birtshnell, T. & J. Urry, 2016: A New Industrial Future? 3D Printing and the Reconfiguring of Production. Distribution and Consumption. London: Routledge.

Bond, A.& L. Gasser (Hrsg.), 1988: Distributed Artificial Intelligence. San Mateo. Ca: Morgan Kaufmann.

Breiter, A., 1995: Die Forschung über Künstliche Intelligenz und ihre sanduhrförmige Verlaufsdynamik. Kölner Zeitschrift für Soziologie und Sozialpsychologie 47 (2): 295–318.

Castells, M., 1996: The Rise of the Network Society. Malden and Oxford: Blackwell.

Collins, H.M., 1990: Artificial Experts. Social Knowledge and Intelligent Machines. Cambridge, MA: MIT.

Dickel, S., 2021: Wenn die Technik sprechen lernt. Künstliche Kommunikation als kulturelle Herausforderung mediatisierter Gesellschaften. Zeitschrift für TA in Theorie und Praxis 30 (3): 23–29.

Dolata, U. & J.-F. Schrape, 2018: Kollektivität und Macht im Internet. Soziale Bewegungen – Open Source Communities – Internetkonzerne. Wiesbaden: Springer VS.

Dreyfus, H.I. & S.E. Dreyfus, 1987: Künstliche Intelligenz. Von den Grenzen der Denkmaschine und dem Wert der Intuition. Reinbek: Rowohlt.

Esposito, E., 1993: Der Computer als Medium und Maschine. Zeitschrift für Soziologie 25 (5): 338–354.

Esposito, E., 2017: Artificial Communication? The production of contingency by algorithms. Zeitschrift für Soziologie 46 (4): 249–265.

Faßler, M., 1996: Mediale Interaktion. Speicher – Individualität – Öffentlichkeit. München: Fink.

Feigenbaum, E. & P. McCorduck, 1984: Die ‚Fünfte Computer-Generation'. Basel: Birkhäuser.

Fink, R. & J. Weyer, 2011: Autonome Technik als Herausforderung der soziologischen Handlungstheorie. Zeitschrift für Soziologie 40(2): 91–111.

Geser, H., 1989: Der PC als Interaktionspartner. Zeitschrift für Soziolgie 18 (3): 230–243.

Gilbert, N. & R. Conte, (Hrsg.), 1995: Artificial Societies. The Computer Simulation of Social Life. London: UCL Press.

Gläser, J., 2006: Wissenschaftliche Produktionsgemeinschaften. Die soziale Ordnung der Forschung. Frankfurt/M.: Campus.

Gläser, J., D. Guagnin, G. Laudel, M. Meister, F. Schäufele, C. Schubert & U. Tschida, (2018): The Berlin Script Collective. Technik vergleichen: Ein Analyserahmen für die

Beeinflussung von Arbeit durch Technik. Arbeits- und Industriesoziologische Studien 11(2): 124–142.

Gransche, B., E. Shala, C. Hubig, S. Alpsancar& S. Harrach, 2014: Wandel von Autonomie und Kontrolle durch neue Mensch-Technik-Interaktionen. Grundsatzfragen autonomieorientierter Mensch-Technik-Verhältnisse. Stuttgart: Fraunhofer Verlag.

Habermas, J., 1969: Erkenntnis und Interesse. S. 146–165 in: J. Habermas, Technik und Wissenschaft als ‚Ideologie'. Frankfurt/M.: Suhrkamp.

Halfmann, J., 1995: Kausale Simplifikationen. Grundlagenprobleme einer Soziologie der Technik, S. 211–226 in: J. Halfmann, Technik und Gesellschaft. Jahrbuch 8. Frankfurt/M.: Campus.

Häußling, R., 2020: Daten als Schnittstellen zwischen algorithmischen und sozialen Prozessen. S. 134–150 in: S. Maasen& J-H. Passoth, (Hrsg.), Soziologie des Sozialen – Digitale Soziologie. Soziale Welt. Baden-Baden: Nomos.

Heintz, B., 1993: Die Herrschaft der Regel. Zur Grundlagengeschichte des Computers. Frankfurt/M.: Campus.

Hoffmann, U., 1989: Frauenspezifische Zugangsweisen zur (Computer-)Technik. S. 159–174 in: G. Bechmann & W. Rammert (Hrsg.), Technik und Gesellschaft. Jahrbuch 5. „Computer, Medien, Gesellschaft", Frankfurt/M.: Campus.

Janda, V., 2018: Usability ist keine Eigenschaft von Technik. S.347–274 in: C. Schubert & I. Schulz-Schaeffer (Hrsg.), Berliner Schlüssel zur Techniksoziologie. Wiesbaden: Springer VS.

Joerges, B. (Hrsg.),1988: Technik im Alltag. Frankfurt/M.: Suhrkamp.

Kirchner, S. & J. Beyer,2016: Die Plattformlogik als digitale Marktordnung. Wie die Digitalisierung Kopplungen von Unternehmen löst und Märkte transformiert. Zeitschrift für Soziologie 45 (5): 324–339.

Kitchin, R. & M. Dodge, 2011: Code/Space. Software and Everyday Life. Cambridge, Mass.: MIT Press.

Knorr Cetina, K., 2012: Die synthetische Situation. S.81–110 in: R. Ayaß & C. Meyer (Hrsg.), Sozialität in Slow Motion. Theoretische und empirische Perspektiven. Wiesbaden: Springer VS, 81–110.

Kropp, C. & A.-K. Wortmeier, 2021: Intelligente Systeme für das Bauwesen: überschätzt oder unterschätzt? S. 98–117 in: E.A. Hartmann (Hrsg.), Digitalisierung souverän gestalten. Berlin: Springer Vieweg.

Krummheuer, A., 2011: Künstliche Interaktionen mit Embodied Conversational Agents. Eine Betrachtung aus interpretativer Perspektive. Technikfolgenabschätzung – Theorie und Praxis 20(1): 32–39.

Latour, B., 1998: Über technische Vermittlung: Philosophie, Soziologie, Genealogie. S. 29–81 in: W. Rammert (Hrsg.), Technik und Sozialtheorie. Frankfurt/M.: Campus (zuerst 1994 in Common Knowledge).

Laurel, B., 1991: Computer as Theatre. Reading: Addison-Wesley.

Lenzen, K., 2020: Die multiple Identität der Technik. Eine Innovationsbiographie der „Augmented Reality"-Technologie. Bielefeld: transcript.

Lettkemann, E., 2016: Stabile Interdisziplinarität. Eine Biographie der Elektronenmikroskopie. Baden-Baden: Nomos.

Lindemann, G., 2009: Die Verkörperung des Sozialen. S. 162–181 in: G. Lindemann, Das Soziale von seinen Grenzen her denken. Weilerswist: Velbrück.

Lindemann, G., 2018: Strukturnotwendige Kritik. Theorie der modernen Gesellschaft, Bd. 1. Weilerswist: Velbrück.

Lindemann, G., 2019: Die Analyse der reflexiven Institutionalisierung von Technik als Teil empirischer Differenzierungsforschung. S. 77–104 in: C. Schubert & I. Schulz-Schaeffer (Hrsg.), Berliner Schlüssel zur Techniksoziologie. Wiesbaden: Springer VS.

Lindemann, G., 2020: Die Brutalität der Codes. Soziologische Revue 43 (3): 301–311.

Lindemann, G., C. Fritz-Hoffmann, H. Matsuzaki & J. Barth, 2020: Zwischen Technikentwicklung und Techniknutzung. Paradoxien und ihre Handhabung in der ELSI-Forschung. S. 133–151 in: B. Gransche & A. Manzeschke (Hrsg.), Das geteilte Ganze. Horizonte integrierter Forschung für zukünftige Mensch-Technik-Verhältnisse. Wiesbaden: Springer VS.

Maasen, S. & J.-H. Passoth (Hrsg.), 2020: Soziologie des Digitalen – Digitale Soziologie. Soziale Welt, SB 23. Baden-Baden: Nomos.

Mackenzie, A., 2006: Cutting code. Software and sociality. New York: Peter Lang.

Maes, P., 1994: Agents that Reduce Work and Information Overload. Communication of the ACM 37(7): 30–40.

Malsch, T., 1997: Die Provokation der „Artificial Societies" oder: Warum die Soziologie sich mit den Sozialmetaphern der verteilten Künstlichen Intelligenz beschäftigen sollte. Zeitschrift für Soziologie 26 (1): 3–21.

Malsch, T. (Hrsg.), 1998: Sozionik. Zur Erforschung und Gestaltung artifizieller Gesellschaft. Berlin: Sigma.

Malsch, T. & U. Mill (Hrsg.), 1992: ArBYTE. Modernisierung der Industriesoziologie? Berlin: Sigma.

Mämecke, T., J-H. Passoth & J. Wehner (Hrsg.), 2018: Bedeutende Daten. Modelle, Verfahren und Praxis der Vermessung und Verdatung im Netz. Wiesbaden: Springer VS.

McCorduck, P., 1987: Denkmaschinen. Die Geschichte der künstlichen Intelligenz. München: Markt&Technik.

Meister, M. & E. Lettkemann, 2004: Vom Flugabwehrgeschütz zum niedlichen Roboter. Zum Wandel des Kooperation stiftenden Universalismus der Kybernetik. S. 105–136 in: J. Strübing, I. Schulz-Schaeffer, M. Meister & J. Gläser (Hrsg.), Kooperation im Niemandsland. Opladen: Leske+Budrich.

Minsky, M., 1990: Mentopolis. Stuttgart: Klett-Cotta (1986: „The Society of Mind", New York).

Muhle, F., 2013: Grenzen der Akteursfähigkeit. Die Beteiligung „verkörperter Agenten" an virtuellen Kommunikationsprozessen. Wiesbaden: Springer VS.

Nassehi, A., 2019: Muster. Theorie der digitalen Gesellschaft. München: Beck.

Nora, S. & A. Minc, 1979: Die Informatisierung der Gesellschaft. Frankfurt/M.: Campus.

Passoth, J.-H. & W. Rammert, 2019: Fragmentale Differenzierung als Gesellschaftsdiagnose: Was steckt hinter der zunehmenden Orientierung an Innovation, Granularität und Heterogenität? S. 143–177 in: C. Schubert& I. Schulz-Schaeffer (Hrsg.), Berliner Schlüssel zur Techniksoziologie. Wiesbaden: Springer VS.

Passoth, J.-H. & W. Rammert, 2020: Digitale Technik entspricht digitaler Gesellschaft? Soziologische Revue 43 (3): 312–320.

Perrow, C., 1987: Normale Katastrophen. Die unvermeidbaren Risiken der Großtechnik. Frankfurt/M.: Campus.

Pfeiffer, S., 2021: Digitalisierung als Distributivkraft. Über das Neue am digitalen Kapitalismus. Bielefeld: transcript.

Pflüger, J. & R. Schurz, 1987: Der maschinelle Charakter. Sozialpsychologische Aspekte des Umgangs mit Computern. Opladen: Westdeutscher Verlag.

Pickering, A., 2011: The Cybernetic Brain: Sketches of another future. Chicago: University Press.

Pohle, J. & K. Lenk (Hrsg.), 2021: Der Weg in die „Digitalisierung" der Gesellschaft. Was können wir aus der Geschichte der Informatik lernen? Marburg: Metropolis.

Rammert, W., 1989: Technisierung und Medien in Sozialsystemen. Annäherungen an eine soziologische Theorie der Technik. S. 128–173 in: P. Weingart (Hrsg.), Technik als sozialer Prozeß. Frankfurt/M.: Suhrkamp.

Rammert, W. (Hrsg.), 1990a: Computerwelten – Alltagswelten. Wie verändert der Computer die soziale Wirklichkeit? Opladen: Westdeutscher Verlag.

Rammert, W., 1990b: Paradoxien der Informatisierung. Bedroht die Computertechnik die Kommunikation im Alltagsleben? S. 18–40 in: R. Weingarten (Hrsg.), Information ohne Kommunikation? Die Loslösung der Sprache vom Sprecher. Frankfurt/M.: Fischer.

Rammert, W., 1992: Wer oder was steuert den technischen Fortschritt? Technischer Wandel zwischen Steuerung und Evolution. Soziale Welt 43 (1): 7–25.

Rammert, W. (Hrsg.), 1995a: Soziologie und künstliche Intelligenz. Produkte und Probleme einer Hochtechnologie. Frankfurt/M.: Campus.

Rammert, W., 1995b: Regeln der technikgenetischen Methode: Die soziale Konstruktion der Technik und ihre evolutionäre Dynamik. S. 13–30 in: J. Halfmann (Hrsg.), Technik und Gesellschaft, Jahrbuch 8. Frankfurt/M.: Campus.

Rammert, W., 1998a: Die Form der Technik und die Differenz der Medien. Auf dem Weg zu einer pragmatistischen Techniktheorie. S. 293–326 in: W. Rammert (Hrsg.), Technik und Sozialtheorie. Frankfurt/M.: Campus.

Rammert, W., 1998b: Giddens und die Gesellschaft der „Heinzelmännchen". Zur Soziologie technischer Agenten und Systeme verteilter künstlicher Intelligenz. S. 91–128 in: T. Malsch (Hrsg.): Sozionik. Soziologische Ansichten über künstliche Sozialität. Berlin: Sigma.

Rammert, W., 2002: Verteilte Intelligenz im Verkehr: Interaktivitäten zwischen Fahrer, Fahrzeug und Umwelt. Zeitschrift für wirtschaftlichen Fabrikbetrieb 97: 404–408.

Rammert, W., 2003: Technik-in-Aktion: Verteiltes Handeln in soziotechnischen Konstellationen. S. 289–315; in: T. Christaller& J. Wehner (Hrsg.), Autonome Maschinen. Berlin: Sigma.

Rammert, W., 2008: Die Macht der Datenmacher in der fragmentierten Wissensgesellschaft. S. 181–193 in: S. Gaycken& C. Kurz (Hrsg.): 1984.exe: Gesellschaftliche, politische und juristische Aspekte moderner Überwachungstechnologien. Bielefeld: transcript.

Rammert, W., 2010: Die Pragmatik technischen Wissens oder „How to do Words with things". S. 37–59 in: Kornwachs, K. (Hrsg.), Technologisches Wissen. Berlin: Springer.

Rammert, W., 2016: Technik – Handeln – Wissen. Zu einer pragmatistischen Technik- und Sozialtheorie. 2., aktualisierte Auflage. Wiesbaden: Springer VS.

Rammert, W., 2021: Technology and Innovation. S. 515–534 in: B. Hollstein, R. Greshoff, U. Schimank, A. Weiß (Hrsg.). Sociology in the German-Speaking World, Special Issue, Soziologische Revue. Berlin: de Gruyter.

Rammert, W., W. Böhm, C. Olscha& J. Wehner, 1991: Vom Umgang mit Computern im Alltag. Fallstudien zur Kultivierung einer neuen Technik. Wiesbaden: Westdt. Verlag.

Rammert, W., M. Schlese, J. Wehner & R. Weingarten, 1998: Wissensmaschinen. Zur Konstruktion eines technischen Mediums – Das Beispiel Expertensysteme. Frankfurt/M.: Campus.

Rammert, W. & C. Schubert (Hrsg.), 2006: Technografie. Zur Mikrosoziologie der Technik. Frankfurt/M.: Campus.

Rammert, W. & C. Schubert, 2019: Technische und menschliche Verkörperungen des Sozialen. S. 105–139 in: C. Schubert& I. Schulz-Schaeffer (Hrsg.), Berliner Schlüssel zur Techniksoziologie. Wiesbaden: Springer VS.

Rammert, W. & I. Schulz-Schaeffer, 2002: Technik und Handeln. Wenn soziales Handeln sich auf menschliches Verhalten und technische Abläufe verteilt. S. 11–64 in: W. Rammert & I. Schulz-Schaeffer (Hrsg.), Können Maschinen handeln? Soziologische Beiträge zum Verhältnis von Mensch und Technik. Frankfurt/M.: Campus.

Ropohl, G., 1979: Eine Systemtheorie der Technik. Zur Grundlegung der Allgemeinen Technologie. München: Hanser.

Roßler, G., 2016: Der Anteil der Dinge an der Gesellschaft. Sozialität – Kognition – Netzwerke. Bielefeld: transkript.

Schimank, U., 2000: Handeln und Strukturen. Einführung in die akteurtheoretische Soziologie. Weinheim: Juventa.

Schubert, C., 2011: Die Technik operiert mit. Zur Mikroanalyse ärztlicher Arbeit. Zeitschrift für Soziologie 40: 174–190.

Schubert, C. & W. Rammert, 2006: Unsicherheit und Mehrdeutigkeit im Operationssaal: Routinen und Risiken verteilter Aktivitäten in Hightech-Arbeitssituationen. S. 313–339 in: C. Schubert & W. Rammert (Hrsg.), Technografie. Frankfurt/M.: Campus.

Schulz-Schaeffer, I., 1998: Akteure, Aktanten und Agenten. Konstruktive und rekonstruktive Bemühungen um die Handlungsfähigkeit von Technik. S.129–167 in: T. Malsch (Hrsg.), Sozionik. Soziologische Ansichten über künstliche Sozialität. Berlin: Sigma.

Schulz-Schaeffer, I. & M. Meister, 2017: Laboratory settings as built anticipations – prototype scenarios as negotiation arenas between the present and imagined futures. Journal of Responsible Innovation 4(2): 197–216.

Schulz-Schaeffer, I., 2019: Technik und Handeln. Eine handlungstheoretische Analyse. S. 9–40 in: C. Schubert& I. Schulz-Schaeffer (Hrsg.), Berliner Schlüssel zur Techniksoziologie. Wiesbaden: Springer VS.

Schwartz, R.D., 1989: Artificial Intelligence as a Sociological Phenomenon. Canadian Journal of Sociology 14(2): 179–202.

Searle, J.R., 1986: Geist, Hirn und Wissenschaft. Frankfurt/M.: Suhrkamp.

Seyfert, R. & J. Roberge, 2017: Algorithmuskulturen. Über die rechnerische Konstruktion der Wirklichkeit. Bielefeld: transkript.

Seitz, T., 2017: Design Thinking und der neue Geist des Kapitalismus. Soziologische Betrachtungen einer Innovationskultur. Bielefeld: transkript.

Srnicek, N., 2018: Plattform-Kapitalismus. Hamburg: Hamburger Edition 2018.

Sonntag, P. (Hrsg.), 1983: Die Zukunft der Informationsgesellschaft. Frankfurt/M.: Haag&Herchen.

Staab, P., 2019: Digitaler Kapitalismus. Markt und Herrschaft in der Ökonomie der Unknappheit. Frankfurt/M.: Suhrkamp.

Star, S.L., 1989: The Structure of Ill-structured Solutions. Boundary Objects and Heterogeneous Distributed Problem-Solving. S. 37–54 in: M. Huhns, L. Gasser (Hrsg.), Distributed Artificial Intelligence, vol. II. London: Pitman.

Star, S.L. & K. Ruhleder, 1996: Steps Toward an Ecology of Infrastructure: Design and Access for Large Information Spaces. Information Systems Research 7(1): 111–13.

Stehr, N., 1994: Knowledge Societies. London: SAGE.

Thiel, J., V. Dimitrova & J. Ruge, (Hrsg.), 2021: Constructing Innovation. How Large-Scale Projects Drive Novelty in the Construction Industry. Berlin: jovis.

Tuma, R., H. Knoblauch & B. Schnettler, 2013: Videographie. Einführung in die interpretative Videoanalyse sozialer Situationen. Wiesbaden: Springer VS.

Weizenbaum, J., 1978: Die Macht des Computers und die Ohnmacht des Menschen. Frankfurt/M.: Suhrkamp.

Winner, L., 1980: Do Artifacts Have Politics? Daedalus 109: 121–136.

Wolfe, A., 1991: Mind, Self, Society, and Computer: Artificial Intelligence and the Sociology of Mind. American Journal of Sociology 14(4): 557–572.

Woolgar, S., 1990: Configuring the user: the case of usability trials. S. 58–99 in: Law, J. (Hrsg.): A Sociology of Monsters. Essays on Power, Technology and Domination. Thousand Oaks, Calif.: SAGE Publications.

Zuboff, S., 2018: Das Zeitalter des Überwachungskapitalismus. Frankfurt/M.: Campus.

Teil 2: **Perspektiven der sozialwissenschaftlichen Technikforschung**

Andreas Bischof

4 Soziologie der Robotik: Wie (soziale) Roboter in den Laboren der Technikwissenschaften entstehen und dies sozialwissenschaftlich untersucht werden kann

4.1 Einleitung – „Studying those who study us"

Lange bevor Robotik und K.I.-Forschung zum Thema von soziologischen Symposien oder Sonderausgaben wurden, untersuchte die Anthropologin Diana E. Forsythe (*1947 – †1997) die *Praxis der Genese* von K.I.-Systemen. Ihr Ausgangspunkt war die Beobachtung, dass die in jener Zeit entwickelten „Expertensysteme", die auf Basis eingespeister Informationen fachlich begründete Empfehlungen geben sollten (Bischof 2017a: 43 ff.; Rammert 1998a), beim Übergang von der Laborwelt in die Anwendungssituation oftmals versagten. Während die Programmierer dieses Problem als „end-user failure" bezeichneten (Forsythe & Hess 2001: XV), konnte Forsythe zeigen, dass das Scheitern dieser Systeme nicht in den Nutzer:innen, sondern vielmehr im reduktionistischen Verständnis von „Wissen" als explizitem Fachwissen, bar seiner praktischen, indexikalischen und informellen Anteile begründet lag: Menschliche Expert:innen entscheiden nicht ausschließlich auf Basis von Fachwissen, sondern auch im Rahmen von Routinen, organisationalen Zwängen oder alltagsförmigen Heuristiken, die sich nur schwerlich formalisieren lassen. Besonders anschaulich entfaltete Forsythe die epistemologischen Folgen dieser Misskonzeption von Wissen am Beispiel eines Expertensystems zur Diagnose von Migräne (Forsythe 1996). Anhand teilnehmender Beobachtung am Entwicklungsprozess zeigte sie, wie die sozialen Rollen von Ärzt:innen und Patient:innen in einem machtförmigen Wissensgefälle im Designprozess des Systems reproduziert wurden – und wie mit dem Wissen der chronisch Kranken auch wesentliche Charakteristika von Migräne-Symptomen im System nicht adäquat berücksichtigt wurden (Forsythe 1996).

Mit ihren Beiträgen zu den Konstruktions- und Erzeugungsprozessen von K.I.-Software hat Forsythe nicht nur Pionierforschung zu einem heute weit verbreiteten Phänomen geleistet, sondern auch die Rollen von Sozial- und Technikwissenschaften in diesem Prozess reflektiert (Forsythe 1999). Einerseits begannen die Technikwissenschaften zu dieser Zeit neue Beziehungen

https://doi.org/10.1515/9783110714944-004

zu und Praktiken mit Institutionen wie Krankenhäusern, Patient:innen oder öffentlichen Akteuren einzugehen. Andererseits waren diese Beziehungen und Praktiken selbst sozial und kulturell geformt, was wiederum nicht ausreichend reflektiert wurde und wird (s. z. B. Bischof 2017b: 2316 ff.). Diese Eigentümlichkeit bringt der Titel von Forsythes posthum erschienener Anthologie „Studying those who study us" (Forsythe & Hess 2001) auf den Punkt: Ingenieur:innen, die soziale Welten explizit zum Gegenstand ihrer Arbeit machen, werden selbst zu Proto-Sozialforscher:innen – was wiederum sozialwissenschaftliche Begleitung erfordert.

Forsythes Arbeit ist früher und wegweisender Teil einer Gruppe ethnografischer Forschungen in und zu wissenschaftlichen Laboren. Im Zentrum der ersten Welle dieser „Laborstudien" standen die Naturwissenschaften und die sich in deren Laboren entfaltende „Erzeugungslogik" moderner Wissenschaften (Knorr Cetina 1988: 88): Dort werden die Gegenstände der Untersuchung, seien es biochemische Moleküle, hochenergetische Teilchen oder Himmelskörper, räumlich und zeitlich entkoppelt und der wissenschaftlichen Untersuchung zugänglich gemacht. Im Labor lassen sich Forschungsgegenstände, die Instrumente und Praktiken ihrer Behandlung und die Herstellung wissenschaftlicher Fakten im Zusammenspiel beobachten. Genannte Studien können als Vorbild für die Untersuchung der Herstellung sozialer Roboter dienen, die ebenfalls vorwiegend in Laboren erfolgt. Allerdings liegt in den Laboren der Sozialrobotik, die sich mit dem Einsatz ihrer Erzeugnisse in sozialen Situationen beschäftigen der Fall noch etwas komplizierter: denn diese sind nicht nur „Labs", in denen die Robotiker:innen ihre Maschinen bauen und testen. Die Epistemologie der Sozialrobotik formt sich auch durch Science-Fiction-Filme, die sozialen Welten, an denen die Robotiker:innen selbst als Alltagsmenschen teilnehmen und auf den Konferenzen, auf denen die Maschinen einander vorgeführt werden. Zudem geht es Robotiker:innen nicht nur darum, ihre Erkenntnisobjekte besser zu verstehen. Diese sollen sich auch in der Anwendung in sozialen Welten bewähren.

Soziale Roboter sind damit nicht nur als abstraktes Konzept oder konkretes Objekt soziologisch interessant, sondern stellen auch eine paradigmatische Frage der Wissenschaftssoziologie mit neuer Dringlichkeit: Unter welchen sozialen, kulturellen und materiellen Bedingungen wird das Entwerfen und Bauen von sozialen Robotern überhaupt möglich? Zur Beantwortung dieser Frage führte ich selbst eine ethnografische Studie durch, für die ich über mehrere Jahre Teil von Robotikforschung und Robotik-Laboratorien wurde (Bischof 2017a). Handlungsleitend war dabei die These, dass die Forschenden in der Sozialrobotik sehr viel mehr als nur Kenntnisse aus Informatik und Maschinenbau benötigen, um Roboter ‚sozial' zu machen. Im Folgenden dient mir diese Studie als Ausgangspunkt, um exemplarisch zu zeigen, wie sich die

Entstehung und Entwicklung sozialer Roboter sozialwissenschaftlich beforschen lässt und welche Ergebnisse auf diese Weise zutage gefördert werden.

Bevor die Bedingungen der Genese von Robotern für Alltagswelten in diesem
Kapitel diskutiert werden, soll die zugrunde liegende praxeologische Analyseperspektive erklärt werden (vgl. Abschnitt 2) – denn die These, dass Forschung und
Entwicklung zunächst auch nur besonders ausgezeichnete Bereiche von Alltagshandeln sind, ist in Wissenskulturen wie der der Robotik keineswegs selbstverständlich. In dieser Perspektive wird der Alltag der Arbeit an Robotern – vom
Pausengespräch über den ‚Tag der offenen Tür‘ bis hin zum expliziten Nutzer:
innen-Test – als Lebenswelt in ihrem eigenen Sinne verstanden. Von soziologischem Interesse sind dann besonders die Praktiken und Gegenstände, mit deren
Hilfe die Sozialrobotik ihrer nicht-technischen Gegenstände – den Menschen und
ihren Interaktionen – habhaft zu werden versucht. Ein Blick auf die *epistemischen Bedingungen* der Sozialrobotik macht deutlich, dass diese als Hybrid aus
Naturwissenschaft, Ingenieurwissenschaft und gestalterischem Entwurf verstanden werden muss (vgl. Abschnitt 3). Anstatt von einer homogenen Disziplin Sozialrobotik ist daher besser von drei Gruppen typischer epistemischer Praktiken zu
sprechen, die die Arbeit an sozialen Robotern mit ihren teils widersprechenden
Anforderungen auf ihre Weise je ermöglichen, kompensieren und vor allem sozial situieren (vgl. Abschnitt 4). Zusammenfassend zeigt sich, dass in dieser Besonderheit des Feldes Sozialrobotik dessen wissenschaftssoziologischer Reiz
liegt (vgl. Abschnitt 5).

4.2 Wissenschaft als soziale Praxis

Die grundlegende These der Wissenschaftssoziologie ist, dass Wissenschaft
nicht einfach ‚objektives‘ Erzeugen von Wissen und Fakten ist, sondern selbst
eine soziale Praxis, die nicht frei von (äußeren) Einflüssen sein kann (vgl. Abschnitt 2.1). Um das resultierende Bild von Forschung als in mannigfaltige Praktiken und soziale Instanzen eingelassenem Ensemble analytisch zu schärfen,
werden zwei Konzepte eingeführt, die sich auf die Selektionen von Forschungshandeln entlang materieller und symbolischer Einflüsse konzentrieren: Knorr
Cetinas translokaler Labor-Begriff und Rheinbergers Konzeption epistemischer
und technischer Objekte in Experimentalsystemen (Abschnitt 2.2).

4.2.1 Vom Wissen zur Praxis

Ende der 1970er Jahre begannen beinahe gleichzeitig und teilweise in Un-
kenntnis voneinander Forscher:innen wie Lynch, Latour, Woolgar und Knorr
Cetina explizit *Praktiken* der Natur- und Technikwissenschaften zu erforschen
(Krey 2014: 172).[1] Diese Welle der Wissenschaftsforschung grenzte sich ganz
explizit von damals dominierenden wissenssoziologischen Konzepten ab,
indem sie untersuchte, wie wissenschaftliches Wissen *praktisch* hervorgebracht wird. Dabei erforschten die ‚neuen' Wissenschaftsforscher:innen den
Alltag des Forschens und der Forschenden v. a. mit ethnografischen Methoden und zielten auf neue Untersuchungsgenstände ab: die Erzeugung von
Ordnungen, die Interpretationen von Daten und die Praktiken des Rationali-
sierens. Anhand dieser Untersuchungsgegenstände konnte gezeigt werden,
wie Forschung ihre Objekte konstituiert, welche ihrer messbaren Spuren als
bedeutungsvoll angesehen und wie daraus wünschenswerte Eigenschaften
wie Effizienz oder Innovation abgeleitet werden.

In den Laborstudien sind v. a. handlungs- und praxistheoretische Konzepte
sowie ethnomethodologische und semiotische Zugänge prominent. Was diese
unterschiedlichen Ansätze eint, ist die Annahme, dass Wissenschaft als Praxis
kein privilegiertes Zentrum, wie etwa einen objektiven gesellschaftlichen Wis-
senschaftsvorrat hat. Stattdessen entsteht ein Bild von Wissenschaft, das sich
in verschiedenen Dimensionen – sozial, institutionell, konzeptuell, materiell –
entfaltet (Pickering 1992: 14). Diese unterschiedlichen Elemente stehen dabei in
dialektischer Beziehung, stabilisieren einander, werden „ko-produziert", ohne
dass eine Dimension notwendigerweise Priorität hätte (Pickering 1992). Wissenschaft ist in der Perspektive der Laborstudien immer ein Kanon aus Technik
und Techniken, Konzepten, Produkten und Praktiken. Die konkrete Praxis als
hervorbringendes Tun wird dabei als konstitutives Moment von Wissenschaft
erachtet.

Besonders anschaulich wird dies im Konzept des epistemischen Lebens-
raums (Felt 2009). Die Frage der wissenschaftlichen Wissensproduktion wird
hier aus den lebensweltlichen Lagen der Forschenden rekonstruiert, also anhand
dessen, was diese als handlungsleitende Strukturen, Kontexte, Rationalitäten

---

1 Lynch war laut Latour der erste Sozialwissenschaftler, der gezielt die Laborpraktiken der
naturwissenschaftlichen Kolleg:innen ethnografisch untersuchte. Allerdings erschien sein re-
sultierender Beitrag erst 1985 und damit weit nach denen von Latour und Woolgar (1979) und
von Knorr Cetina (1984, zuerst 1981), auf die er auch nicht explizit Bezug nimmt (vgl. Krey
2014).

und Werte erfahren und (re-)konstruieren – sowohl im Feld der Wissenschaft als Erwerbs- und Qualifikationsarbeit als auch darüber hinaus (Felt & Fochler 2010: 301 f.). Ein Beispiel dafür ist der empirisch nachgewiesene Zusammenhang von Organisations- und Finanzierungsformen von Wissenschaft und der Auswahl wissenschaftlicher Fragestellungen und Paradigmen durch Forschende in Projekten (Felt et al. 2013).

Diese Erweiterung des Fokus von Wissenschaftssoziologie auf Wissenschaft als Lebenswelt bedeutet indes nicht, dass Wissenschaftsforschung nur noch daraus besteht, Wissenschaftler:innen als Alltagsmenschen zu untersuchen. Ziel einer praxeologischen Wissenschaftsforschung ist weiterhin die Rekonstruktion der Modi wissenschaftlicher Erkenntnisproduktion und ihrer sozialen Bedingungen – sowie des Verhältnisses dieser beiden zueinander.

Vor allem in der mit dieser Analyseperspektive einhergehenden methodologischen Symmetrisierung wissenschaftlicher Praxis und anderer alltagsweltlicher Praktiken zeigt sich bei vielen Wissenschaftler:innen ein normatives Unbehagen, das für die Zwecke dieses Lehrbuchs besonders wertvoll zu erwähnen ist: Die sozialen Bedingungen von Forschung werden in vielen Selbstbeschreibungen von Wissenschaft als verunreinigende Begleitumstände einer an sich ‚reinen‘ wissenschaftlichen Arbeit gedeutet (Knorr Cetina 1988: 85). Das Entwerfen, Konstruieren und Testen von Robotern ist aber – wie jede Form von Praxis – per se ‚schmutzig‘: Es ist abhängig von materieller Technik, Ein- und Zufällen, Geld, den eigenen impliziten und expliziten Interpretationen der Sozialwelt und der Alltagspragmatik der Forschenden. Forschen besteht in einem fortlaufenden Treffen von Entscheidungen, die materiell und symbolisch vermittelt sind. Die Forschenden wählen nicht als Souveräne aus einer idealisierten, vollständigen Menge an Optionen aus, sie sind soziale Wesen in sozialen Welten.

4.2.2 Epistemische Bedingungen wissenschaftlicher Praxis

Die Praxis des Forschens wird in praxeologischen Zugängen als *Tinkering* (Knorr Cetina 1979) – also als Flickschusterei – konzeptualisiert. Damit ist nicht gemeint, dass sie unwissenschaftlich oder methodisch schlecht sei. Wissenschaftliches Handeln als Praxis besteht soziologisch gesprochen in der fortlaufenden Selektion aus verfügbaren Möglichkeiten. Auch experimentelle Naturwissenschaften gelangen folglich nicht ausschließlich standardisiert zu ihren Erkenntnissen. Vielmehr ist der Weg hin zu standardisierten Produkten wissenschaftlicher Forschung ein äußerst beschwerlicher und kreativer. Das verdeutlicht eine weitere, viel zitierte Metapher praxeologischer Wissenschaftsforschung: die „Mangle of Practice" (Pickering 1996). Die damit verbundene Dialektik von Widerstand und Anpassung im Forschungsprozess (Rammert 1998b) formuliert daran anschließend, dass Forschung ein Probehandeln ist, das an materiellen Widerständen scheitern kann. Diese Widerstände haben aber auch andere Formen als Materialität. Sie können ebenso zeitlich, organisational und kulturell sein, was unter dem Konzept der *epistemischen Bedingungen* näher gefasst werden kann.

Gläser definiert als „epistemische Handlungsbedingungen" Strukturmerkmale von Forschung, „die durch Eigenschaften der bearbeiteten Weltausschnitte und durch die Strukturen des Wissensbestandes der Fachgemeinschaft, das heißt durch das Objekt und durch die Mittel der Forschung, konstituiert werden" (Gläser 2006: 174). Beispielhaft für solche epistemischen Bedingungen sind Ressourcenverbrauch (bspw. Kosten für Forschung) und „Eigenzeit" von Forschungspraktiken. Mit Eigenzeit ist die Zeit gemeint (Gläser & Laudel 2004), die bestimmte natürliche Prozesse und technisierte Handlungsabläufe benötigen – etwa die Wachstumsrate von Bakterien, die zwar beschleunigt werden kann, aber dennoch der Eigenzeit der Zellteilung unterliegt. Für den Aufbau physikalischer Großexperimente lassen sich sogar Eigenzeiten feststellen, die die etablierten Rhythmen der Forschungsförderung (Gläser & Laudel 2004) und ganze Lebensspannen übersteigen. Die epistemischen Bedingungen wissenschaftlicher Praxis umfassen also neben materiellen auch institutionelle, symbolische und gewissermaßen handwerkliche Dimensionen des Forschungshandelns.

Der Molekularbiologe und Wissenschaftshistoriker Rheinberger hat die Rolle technischen Handelns im forschenden Handeln herausgearbeitet (Rheinberger 1992; 2000). In Abgrenzung zu Konzepten, die Forschungsergebnisse vorwiegend als geistige Produkte bestimmen, geht es ihm darum zu zeigen, dass Laborarbeit ein Abarbeiten an den *epistemischen Dingen* der Forschung ist. Die epistemischen Dinge sind bei Rheinberger die Gegenstände des Erkenntnisinteresses, die zu erforschenden Wissensobjekte. Sein zentrales Analysekonzept ist das Wechselspiel von diesen epistemischen und den zu ihrer Fixierung bestimmten *technischen Dingen*. Während die einen also die Gegenstände des Forschungsinteresses sind, sind die anderen die Gegenstände ihrer Hervorbringung und Manipulation. Diese technischen Objekte wie bspw. Mikroskope oder DNA-Sequenzierer bilden Arrangements, die man als Experimentalsysteme bezeichnen kann. Dazu gehören „Instrumente, Aufzeichnungsapparaturen, Modellorganismen zusammen mit den in ihnen ‚verdrahteten' Theoremen" (Rheinberger 2000: 53). Im *Experimentalsystem*, der lokalen Anordnung aus technischen Objekten, die epistemische Objekte erzeugen und festhalten sollen, kommt es zu einer Vermittlung, deren Ergebnis sich weder allein aus dem symbolischen System der Herstellung des formalen Erkenntnisobjektes – also aus ‚der Theorie' – noch nur aus der experimentellmateriellen Notwendigkeit der technischen Objekte – also ‚den Hilfsmitteln‘ – erklären lässt. Charakteristisch ist, dass die Grenze zwischen epistemischen und technischen Objekten in den Experimentalsystemen der Naturwissenschaften immer weiter verschoben und neu ausgehandelt wird: Was einst ein hypothetisches, epistemisches Objekt war, kann als technisches Objekt der Erzeugung und Nutzbarmachung desselben Phänomens einige Jahre oder Jahrzehnte später profaner Teil des Versuchsaufbaus sein, der selbst wieder zu neuen Erkenntnismöglichkeiten führt. Rheinberger nennt als Beispiel dafür die enzymatische Sequenzierung von DNS, die einst jahrzehntelang erforscht wurde, um sie technisch zu ermöglichen, und heute Standardprozedur in Schnelltests ist, die als konfektioniertes Set gekauft werden können (Rheinberger 2000: 58).

Knorr Cetinas Arbeiten zu Laborpraktiken fügen eine wichtige Perspektive auf die Selektionen hinzu, die Forschende vornehmen, um zwischen epistemischen und technischen Objekten ihrer Forschung zu unterscheiden – und voranzukommen. Sie beschrieb einen spezifischen Opportunismus, der nicht normativ verstanden werden soll, sondern ganz handlungspraktisch: Welche Ressourcen sind verfügbar, um die Gelegenheitsgrenzen des Labors und des eigenen Experimentalsystems zu erweitern (Knorr Cetina 2002: 124)? Dabei sind nicht nur die expliziten Theorien oder Instrumente der Forschenden wirksam, sondern auch vergleichsweise alltägliche Räsonier- und Vergleichstechniken, z. B. als Interpretationstechnik von Laborergebnissen (Kirschner 2014: 126). Die umstrittene Frage, ob sich wissenschaftliches Handeln strukturell überhaupt von Alltagshandeln unterscheidet, wird hier nicht in einem Entweder-Oder beantwortet: Schon in frühen Arbeiten hat Knorr Cetina empirisch nachgewiesen, dass auch naturwissenschaftliche Arbeit „zu einem wesentlichen Teil aus *Interpretationsarbeit*" (Knorr Cetina 2002: 226) besteht.

Im Anschluss an Luhmanns Kommunikationstheorie definiert Knorr Cetina wissenschaftliche Arbeit als „Realisierung von Selektivität in einem von vorhergehenden Selektionen konstituierten Raum" (Knorr Cetina 2002: 231). Solche vorhergehenden Selektionen können z. B. – wie von Rheinberger betont – in die Instrumentarien eingelassen sein. Stärker als für in Objekten eingelassene Selektionen interessiert sich Knorr Cetina aber für Selektionen, die sich „auf vermutliche Reaktionen bestimmter Mitglieder der Wissenschaftlergemeinde, die als ‚Validierende‘ in Frage kommen, beziehen" (Knorr Cetina 2002: 232). Damit kann die Reviewpolitik einer Zeitschrift gemeint sein, das Urteil des Laborleiters oder die mutmaßliche Attraktivität einer Fragestellung für die Forschungsförderung.

Dieser doppelte Charakter des forschenden Handelns als selbstreferentiell und gleichzeitig eingebunden in einen über-örtlichen Sinnhorizont wissenschaftlicher Praxis verdeutlicht den translokalen Charakter der Labore. Wissenschaft ist in der Perspektive der Laborstudien ein Rekonfigurationsprozess der

Herstellung ‚neuen Wissens' durch die Vermittlung zwischen Objekten, Strategien und den forschenden Akteur:innen (Kirschner 2014: 124). Die Praxis der Forschenden ist eine Vermittlung zwischen den sozialen und epistemischen Bedingungen der Wissenschaft selbst und je bestimmten theoretischen und technischen Problemstellungen – und deren anschließende Bearbeitung.

4.3 Epistemische Bedingungen der Sozialrobotik

Unter welchen Bedingungen geschieht diese Vermittlung? Was sind die sozialen, technischen und epistemischen Bedingungen der Sozialrobotik? Soziale Roboter zu bauen ist zunächst eine immense Herausforderung. Diese Herausforderung besteht einerseits in der Komplexität der Aufgabe, überhaupt eine funktionierende autonome Maschine zu bauen. Schon ein vergleichsweise einfacher Roboter besteht aus zahlreichen, an sich komplizierten Komponenten, die zudem miteinander in Zusammenhang gebracht werden müssen, um schließlich in einer Umgebung, die für Menschen gemacht ist, zu funktionieren. Zudem übersteigt die Entwicklung sozialer Roboter die klassischen Mittel von Ingenieur- und Naturwissenschaften. Dieses Zum-Funktionieren-Bringen von Robotern in sozialen Welten ist daher eine integrative und komplexe Praxis (Nourbakhsh nach Šabanović 2007: 204), die über das Lösen technischer Probleme weit hinausgeht. Allein aus der Zielstellung, Roboter für soziale Situationen zu entwerfen, zu entwickeln und zu testen, ergeben sich vier zentrale *epistemische Bedingungen*, die den epistemischen Praktiken – den Bezugnahmen der Forschenden auf ihre Gegenstände – konstitutiv voranstehen.

4.3.1 Sozialrobotik als Realisierung von Visionen

Bereits die Einleitung dieses Lehrbuchs verweist darauf, dass die Sozialrobotik ein spezielles Selbstverständnis hat, nämlich, „die Vision von sozialen Robotern Wirklichkeit werden zu lassen" (vgl. Kapitel 1). Die Vorstellungen sozialer Roboter und der Robotik als systematische Wissenschaft ihrer Hervorbringung sind sozial und kulturell geformt. Sowohl der Begriff „Roboter" (Čapek 2019 [1923]) als auch „Robotik" (Asimov 2014 [1950]) sind literarische Erfindungen, auf die sich schon die Pioniere der Robotik wiederum explizit bezogen haben. Roboter waren also fiktionale Apparate, lange bevor sie funktionierende Maschinen wurden (Bischof 2017a: 138 ff.), was für die Soziologie zwei zentrale Untersuchungsgegenstände eröffnet: Erstens birgt die Idee für Maschinen, die menschliche

Tätigkeiten verrichten ein großes und nicht widerspruchsfreies kulturelles Erbe und zweitens findet die konkrete Finanzierung der Entwicklung von sozialen Robotern im gesellschaftlichem Auftrag statt. Beide Dimensionen – die Imagination von menschenähnlichen Helfern und Technik als Lösung sozialer Probleme – sind zudem eng miteinander verschränkt, wie die Untersuchung von Weltbildern und Zukunftsvorstellungen in der Sozialrobotik zeigt (Šabanović 2010; Böhle & Bopp 2014; Lipp 2019). Mit dem Begriff *„imaginary"* (Jasanoff & Kim 2009: 120) lässt sich diese wechselseitige Ko-Konstitution sozialer und technischer Zukunftsvorstellungen beschreiben – eine Vision einer zukünftigen Technologie ist meist in übergreifende Visionen ‚guten' oder wünschenswerten Lebens eingelassen. In der Sozialrobotik treten das technisch Machbare und das gesellschaftlich Wünschenswerte in besonders enger Kopplung auf. Das lässt sich für den europäischen Raum am Beispiel der Pflegerobotik (Bendel 2018; Hergesell et al. 2020) und ihrer Forschungsförderung gut zeigen: Als Antwort auf ein erwartetes Problem wird eine politisch gewünschte Zukunftsvorstellung als technisch erreichbar gerahmt, womit anschließend finanzielle Investitionen öffentlicher Mittel begründet werden (Lipp 2019; Lipp 2020). Empirische Untersuchungen von Pflegerobotik-Projekten zeigen, dass dieses Ziel in der Praxis zur wechselseitigen Anpassung der Roboter an die Pflege und umgekehrt herangezogen wird – wobei die ursprüngliche Problem-Lösungs-Relation „Roboter lösen Pflegenotstand" nicht mehr hinterfragt werden kann (Bischof 2020; Maibaum et al. 2021).

Im Rückgriff auf Suchman (2007) nutzt Šabanović „imaginaries" als zentrale Analyseeinheit für ihre umfangreiche ethnografische Studie zur Kultur der Sozialrobotik (Šabanović 2007). Der Reiz liegt dabei für sie darin, dass „imaginaries" auch als kulturelle und historische Ressourcen verstanden werden können (Šabanović 2007: 29). Auch technisch derzeit noch nicht erreichbare Zukunftsvorstellungen von Robotern in der Gesellschaft können zum wechselseitigen Bezugspunkt zwischen Robotikforschenden und gesellschaftlichen Gruppen werden (Šabanović 2007: 45). Ein augenfälliges Beispiel dafür sind die zahlreichen Bezüge zu Science-Fiction-Filmen, die in Presseberichten über soziale Roboter, aber auch durch die Forschenden selbst hergestellt werden (Meinecke & Voss 2018; Voss 2021). Untersuchungen von „imaginaries" in der Sozialrobotik zeigen dementsprechend, dass neben wissenschaftlichen Theorien und Methoden beim Entwickeln sozialer Roboter auch kulturelle Ressourcen wie Geschichten und Symbole eine wichtige Rolle spielen. Soziale Roboter können nicht ohne diesen spezifischen kulturellen Hintergrund verstanden und bewertet werden. Außerdem sollten vorgeschlagene robotische Lösungen für soziale Probleme nicht als gegeben hingenommen werden, sondern als Produkt politischer, technologischer und sozialer Prozesse, die die Idee sozialer Roboter erst möglich machen.

→ Mit Blick auf die *imaginaries* der Sozialrobotik ergibt sich für die Soziologie die Aufgabe, die sozialen Kategorien und symbolischen Ordnungen dieser Visionen zu rekonstruieren und ins Verhältnis zur beobachtbaren Forschungs- und Entwicklungspraxis zu setzen.

4.3.2 Soziale Roboter als sozio-technisches System

Die Realisierung eines funktionierenden Roboters ist das Ziel der allermeisten Sozial-robotik-Projekte. Wie kompliziert es ist, einen Roboter verlässlich und sicher in Alltagswelten zum Funktionieren zu bringen, darf nicht unterschätzt werden. Die Komponenten eines Roboters sind nicht nur in sich, sondern erst recht im Zusammenspiel widerständig. Ähnlich wie Pickering naturwissenschaftliche Forschung als kontinuierliches Abarbeiten an Widerständen beschreibt (Strübing 2005: 318), erfordert die Arbeit an Robotern kontinuierliche Anpassungen der Entwickler:innen an Tempi und Probleme der Ansteuerung und Integration der verwendeten Technik. Ein Roboter ist technisch gesehen die Kombination vieler modularer Bestandteile, wie Antrieb, Navigation, Greifer und auch unsichtbarer Komponenten, wie einer Art Betriebssystem. Diese Komponenten verfügen je über eine eigene Fehleranfälligkeit, bspw. durch ausbleibende Updates oder sich verändernde Schnittstellen zum Austausch der Komponenten untereinander. Das kann dazu führen, dass ein Roboter, der gestern noch funktionierte, buchstäblich am nächsten Morgen nicht mehr funktioniert, weil bspw. ein Sensor nach einem Update neu kalibriert werden muss. Sowohl das Auftreten solcher Probleme als auch ihre Lösung sind zeitlich nicht vorhersehbar, weswegen Robotiker:innen oftmals sehr geduldig sein müssen.

Diese Komplexität wird außerhalb der Labore, „in the wild" wie die Robotiker:innen sagen, noch einmal besonders deutlich. Denn zusätzlich zu den technischen Problemen geraten die Ingenieur:innen dabei mit den Logiken, Handlungsmustern und Relevanzstrukturen von Menschen als Interaktionspartner:innen in Kontakt. Diese Begegnungen mit „Nutzern", wie Menschen im Entwickler:innen-Jargon genannt werden, werden in diesem Zug auch zu einer technischen Herausforderung für die robotischen Systeme. Denn Ziel des Einsatzes sozialer Roboter ist nicht nur der Test und Beweis der Leistungsfähigkeit neuartiger Methoden, bspw. zur Navigation in Räumen, sondern auch die Interaktion mit den Maschinen soll „glaubhaft" und „intuitiv" sein.

Somit wird die Entwicklung von Sozialrobotern zu einer Praxis, die über das technische System hinausgeht, und die Funktionsfähigkeit erweist sich nicht nur innerhalb der robotischen Hülle, sondern in der Mensch-Roboter-Interaktion, die als ein sozio-technisches System verstanden werden kann. Innerhalb der Robotik und K.I.-Forschung muss das historisch als Paradigmenwechsel verstanden werden, und zwar als Verschiebung des Verständnisses von Robotern als solitärer maschineller Intelligenz hin zu Maschinen im Zusammenspiel mit anderen Entitäten wie „Umwelt" und „Nutzer". Diese (bereits in der frühen Kybernetik angelegte) konzeptionelle Qualität im Verhältnis von Roboter und Welt lässt sich anhand der „New Wave of Robotics" anschaulich zusammenfassen (Brooks 1999: 64 ff.): Robotikforschende stellten in den 1980er Jahren fest, dass Alltagsmenschen ganz andere Lösungsstrategien als das in der K.I. bis dato modellierte „problem solving" verwenden, nämlich routinisierte Handlungsabläufe anstatt formal-logischer Vorgehensweisen. Mit der „New Wave of Robotics" setzte sich in der Robotik die Vorstellung durch, dass die Entwicklung erfolgreicher Roboter an ihrer Einsatzumgebung, der „realen Welt", orientiert sein muss. Damit wurde die Performance der Maschinen in unstrukturierten Umgebungen zum Hauptkriterium ihrer Bewertung.

Während die Protagonist:innen der „New Wave of Robotics" v. a. das Problem einer physikalisch und biologisch adäquaten Interaktion mit Objekten und Räumen lösen wollten, ist das Prinzip der Orientierung auf die „reale Welt" für soziale Roboter umso folgenreicher. Denn Sozialität ist wechselseitig – und geht somit über das technische System hinaus. Die wesentliche Gelingensbedingung, sich in der Welt zu bewähren, kann von Sozialrobotern also nicht allein erfüllt werden, sondern nur im erfolgreichen Zusammenspiel mit Menschen. Meister hat gezeigt, wie fundamental diese Bedingung ist:

> Die Problematik einer möglichst reibungsfreien und intuitiven Nutzbarkeit wird nun keineswegs nur als eine technische Aufgabenstellung diskutiert, sondern als ein Bestandteil des Verständnisses von intelligenten Systemen überhaupt: Diese Roboter sollen ‚Kooperationsfähigkeit' [...] besitzen, und letztlich wird als Trägerin der Intelligenz nicht das isolierte technische System, sondern die schon genannte ‚Mensch-Maschine-Symbiose' verstanden. (Meister 2011: 108)

→ Die Forschenden der Sozialrobotik werden durch die Fokusverschiebung auf Mensch-Roboter-Interaktion als sozio-technischem System selbst zu Proto-Sozialforscher:innen, also zu professionellen Beobachter:innen von kleinen sozialen Ordnungen. Eine soziologische Rekonstruktion der Genese sozialer Roboter muss also auch diese Beobachtungs- und Erzeugungsmethoden ‚des Sozialen' der Sozialrobotik erfassen und kann untersuchen, welche Vorstellungen von Sozialität der Entwicklung robotischer Systeme zugrunde liegen.

4.3.3 Sozialität als technisch unvollständiges Problem

Die Eigenarten von Alltagswelten und sozialen Interaktionen übersteigen das Repertoire technikwissenschaftlichen Wissens und machen neue Wissenssorten, Methoden und Herangehensweisen nötig. Wie die Robotikforschung seit dem Verlassen der Labore auf unterschiedlichen Wegen erlebt, funktionieren auch scheinbar triviale Ausschnitte von Alltagswelt – wie z. B. Krankenhausflure – als Lebenswelten in ihrem jeweils eigenen Sinn (vgl. Mutlu & Forlizzi 2008). Die spezifische Komplexität der Alltagswelt – im Gegensatz zu idealisierten oder logischen Sinnprovinzen wie Mathematik (Schütz 1971: 267 ff.) – ist die Kernherausforderung für die Sozialrobotik (Meister 2014). Soziale Situationen sind allerdings in einem technischen Sinn unvollständig und widersprüchlich. Sie sind zudem veränderlich, da sie den Interpretationen der Teilnehmer:innen unterliegen, die nicht zwangsläufig deckungsgleich mit den Erwartungen der Konstrukteur:innen sein müssen und wiederum durch Erwartungen und Erwartungserwartungen aufeinander bezogen sind.

Durch den angestrebten Einsatz in alltäglichen Lebenswelten wird Sozialrobotik zu einer Disziplin wie Architektur oder Produktdesign, in der sich wissenschaftliche, technische, politische, soziale und ästhetische Expertisen und Interessen kreuzen. Das liegt daran, dass Sozialrobotik und Architektur nun die gleiche Art von Problem teilen: Das der „bösartigen" (Rittel & Webber 1973: 160 ff.) Natur der (Un-)Vorhersagbarkeit menschlichen Verhaltens in sozio-technischen Systemen. Das heißt, dass die zu lösenden Probleme der Sozialrobotik so komplex und veränderlich sind, dass keine standardisierten Lösungen bestehen. Stattdessen hängt die Bearbeitung von *„wicked problems"* (Rittel & Webber 1973: 161 f.) wesentlich von der Formulierung und Definition des Problems durch die Entwickelnden selbst ab.

Da Roboter als Maschinen aber auf eindeutige Inputs und Grenzwerte angewiesen sind, müssen die Entwickler:innen stetig *work arounds* erarbeiten, um einen weiteren Begriff aus dem Programmier-Slang zu verwenden: Sie entwickeln Hilfsverfahren, die das eigentliche Problem – die rechentechnisch schwer darstellbare Komplexität alltagsweltlicher Umgebungen – nicht lösen, sondern dessen Symptome umgehen, um zumindest die ersten Interaktionshürden zu nehmen. Das notwendigerweise computationale Vorgehen bei der Bearbeitung der entstehenden *wicked problems* erfordert allerdings gegenüber der interpretationsabhängigen Alltagswelt die Herauslösung und Operationalisierung algorithmisierbarer Zusammenhänge, um rechentechnische Lösungswege überhaupt anwenden zu können (vgl. Kapitel 6).

→ Sozialrobotik hat ein „wicked problem", das nicht allein mit positivistischen Erkenntnis-
mitteln zu lösen ist. Robotiker:innen müssen bestimmte Probleme des Alltags selektieren
und (algorithmisch) operationalisieren, was Selektionen der Forschenden innerhalb der alltagsweltlichen Logiken erfordert – erfolgreiche Mensch-Roboter-Interaktion hängt von der
Formulierung und Definition des Problems durch die Entwickelnden selbst ab. Eine soziologische Analyse muss deshalb sensibel für diese Selektionen der Forschenden sein.

4.3.4 Sozialrobotik als interdisziplinäre Aufgabe

An den drei bislang dargestellten epistemischen Bedingungen zeigt sich bereits,
dass Sozialrobotik als soziales Feld nicht als homogene wissenschaftliche Disziplin idealisiert werden darf. Sie ist weder ausschließlich eine Naturwissenschaft
der Entdeckung von Gesetzen der Mensch-Roboter-Interaktion, noch bloße Tech-
nikwissenschaft zur Herstellung autonomer Maschinen. Sozialrobotik besteht
auch im Entwerfen von Technik für konkrete Kontexte des Gebrauchs. Robotik im
Allgemeinen und Sozialrobotik im Speziellen sind heterogene Felder, in denen
Wissenschaftler:innen unterschiedlicher Fachrichtungen mit teils divergierenden
Zielen kooperieren müssen. Ein anschaulicher Ausdruck davon ist die im Feld ge-
bräuchliche Bezeichnung von „Plattform" für einen verkörperten Roboter. Die
Entwicklungsarbeit in Projektteams dient mitunter so vielen unterschiedlichen wissenschaftlichen und nicht-wissenschaftlichen Zielstellungen, wie ein Robotersystem relevante Komponenten hat. Je nach disziplinärem Zugriff und forscherischer
Absicht ist ein funktionierender Roboter dann eine „Plattform" für unterschiedliche
Interessen, die von Methoden grafischer Datenverarbeitung, entwicklungspsycho-
logischen Fragen, oder technischen Fragen der Systemintegrationen reichen können. Die Maschinen selbst werden damit zu *„boundary objects"* (Star & Griesemer
1989), also Gegenständen, die von den beteiligten Gruppen unterschiedlich wahrgenommen, imaginiert und interpretiert werden und gleichzeitig eine hinreichend
große Schnittmenge bieten, um einen gemeinsamen Fokus zum Handeln zu bilden.

Diese Hybridisierung des Forschungsfeldes Sozialrobotik zeigt sich empirisch an Verteilungs- und Reputationskonflikten im Feld, die bspw. auf Konferenzen oder in Gutachten für Artikel und Anträge zu beobachten sind. In den
Worten eines eher ingenieurwissenschaftlich geprägten Forschers lautet der zentrale Konflikt: „Bauen wir Roboter, um Experimente zu machen, oder machen wir
Experimente um Roboter zu bauen?" (Bischof 2015; Bischof 2017a: 214 ff.). Hinter
der Frage des hier zitierten Robotikers steckt sein Unmut darüber, dass er auf
einer zentralen Konferenz für Mensch-Roboter-Interaktion ausschließlich Veröffentlichungen mit quantitativen Laborexperimenten angetroffen hatte. Anstatt

konkreter technischer Innovationen sei es v. a. um den methodischen Nachweis der Effekte gegangen, was ihn überraschte und die Relation von Zweck und Mittel in seinem Feld hinterfragen ließ.

Anhand seiner Aussage lässt sich die erste Differenz ableiten, entlang derer die unterschiedlichen Ziele und Zwecke von Sozialrobotik-Forschung systematisiert werden können: die Unterscheidung zwischen Entwicklung und Anwendung von Technik (Bischof 2017a: 174 ff.). Sie wird empirisch daran sichtbar, dass Projekte entweder eher dadurch motiviert sind, einen Roboter als technische Plattform (weiter) zu entwickeln, oder eher dadurch, die ‚sinnvolle' Verwendung eines Roboters zu ermöglichen. Etwas weniger gut sichtbar ist die zweite Leitdifferenz, die sich in Bezug auf soziale Welten der Verwendung zeigt: Ziele der Sozialrobotik unterscheiden sich wesentlich entlang der Frage, ob ein sozial und historisch bestimmter Ausschnitt sozialer Wirklichkeit – etwa eine konkrete Gruppe von Bewohner:innen eines betreuten Wohnens – zur ‚Analyseeinheit' der Forschung und Entwicklung wird, oder eher ein generalisierter und generalisierender Ausschnitt von Wirklichkeit – also bspw. geriatrische Pflege oder eine Krankenhaus-Station. Diese zweite Differenz zwischen universalisierenden und konkreten Bezügen (Bischof 2017a: 177 ff.) besteht also in der Abstraktion bzw. Integration von empirisch vorzufindenden sozialen Welten als Gegenständen der Forschung und der Entwicklung sozialer Roboter.

Tab. 4.1: Idealtypen von Zielen der Sozialrobotik.

	Entwicklung	Anwendung
universal	*Erforschen*	*Anwenden*
konkret	*Bauen*	*Designen*

Aus der Kombination beider Leitdifferenzen lassen sich vier Idealtypen mit je typischen Zielen und Modi ihrer Umsetzung ableiten und je Sub-Disziplinen bzw. disziplinär geprägten Gruppen im Forschungsfeld Sozialrobotik zuordnen (vgl. Bischof 2017a: 180 ff.; Tab. 4.1):

- *Erforschen*: entwicklungsgetrieben & universalisierender Bezug zu Anwendungen; typisch: Formalobjekte und Prototypen für HRI konstruieren, testen und erforschen;, klassische' KI-Forschung, Kognitionsforschung
- *Anwenden*: anwendungsgetrieben & universalisierender Bezug zu Anwendungen; typisch: Einsatz von Robotern für Feld testen, Faktoren für anwendungsspezifische HRI erforschen; akademisierte Anwendungsfelder wie Pflegewissenschaften

- **Bauen**: entwicklungsgetrieben & konkrete Nutzer:innen / Situation; typisch: Robotereinsatz im Anwendungsfeld technisch ermöglichen, technische Lösung in konkreter Situation etablieren; Ingenieurwissenschaften
- **Designen**: anwendungsgetrieben & konkrete Nutzer:innen / Situation; typisch: Roboter für konkrete soziale Situation konstruieren und einsetzen, Empowerment von Nutzer:innen; Design

Für den Geltungscharakter der Zieltypiken ist abschließend wichtig, dass diese Idealtypen in Forschungsprojekten auch gemischt – oder gar gleichzeitig und konkurrierend – auftreten können. Zudem können zu unterschiedlichen Zeitpunkten in einem Projekt auch unterschiedliche Zieltypiken verfolgt werden, wenn bspw. erst eine Plattform technisch weiterentwickelt werden soll, um dann an Bedürfnisse konkreter Nutzer:innen angepasst zu werden.

→ Sozialrobotik ist kein homogenes Feld wissenschaftlicher Praxis, das mit einem einheitlichen Set an Zielen und Erkenntnismodi arbeitet. Für eine soziologische Analyse der Wissensweisen dieses Feldes impliziert das eine Sensitivität für Leitdifferenzen und unterschiedliche Zielsetzungen im Feld. Beobachtbare Praktiken und Experimentalsysteme müssen immer vor dem Hintergrund von Forschung als Prozess und der translokalen Orientierung und Konkurrenz innerhalb des Feldes gelesen und entsprechend ins Verhältnis gesetzt werden.

4.4 Epistemische Praktiken der Sozialrobotik

Wie gehen die Forschenden in der Sozialrobotik mit den dargestellten epistemischen Bedingungen produktiv um? Was versetzt sie also auf dem einen oder anderen Weg in die Lage, ihre Maschinen besser für soziale Welten verfügbar zu machen – oder auch nicht. Im Folgenden werden drei Gruppen epistemischer Praktiken dargestellt, die für die Sozialrobotik typisch sind (Bischof 2017a: 213 ff.). Mit dem Begriff *epistemische Praktiken* sind in diesem Zusammenhang Gruppen von Tätigkeiten und Experimentalsystemen gemeint, in denen sich die Erkenntnisobjekte der Sozialrobotik und die Methoden ihrer Konstruktion in einer je typischen Weise verdichten. Sichtbar wird das an einzelnen Versuchsanordnungen der Laboratorien oder individuellen Vorstellungen von ‚guter‘ Mensch-Roboter-Interaktion innerhalb eines Forschungsteams. Konstitutiv ist aber die Charakteristik des jeweiligen Wechselspiels zwischen Widerstand und Anpassung in der Entwicklungspraxis und insb. den Ausschnitten von Alltagswelten, in denen die Roboter funktionieren sollen.

4.4.1 Laboratisierende Praktiken

Schon aus Sicherheitsgründen ist eine naheliegende Strategie, mit den Unwäg-barkeiten von Robotern in sozialen Welten umzugehen, diese in die kontrollier-ten Bedingungen eines Labors zu überführen. Laboratisierende Praktiken sind aber auch ein Mittel, um die widerständigen Elemente des technisch unvoll-ständigen Auftrags, Roboter in Interaktion mit Menschen zum Funktionieren zu bringen, zu zähmen. Paradigmatisch steht dafür das Laborexperiment, bei dem unter Ausschluss von Einflüssen ein oder mehrere Faktoren gezielt auf ihre Ef-fekte getestet werden können. *Kontrolle* der Mensch-Roboter-Interaktion ist hier das zentrale Ziel. Der Erfolg der Laborexperimente erscheint vor dem Hinter-grund des Ziels, Roboter in realen Welten zum Funktionieren zu bringen, kon-tra-intuitiv. Auf forschungspraktischer Ebene erklärt sich ihr Erfolg in der besseren Handhabbarkeit: Die Instrumente und Praktiken der Laboratisierung ermöglichen eine Beschreibung von Mensch-Roboter-Interaktion in quantitati-ven Werten, die (scheinbar) leichter rechentechnisch für die Steuerung der Ma-schinen weiterverwendbar sind.

Das lässt sich am Beispiel der Operationalisierung von Emotionen mit der Methode „FACS" gut zeigen. Emotionen haben als Faktor zur Erforschung und Gestaltung sozialer Roboter eine lange Tradition (z. B. Breazeal 2003). Einer-seits wurde daran gearbeitet, Robotern durch vorgegebene oder selbst ‚wahr-genommene' Faktoren emotionale Zustände ausdrücken lassen zu können. Um das zu erreichen, wird aus einem Set von Grundemotionen, wie Freude oder Furcht, ein mehrdimensionaler Raum aufgespannt, in dem dann künstli-che Gefühlszustände berechnet werden können (Becker-Asano & Wachsmuth 2008). Wenn es andererseits darum gehen soll, Emotionen in Experimenten zu Mensch-Roboter-Interaktionen zu messen, muss die epistemische Strategie umgekehrt werden: Der mathematischen Erzeugung muss eine quantifizierende Messung zur Seite gestellt werden. Das geschieht z. B. durch Multiple-Choice-Fragebögen für menschliche Proband:innen, die konfrontiert mit Bildern und Videos von Robotern ihre Gefühle einschätzen sollen (z. B. Rosenthal-von der Pütten et al. 2013). Das Facial Action Coding System (FACS) geht einen Schritt weiter, indem es Gefühle menschlicher Proband:innen direkt im Experiment aufzeichnet.

FACS geht auf den US-amerikanischen Psychologen Paul Ekman zurück (Ekman & Friesen 1976). Es basiert auf der Annahme, dass Mimik und Emotionen anthropologisch universell sind. Mimik ist hier gewissermaßen ein Gesichtsaf-fekt-Programm, das direkter Ausdruck der Emotionen eines Menschen sei. Mittels FACS werden die Bewegungen der 98 Gesichtsmuskeln in 44 sog. „Action Units" kodiert, die wiederum den Grundemotionen zugeordnet sind. Dies, so die Annahme, ermögliche den Schluss auf die hinter dem Ausdrucksverhalten liegenden Befindlichkeiten. Die Zuordnung der Gesichtsausdrücke (leicht gekräuselte Nasenwurzel, gehobene/gesenkte Mundwinkel, Augenbrauen, etc.) basiert auf Datenbanken von zehntausenden Bildern von Gesichtsausdrücken aus interkulturellen Vergleichsstudien. Es wird empfohlen, dass zwei Coder:innen unabhängig voneinander die Videosequenzen nach diesem Schema bewerten, um ein reliables Ergebnis zu erhalten.

Die Zurechnung von Emotionen anhand des Gesichtsausdrucks ist in einer standardisierten Forschungslogik durchaus plausibel. Experimente mit FACS versuchen, subjektive Verzerrungen zu minimieren und ein komplexes Phänomen, wie „Emotion", auf überprüfbare und reproduzierbare Maße einzugrenzen. Allerdings werden die damit einhergehenden epistemischen Implikationen selten reflektiert. Neben handwerklichen Fragen zur Durchführung[2] betrifft das v. a. die erkenntnistheoretische Gefahr der Verwechslung des Forschungsinstruments mit dem eigentlichen Erkenntnisobjekt: den tatsächlichen Gefühlen von Menschen gegenüber Robotern. FACS erfasst nicht das *Erleben* einer Emotion, was für die allermeisten Menschen den wesentlichen Inhalt der Bedeutung des Wortes „Gefühl" darstellt. Dieser Hinweis scheint zunächst vielleicht trivial. Aber genau der damit einhergehende reduktionistische Fehlschluss lässt sich im Umgang mit den Ergebnissen aus dieser Methode beobachten: Forscher:innen führen Standbilder oder Videos vor, auf denen per Einblendung die annotierten Muskelgruppen farbig markiert sind. Die anhand dieser mimischen Mikrosequenzen erzeugten Werte und deren statistische Analyse werden dann in einem Graphen abgetragen, um zu belegen, dass bestimmte Begrüßungsformen ‚den Nutzer:innen' gefallen, sie ängstigen etc. (Bischof 2017a: 217 ff.). FACS sammelt zweifelsohne empirische Hinweise für solche Aussagen; es bleibt aber ein Instrument der Messung und nicht das eigentliche Erkenntnisobjekt. Auf das tatsächliche Gefühl und die Akzeptanz der Nutzer:innen lässt sich von diesen laboratisierten Bedingungen – zumal ohne den Kontext der angestrebten Nutzung – nicht ohne weiteres schließen. Das vorgestellte Testsetting ist nicht der zu vermessenden Mensch-Roboter-Interaktion in realen Welten entnommen, sondern vielmehr ein Vorgehen eigener Logik. FACS ist eine technische Konfiguration eines sichtbaren Ausschnitts von Emotionen. Es ist eine wissenschaftliche Analysemethode, die in einem Labor-Setting aus Kame-

---

2 Häufig beobachtbare methodische Mängel der Durchführung betreffen das Sampling der Proband:innen, wo oftmals Studierende oder Mitarbeitende aus dem Zusammenhang des Labors zum Einsatz kommen – z. B. auch, wenn der avisierte Einsatz eigentlich auf die Akzeptanz des Roboters durch Menschen mit Demenz zielt. Des Weiteren wird oft von der Empfehlung abgewichen, das Material zweimal codieren zu lassen, um subjektive Verzerrungen auf der Coder-Ebene zu minimieren.

ras, Software und menschlicher Interpretation besteht. Diese Laboratisierung abstrahiert von Emotionen als Erfahrungen von Subjekten auf die regelgeleitete Hervorbringung von „Emotionen" als an der Körperoberfläche ablesbarem Wert.

An diesem Beispiel wird deutlich, worauf Laboratisierungen als epistemische Praxis antworten: Sie sind als Reaktion auf ein „complexity gap" (Meister 2014: 119) zwischen alltäglichen Lebenswelten und sozialen Robotern zu verstehen und Mittel zur Reduktion von Komplexität und Kontingenz sozialer Situationen. Problematischer als die notwendige Komplexitätsreduktion selbst ist die mangelnde Trennung zwischen den Instrumenten der Messung, wie FACS, und dem eigentlichen Erkenntnisobjekt, hier emotionaler Qualität in der resultierenden Mensch-Roboter-Interaktion. Der Grad der *Adäquanz* von Laborexperimenten mit FACS für die Mensch-Roboter-Interaktion in konkreten sozialen Situationen ist daher zunächst vollkommen unklar.

4.4.2 Alltagsweltliche Praktiken

Eine gelingende Mensch-Maschine-Symbiose in echten sozialen Welten wäre allein durch epistemische Praktiken der Laboratisierung also nicht adäquat erforsch- und modellierbar. Die Konstrukteur:innen sozialer Roboter erfahren diese Begrenzung selbst und verfolgen daher oft eine zusätzliche epistemische „Strategie", die als Gegengewicht fungiert. Diese ist aber weder sehr explizit noch tatsächlich ausführlich geplant, sondern eher spontan und oftmals individuell. Diese Gruppe alltagsweltlicher epistemischer Praktiken wird allerdings beinahe nie Gegenstand der offiziellen Selbstdarstellungen des Feldes, was sie aus Perspektive sozialwissenschaftlicher Laborforschung sehr interessant macht. Die alltagsweltlichen epistemischen Praktiken der Sozialrobotik finden in der Regel außerhalb des Labors statt, etwa auf Universitäts-Fluren, bei einem ‚Tag der offenen Tür', oder auch im heimischen Wohnzimmer. Anders als bei Laborexperimenten werden die Forschenden hier selbst zum Instrument. Die wesentliche Ressource dieser typischen Erkenntnisform sind ihre eigenen Erfahrungen. Viele Forschende in der Sozialrobotik sind z. B. ausgesprochen gute Beobachter:innen von sozialen Welten und besitzen Erfahrungen und Fähigkeiten, die sie zur Übersetzung zwischen sozialen Situationen und sozialen Robotern einsetzen.

Diese alltagsweltlichen Erkenntnispraktiken sind teilweise tief in biografischen Erlebnissen und Räsonierweisen der Forschenden selbst verankert – was sie einerseits wirksam und andererseits schwer beobachtbar macht. Wie und wieso diese für die Entwicklung von sozialen Robotern so wichtig werden, erzählen die Forschenden meist selbst, wenn man sie nach ihrem Weg in die Sozialrobotik fragt (Bischof 2021). Eine Post-Doktorandin an einer Robotik-Fakultät bspw.

beschrieb mir ihren Weg ins Feld der Sozialrobotik als vorgezeichnet durch ein Sommerpraktikum, bei dem sie ein robotisches Ausstellungsobjekt für eine Konferenz technisch vor Ort betreute. Es handelte sich um einen Roboter-Wurm aus Glasfaser-Röhrchen, der unterstützt von wechselnder Beleuchtung einen Rhythmus aus Aktivität und Ruhe vollzog. Faszinierend sei für sie dabei nicht nur die technische Arbeit an der Maschine gewesen, sondern: „I got to watch all the people coming through the conference interacting with the system without needing really explanation [...] so for me I got into robots by building them but also by *seeing people interact with them.*" (Bischof 2017a: 237, Hervorhebung AB)

Durch die Beobachtung von Menschen, die die Installation zum ersten Mal sahen, wurde den Forschenden die vorsprachliche und expressive Qualität der Installation auf Betrachtende erlebbar und somit erstmals bewusst. Die meisten Forschenden erklärten mir die besondere Eindrücklichkeit solcher Erlebnisse damit, dass die Qualität der Interaktion im Kontrast zur Ingenieursperspektive stünde (Bischof 2017a: 235 f.). Es handelt sich bei diesen Erlebnissen um proto-ethnografische Beobachtung anderer Beobachter:innen, die die Maschinen – zu denen die Forschenden oftmals eher eine alltagspraktische Hassliebe als widerständige Objekte haben – ganz anders wahrnehmen als sie selbst. Allerdings ist das eine sehr intuitive Form der teilnehmenden Beobachtung, die zumeist in Alltagsbegriffen und -kategorien verbleibt. Als epistemische Praktiken werden sie meist nicht schriftlich dokumentiert – obwohl sie durchaus gezielt aufgesucht und hergestellt werden können. So hat eine der prominentesten und meistzitierten Forscherinnen in der Sozialrobotik eine einfache Alltags-Heuristik etabliert, um zu bewerten, ob ihre Roboter gut sind: Sie nehme jeden ihrer Prototypen für einen Nachmittag mit nach Hause, damit ihre Kinder damit spielten. An ihren Reaktionen, der Dauer und der Intensität der Beschäftigung mit der Maschine könne sie mittlerweile recht gut abschätzen, wie erfolgreich die angestrebte Mensch-Roboter-Interaktion verlaufen werde (Bischof 2017a: 248).

Diese Form von pragmatischem Alltagsexperiment ist kein Einzelfall. Ein anderer Forscher in den USA erwähnte mir gegenüber, dass er für ein laufendes Projekt „für eine Weile Fahrstuhl gefahren" sei (Bischof 2017a: 244 f.). Er sei dafür einen Tag lang Menschen durch das Universitätsgebäude gefolgt, „but that wasn't really a scientific experiment" (Bischof 2017a). Der epistemische Wert der Aktivität habe darin bestanden, den Raum bearbeitbarer Probleme einzugrenzen, um den weiteren Verlauf des Projekts zu bestimmen. Interessant ist dabei die der Methode zugeschriebene Nützlichkeit für den jetzigen Stand des Projekts. In dem Projekt soll ein Roboter über die Universitätsflure fahren und dabei noch näher zu definierende Ausgaben ausführen. Die vom Forscher angewendete Heuristik ist dabei explorativ und typisch für alltagsweltliche epistemische Praktiken: Schauen wir einfach, wie die Leute es machen! Der proto-ethnografische Ausflug war also auf einen schnellen und pragmatischen Erkenntnisgewinn ausgelegt und zielte zudem auf einen bereits stark eingegrenzten Ausschnitt des beobachtbaren Verhaltens. In dieser Fokuslegung kommt auch eine das Ergebnis strukturierende These zum Ausdruck: In diesem Fall lautet sie, dass den Wegen der Menschen im Gebäude und den technischen Tasks von Robotern ähnliche Ziele zugrunde liegen.

Dennoch ist diese alltägliche Form der Beobachtung als epistemisch zu bezeichnen. Ihre Wirksamkeit geht über das Kollegengespräch hinaus, sie bestehen in einer (oftmals gezielten) Auseinandersetzung mit bestimmten Ausschnitten von Alltagswelt, um den eigenen sozialen Roboter – oder die Grundlagen seines Funktionierens – anders zu verstehen, als durch ein Laborexperiment. Diese Alltagsförmigkeit verweist wiederum auf die besondere Natur des Gegenstandes der Sozialrobotik, der eben nicht nur in der Komplexitätsreduktion laboratisierender Praktiken erfasst werden kann. Die alltagsweltlichen epistemischen Praktiken nehmen selbstverständlich ebenfalls Reduktionen vor. Sie finden aber in derselben Sinnprovinz wie die sozialen Gegenstände statt, was eine Integration ihrer Komplexität und Kontingenz zumindest auf der Ebene der Handlungsprobleme der Forschenden ermöglicht.

Die alltagsweltlichen Erkenntnispraktiken sind lokal, sie finden an ‚echten' Orten statt. Sie betrachten (Mensch-Roboter-)Interaktion als in einen bestimmten sozialen Kontext integriert statt isolierend. Die alltagsweltlichen Erkenntnisobjekte besitzen dabei auch eine (oft als Störung auftretende) Eigenperformanz. Sie werden nicht in formalisierten Zeichensystemen festgehalten, sondern eher mündlich mit Kolleg:innen besprochen. Die Akteur:innen dieser Praktiken sind die Forschenden selbst, die beobachten, interpretieren und Heuristiken verwenden. Die Beobachteten tauchen aber ebenfalls als sinnförmig Handelnde auf. Die alltagsweltlichen epistemischen Praktiken sind allerdings idiosynkratisch in dem Sinne, dass sie nicht methodisch kontrolliert werden. Ihr epistemischer Wert besteht darin, den Raum bearbeitbarer Probleme einzugrenzen, um auf eine wissenschaftliche Fragestellung hinzuarbeiten, oder sich für Designentscheidungen inspirieren zu lassen.

4.4.3 Inszenierende Praktiken

Forschende in der Sozialrobotik besitzen Routine darin, ihre Maschinen zu präsentieren. Die Anlässe dafür sind verschieden, stehen jedoch meist im Zusammenhang mit dem Werben für die eigene Forschung. Einen häufigen Anlass bieten professionelle Kommunikationsmaßnahmen der Institution, an der das Labor beheimatet ist. Robotikgruppen bekommen oft den Auftrag, eine Vorführung vorzubereiten, da das Interesse an Robotern allgemein hoch ist. Roboter werden auch genutzt, um potentielle Studierende für Studiengänge zu interessieren. Wettbewerbe wie „Jugend forscht" oder die schulischen „Science Fairs" in den USA sind ebenfalls ein beliebtes Umfeld zur Vorführung robotischer Fähigkeiten außerhalb eines Forschungskontexts. Diesen Vorführungen kommt auch eine zentrale epistemische Qualität zu, da die Forschenden hier nicht einfach Roboterverhalten wie im Labor, mit all seinen Abbrüchen und Neustarts, oder wie in realen Nutzungssituationen, die ja nicht auf einer Bühne funktionieren, abbilden können. Sie müssen stattdessen eine Auswahl von möglichem Roboter-Verhalten treffen und dieses auch mit darstellerischen Mitteln wie Musik, Erzählung oder sogar eigenen Schauspieleinlagen rahmen.

Empirische Studien zeigen, dass die Interaktion mit Robotern ganz wesentlich auf der kulturellen und interaktiven Situierung durch Menschen beruht (Alač et al. 2011; Muhle 2019; Pentzold & Bischof 2019). Kein sozialer Roboter funktioniert ohne explizite Eingriffe und Anweisungen einer anwesenden dritten Person oder vorbereitete Weichenstellungen bspw. durch eine Manipulation des Einsatzortes, Abspielen voraufgezeichneten Verhaltens oder einfach durch die populär-kulturell vermittelten Erwartungen an eine Roboter-Interaktion auf Seiten der Betrachter:innen. Erst durch diese Formen der Einbettung werden Roboter in sozialen Situationen überhaupt interaktionsfähig. Der analytische Blick auf inszenierende Praktiken in der Sozialrobotik zeigt, dass es sich dabei auch schon um eine zentrale epistemische Qualität der Forschung und Entwicklung handelt.

Ein verbreitetes Beispiel dafür ist das Erstellen von Film-Clips zur Demonstration von Roboterverhalten. Beinahe jedes Robotik-„Lab" produziert solche Videos, um die Tauglichkeit seiner Maschinen zu zeigen. Hierbei wird ein technisch bereits realisiertes oder auch erst noch zu erreichendes Roboterverhalten teils durch Fernsteuerung oder computer-grafische Manipulation erzeugt und als Video-Clip bspw. auf YouTube zirkuliert. Die Rolle solcher Clips ist sowohl für den spielerischen Ausdruck der Identität der Forschenden (Both 2015) als auch für die Erzeugung von Erwartungen bei der breiteren Öffentlichkeit, Stakeholdern wie Krankenkassen (Winthereik et al. 2008) nicht zu unterschätzen. Solche Videos sind aber nicht nur persuasive Wissenschaftskommunikation, sie spielen auch für die Erkenntnispraktiken innerhalb der Robotik eine wichtige Rolle: Innerhalb einer Forschungsgruppe werden auch die Videos anderer Forschungsgruppen geschaut und bewertet. Dabei werden die Videos auf kritische Zeichen der Inszenierung wie Schnitte oder Beschleunigung hin untersucht (Bischof 2017a: S 259 ff.). Dazu gehört das Wissen darüber, wie der Blick der Betrachter:innen durch technische, filmische und symbolische Mittel gelenkt werden kann. Es besteht also nicht nur ein Wissen darüber, wie man Roboterverhalten gut inszeniert, sondern auch, wie man eine solche Inszenierung dechiffriert – als Form impliziter peer-reviews.

Die Beliebtheit von Video-Clips sozialer Roboter zeigt sich über Demo-Videos hinaus in (halb-)dokumentarischen Formaten mit Roboterverhalten und Interview- oder Sprechersequenzen der Forschenden. Diese Videoclips sind ebenfalls eher kurz (typischerweise zwischen drei und fünf Minuten), und versuchen Roboterverhalten unmittelbar und affektiv darzustellen. Dies wirkt besonders im Kontakt mit technischen Laien wie Forschungsförderer:innen, Journalist:innen oder avisierten Nutzer:innengruppen. Suchman (2014) hat den Charakter dieser Videos näher beschrieben: Indem Clips von Roboterfähigkeiten an übergreifende Narrative anknüpfen und technisch noch nicht mögliches Roboterverhalten simulieren, stimulieren sie ihr Publikum im Hinblick auf das Potential von Robotik:

> Like other conventional documentary productions, these representations are framed and narrated in ways that instruct the viewer what to see. Sitting between the documentary film and the genre of the system demonstration or demo, the videos create a record that can be reliably repeated and reviewed in what be-comes a form of eternal ethnographic present. These reenactments thereby imply that the capacities they record have an ongoing existence – that they are themselves robust and repeatable. (Suchman 2007: 237 f.)

Suchman verdeutlicht hier die problematische Tendenz, dass immer wieder abrufbare Clips ein vielleicht nur einmal und kurzfristig gezeigtes Verhalten entzeitlichen. Dieses Problem besteht bei vielen Demo-Videos in der Robotik: Sie führen Roboterverhalten nur scheinbar neutral vor. Sie beschleunigen oder verlangsamen Bildsequenzen, schneiden Szenen zusammen, verstärken Wirkungen durch Musik, erklären Funktionen durch Sprechertext und schließen an Narrative und Charaktere aus Filmen und Science-Fiction an. Mit diesen audiovisuellen Inszenierungen kreieren sie das Setting, vor dem die (geplante) Funktionsweise des sozialen Roboters besonders gut sichtbar werden soll. Im Hinblick auf die dabei verwendete Rhetorik einer besseren Zukunft sind einige Analysen der symbolischen Settings von Demo-Videos unternommen worden. Suchman (2014) analysiert das Werbevideo für den sozialen Heimassistenten „Jibo", Schulte & Graf (2020) den sozialen Heimassistenten „Moxxie". Die Analysen zeigen, wie sehr spezifische Ausschnitte von wünschenswertem Verhalten herangezogen werden, um die Roboter als tauglich darzustellen – und welche Aspekte sozialer Realität dabei stillschweigend nicht thematisiert werden (in den zitierten Beispielen sind es die Rolle von Klasse, Hautfarbe und Vorstellungen guter Familie).

Die Inszenierung von Roboterverhalten in Live-Demonstrationen, Demo-Videos oder experimentellen Anordnungen ist eine spezifische Form der Expertise, die in der Sozialrobotik weit verbreitet ist. Zur praktischen Erkenntnisweise werden sie dadurch, dass sie das (öffentliche) Bild von sozialen Robotern und deren Fähigkeiten aktiv gestalten. Dabei werden v. a. solche Eigenschaften inszeniert, die die Maschinen selbst nicht generieren können: soziale Situiertheit, symbolische Eingebundenheit, Subjektivität und Historizität. Dadurch wird das Erkenntnisobjekt Mensch-Roboter-Interaktion einerseits gestalterisch hervorgebracht, und andererseits werden zukünftige Nutzungssituationen und Nutzer: innen beeinflusst. Die Sozialrobotikforschung schafft die Bedingungen, unter denen Mensch-Roboter-Interaktion denkbar und messbar wird, durch Praktiken der Inszenierung nicht unwesentlich selbst. Eine wichtige Funktion dieser Inszenierungen ist dabei die Erweiterung und Ermöglichung der wissenschaftlichen Fähigkeiten der Sozialrobotik. Gleichzeitig besteht die Gefahr der Mystifizierung der Maschinen in einer Umkehrung des erkenntnistheoretischen Verhältnisses dieser Forschung zu ihren Gegenständen: Sozialrobotik läuft Gefahr, ihre eigenen Inszenierungen zu erforschen, wenn die Ergebnisse der inszenierenden Praktiken nicht methodisch von den expliziten Praktiken der Wissenserzeugung, wie etwa den Laborexperimenten, getrennt werden.

4.5 Fazit: Epistemische Kultur der Sozialrobotik

Die Erzeugung von Wissen verläuft in der Sozialrobotik anders als in naturwissenschaftlichen Disziplinen. Sie misst sich am Faktor des Gelingens einer bereits imaginierten und als nützlich bestimmten Mensch-Roboter-Interaktion statt an der Hervorbringung des Unvorhergesehenen, wie etwa in der Biochemie (vgl. Rheinberger 2000). Die spezifische Herausforderung für den Bau sozialer Roboter ist die Passung, die Gangbarmachung der Maschinen in und für verschiedene soziale Welten – deren (Alltags-)Logiken sich wiederum der technisierten Bearbeitung teils entziehen. Dass dabei neben isolierenden und quantifizierenden Zugriffen auch Ressourcen wie Alltagswissen oder Inszenierung zu epistemischen Quellen werden, kann daher eigentlich nicht überraschen.

Aber erst in ihrem Zusammenspiel werden die rekonstruierten epistemischen Praktiken für das Feld Sozialrobotik schöpferisch wirksam (vgl. Tab. 4.2). Sie wechseln sich in ihren unterschiedlichen Fähigkeiten, mit sozialer Komplexität umzugehen, gewissermaßen ab. Es kommt zu einem Wechselspiel von (vorübergehendem) Ausschluss von sowie dem Streben nach (Wieder-)Eintritt von Komplexität und Kontingenz sozialer Welten. Die Idee für einen zu erforschenden Zusammenhang entstammt einer Alltagsbeobachtung, wird dann aber in ein isoliertes Laborszenario übertragen, um einen messbaren Effekt zu generieren. Eine explorative Nutzerstudie von Roboterverhalten, das an dieses

Wissen angepasst wurde, kann wiederum den Prozess für neue Komplexitäten und Kontingenzen öffnen. Die so generierten Daten und Maschinen werden anschließend präsentiert oder auch als Video zirkuliert (Bischof 2017a: 265 ff.).

Tab. 4.2: Epistemische Praktiken der Sozialrobotik (eigene Darstellung).

	Laboratisierende Praktiken	Alltagsweltliche Praktiken	Inszenierende Praktiken
Orte	translokal	lokal	translokal
beobachtete Prozesse	erzeugt	erlebt	inszeniert
soziale Situiertheit	isoliert	integriert	inszeniert
Epistemische Akteure	sozio-technische Aufzeichnungssysteme	Alltagsmenschen	‚belebte' Roboter
Zeichensysteme	formalisiert	idiosynkratrisch	kulturell geteilt
Selbstverständnis Forschende	passiv	aktiv	expressiv

Dieser Blick auf die epistemische Kultur, die Wissensweisen der Sozialrobotik, wird erst mit einer Analyseperspektive sichtbar, die a priori nicht unterscheidet zwischen der vermeintlich ‚eigentlichen' Forschungsarbeit und denen diese ermöglichenden und begrenzenden Faktoren. Mit einem praxeologischen Zugang in Tradition der Laborstudien ist das möglich.

Was bedeuten dieser Zugang und diese Ergebnisse für zukünftige soziologische Forschung zur Robotik als Wissenschaft, die die Roboter baut? Der Verweis auf die Tradition der ersten Laborstudien und Diane E. Forsythe zeigt, dass erstens auch die vermeintlich neuesten Technologien und Erkenntnisse stets in einem gesellschaftlichen Verweisungszusammenhang stehen. Und wenn die Technologien selbst ‚sozial' sein oder zumindest in Alltagswelten angewendet werden sollen, ist die Soziologie zweitens nicht nur in der Pflicht, kritische Beobachterin auf Augenhöhe zu werden und zu sein, sondern auch selbst ihr Wissen und ihre Perspektive ins Feld zurückzuspielen (vgl. Kap. 6). Damit das gelingen kann, müssen die Praktiken und Bedingungen der Praxis der Forschenden in der Robotik aber ernst genommen werden – auch wenn sie uns kulturell manchmal als artifiziell oder reduktionistisch erscheinen mögen. Denn auch für die Untersuchung der (Sozial-)Robotik empfiehlt sich eine gewissermaßen ethnomethodologische Antwort auf die Ur-Frage der Soziologie, wie (ausgerechnet hier!) soziale

Ordnung möglich sei: Die beobachtbare Praxis ist immer schon eine Reaktion auf das Problem der Ordnung, sie muss deshalb als Schlüssel zur Antwort verstanden werden.

Literatur

Alač, M., J. Movellan. & F. Tanaka, 2011: When a Robot Is Social: Spatial Arrangements and Multimodal Semiotic Engagement in the Practice of Social Robotics. Social Studies of Science 41 (6): 893–926.

Asimov, I., 2014: I, Robot. New York: Spectra.

Becker-Asano, C. & I. Wachsmuth, 2008: Affect Simulation with Primary and Secondary Emotions. Intelligent Virtual Agents. Berlin, Heidelberg: Springer.

Bendel, O., 2018: Pflegeroboter. Wiesbaden: Springer Gabler.

Bischof, A., 2015: Wie Laborexperimente die Robotik erobert haben. Einblick in die epistemische Kultur der Sozialrobotik. S. 113–126 in: J. Maibaum & A. Engelschalt (Hrsg.): Auf der Suche nach den Tatsachen: Proceedings der 1. Tagung des Nachwuchsnetzwerks INSIST, Berlin.

Bischof, A., 2017a: Soziale Maschinen bauen. Epistemische Praktiken der Sozialrobotik. Bielefeld: transcript.

Bischof, A., 2017b: Would the Real Ethnography please Stand up?! – Kritik der empirizistischen Ethnografie. S. 2313–2321 in: M. Eibl & M. Gaedke (Hrsg.): INFORMATIK 2017. Gesellschaft für Informatik, Bonn.

Bischof, A., 2020: „Wir wollten halt etwas mit Robotern in Care machen". Epistemische Bedingungen der Entwicklungen von Robotern für die Pflege. S. 46–61 in: J. Hergesell, A. Maibaum & M. Meister (Hrsg.): Genese und Folgen der Pflegerobotik. Weinheim: Beltz-Juventa.

Bischof, A., 2021: Körper, Leib und Mystifizierung in der Gestaltung von Mensch-Roboter-Interaktion. S. 213–228 in: C. Escher & N. Tessa Zahner (Hrsg.): Begegnung mit dem Materiellen. Erfahrung mit Materialität in Architektur und Kunst. Bielefeld: transcript.

Böhle, K. & K. Bopp, 2014: What a Vision: The Artificial Companion. A Piece of Vision Assessment Including an Expert Survey. Science, Technology & Innovation Studies 10 (1): 155–186.

Both, G., 2015: Youtubization of research. Enacting the High Tech Cowboy through Video Demonstrations. S. 24–28 in: E. Stengler (Hrsg.): Studying Science Communication. Bristol: UWE.

Breazeal, C., 2003: Emotion and Sociable Humanoid Robots. International Journal of Human-Computer Studies 59 (1): 119–155.

Brooks, R., 1999: Cambrian Intelligence: the Early History of the New AI. Cambridge, MA: MIT Press.

Čapek, K., 2019 [1923]. R.U.R. Rossum's Universal Robots. A Play in Introductory Scene and Three Acts. übers. v. Paul Selver and Nigel Playfair. https://www.gutenberg.org/files/59112/59112-h/59112-h.htm [15.06.2022]

Ekman, P. & W. Friesen, 1976: Measuring Facial Movement. Environmental Psychology and Nonverbal Behavior 1 (1): 56–75.

Felt, U., 2009: Knowing and Living in Academic Research. Convergence and Heterogeneity in Research Cultures in the European Context. Prag: Institute of Sociology of the Academy of Sciences of the Czech Republic.

Felt, U. & M. Fochler, 2010: Riskante Verwicklungen des Epistemischen, Strukturellen und Biographischen: Governance-Strukturen und deren mikropolitische Implikationen für das akademische Leben. S. 297–328 in: P. Biegelbauer (Hrsg.): Steuerung von Wissenschaft? Die Governance des österreichischen Innovationssystems. Innovationsmuster in der österreichischen Wirtschaftsgeschichte, Band 7. Innsbruck: StudienVerlag.

Felt, U., J. Igelsböck, A. Schikowitz & T. Völker, 2013: Transdisziplinarität als Wissenskultur und Praxis. Eine Analyse transdisziplinärer Projektarbeit im Programm ProVISION aus der Sicht der Wissenschaftsforschung. Projektabschlussbericht. Wien: Institut für Wissenschafts- und Technikforschung, Universität Wien.

Forsythe, D.E., 1996: New Bottles, Old Wine: Hidden Cultural Assumptions in a Computerized Explanation System for Migraine Sufferers. Medical anthropology quarterly 10 (4): 551–574.

Forsythe, D.E., 1999: „It's just a Matter of Common Sense": Ethnography as Invisible Work. Computer Supported Cooperative Work (CSCW) 8 (1): 127–145.

Forsythe, D.E., & D.J. Hess, 2001: Studying those who Study us: An Anthropologist in the World of Artificial Intelligence. Stanford, CA: Stanford University Press.

Gläser, J., 2006: Wissenschaftliche Produktionsgemeinschaften. Die soziale Ordnung der Forschung. Frankfurt/M. u. a.: Campus.

Gläser, J. & G. Laudel, 2004: The Sociological Description of Non-Social Conditions of Research. REPP Discussion Paper 04/2. Canberra: The Australian National University.

Hergesell J., A. Maibaum & M. Meister, 2020: Genese und Folgen der Pflegerobotik. Die Konstitution eines interdisziplinären Forschungsfeldes. Weinheim: Beltz-Juventa.

Jasanoff, S. & S. Kim, 2009: Containing the Atom: Sociotechnical Imaginaries and Nuclear Power in the United States and South Korea. Minerva 47 (2): 119–146.

Kirschner, H., 2014: Karin Knorr Cetina: Von der Fabrikation von Erkenntnis zu Wissenskulturen. S. 123–132 in: D. Lengersdorf & M. Wieser (Hrsg.): Schlüsselwerke der Science & Technology Studies. Wiesbaden: Springer VS. https://doi.org/10.1007/978-3-531-19455-4_10.

Knorr Cetina, K., 1979: Tinkering toward Success: Prelude to a Theory of Scientific Practice. Theory and Society. 8(3): 347–376.

Knorr Cetina, K., 1984 [zuerst 1981]: Die Fabrikation von Erkenntnis. Zur Anthropologie der Naturwissenschaft. Frankfurt a.M.: Suhrkamp.

Knorr Cetina, K., 1988: Das naturwissenschaftliche Labor als Ort der „Verdichtung" von Gesellschaft. Zeitschrift für Soziologie 17(2): 85–101.

Knorr Cetina, K., 2002 [zuerst 1981]: Die Fabrikation von Erkenntnis. Zur Anthropologie der Naturwissenschaft. Frankfurt a.M.: Suhrkamp.

Krey, B., 2014: Michael Lynch: Touching Paper(s)– oder die Kunstfertigkeit naturwissenschaftlichen Arbeitens. S. 171–180 in: D. Lengersdorf & M. Wieser (Hrsg.): Schlüsselwerke der Science & Technology Studies. Wiesbaden: Springer VS. https://doi.org/10.1007/978-3-531-19455-4_10

Latour, B. & S. Woolgar, 1979. Laboratory Life. The Social Construction of Scientific Facts. London: Sage.

Lipp, B., 2019: Interfacing RobotCare. On the Techno-Politics of Innovation. Doctoral dissertation. Munich Center for Technology in Society. Technische Universität München. https://mediatum.ub.tum.de/doc/1472757/file.pdf.

Lipp, B., 2020: Genealogie der RoboterPflege. Zur politischen Rationalität des europäischen Innovationsdispositivs. S. 18–45 in: J. Hergesell, A. Maibaum & M. Meister (Hrsg.): Genese und Folgen der Pflegerobotik. Weinheim: Beltz-Juventa.

Maibaum, A., J. Hergesell, B. Lipp & A. Bischof, 2021: A Critique of Robotics in Health Care. AI & Society, Special issue on Critical Robotics Research. https://doi.org/10.1007/s00146-021-01206-z.

Meinecke, L. & L. Voss, 2018: ‚I Robot, You Unemployed‘: Science-Fiction and Robotics in the Media. S. 203–221 in: J. Engelschalt, A. Maibaum, F. Engels & J. Odenwald (Hrsg.): Schafft Wissen: Gemeinsames und geteiltes Wissen in Wissenschaft und Technik: Proceedings der 2. Tagung des Nachwuchsnetzwerks „INSIST“. München, https://nbn-resolving.org/urn:nbn:de:0168-ssoar-58220.

Meister, M., 2011: Soziale Koordination durch Boundary Objects am Beispiel des heterogenen Feldes der Servicerobotik. Dissertation, Fakultät Planen, Bauen, Umwelt, Technische Universität Berlin.

Meister, M., 2014: When is a Robot really Social? An Outline of the Robot Sociologicus. Science, Technology & Innovation Studies 10 (1): 107–134.

Muhle, F., 2019: Humanoide Roboter als ‚technische Adressen‘: Zur Rekonstruktion einer Mensch-Roboter-Begegnung im Museum. Sozialer Sinn, 20 (1): 85–128.

Mutlu, B. & J. Forlizzi, 2008: Robots in Organizations: The Role of Workflow, Social, and Environmental Factors in Human-Robot Interaction. S. 287–294 in: Proceedings of the 3rd ACM/IEEE international conference on Human robot interaction (HRI ‘08). Association for Computing Machinery, New York, NY, USA. DOI: https://doi.org/10.1145/1349822.1349860

Pentzold, C. & A. Bischof, 2019: Making Affordances Real: Socio-Material Prefiguration, Performed Agency, and Coordinated Activities in Human–Robot Communication. Social Media + Society 5 (3): 2056305119865472.

Pickering, A., 1992: Science as practice and culture. Chicago: University of Chicago Press.

Pickering, A., 1996: The mangle of practice. Chicago: University of Chicago Press.

Rammert, W., 1998a: Technik und Sozialtheorie. Vol. 42. Frankfurt a.M.: Campus Verlag.

Rammert, W., 1998b: Wissensmaschinen: soziale Konstruktion eines technischen Mediums: das Beispiel Expertensysteme. Frankfurt a.M.: Campus Verlag.

Rheinberger, H.-J., 1992: Experiment, Differenz, Schrift: zur Geschichte epistemischer Dinge. Marburg a.d. Lahn: Basilisken-Presse.

Rheinberger, H.-J., 2000: Experiment: Präzision und Bastelei. S. 52–60 in: C. Meinel (Hrsg.), Instrument – Experiment: historische Studien. Berlin: GNT- Verlag GmbH.

Rittel, H.W.J., & M.M. Webber, 1973: Dilemmas in a General Theory of Planning. Policy sciences 4 (2): 155–169.

Rosenthal-von der Pütten, A., N. Krämer, L. Hoffmann, S. Sobieraj & S. Eimler, 2013: An Experimental Study on Emotional Reactions towards a Robot. International Journal of Social Robotics 5 (1): 17–34.

Šabanović, S., 2007: Imagine all the Robots: Developing a Critical Practice of Cultural and Disciplinary Traversals in Social Robotics. Doctoral Thesis Faculty of Rensselaer Polytechnic Institute. Troy, NY.

Šabanović, S. 2010: Robots in Society, Society in Robots. Mutual Shaping of Society and Technology as a Framework for Social Robot Design. International Journal of Social Robotics 2 (4): 439–450.

Schulte, B. & P. Graf, 2020: Child Care Robot: Moxie. An Analysis of the Companion Robot Moxie. Blog Post: http://www.rethicare.info/publications/moxie/ [13.12.21].

Schütz, A., 1971: Wissenschaftliche Interpretation und Alltagsverständnis menschlichen Handelns. S. 3–54 in: A. Schütz (Hrsg.), Gesammelte Aufsätze. Das Problem der sozialen Wirklichkeit. Dordrecht: Springer.

Star, S.L. & J.R. Griesemer, 1989: Institutional Ecology, ‚Translations‘ and Boundary Objects: Amateurs and Professionals in Berkeley's Museum of Vertebrate Zoology, 1907–39. Social studies of science 19 (3): 387–420.

Strübing, J., 2005: Pragmatische Wissenschafts-und Technikforschung: Theorie und Methode. Frankfurt a.M.: Campus Verlag.

Suchman, L., 2007: Human-Machine Reconfigurations: Plans and Situated Actions. Cambridge MA: Cambridge University Press.

Suchman, L. 2014: „Humanizing Humanity". Blog Post: https://robotfutures.wordpress.com/2014/07/19/humanizing-humanity/. [13.12.21].

Voss, L., 2021: More Than Machines?: The Attribution of (In)Animacy to Robot Technology. Bielefeld: transcript.

Winthereik, B., N. Johannsen & D. Strand, 2008: Making Technology Public: Challenging the Notion of Script through an E-Health Demonstration Video. Information Technology & People 21 (2): 116–132.

Michael Decker
5 Technikfolgenabschätzung: Wie (soziale) Roboter die Gesellschaft verändern und wie dies untersucht wird

5.1 Einführung

Die Technikfolgenforschung zur Robotik hat ihre Wurzeln in den 1970er Jahren, als es um die Beurteilung der Folgen der Automatisierung in der industriellen Fertigung ging. Ein Schwerpunkt der Befassung lag damals auf der Veränderung der Arbeit für die Menschen und den damit einhergehenden Effekten auf den Arbeitsmarkt. Auch wenn man aus heutiger Sicht festhalten kann, dass die Automatisierung in den 1970er Jahren nicht zu einem „Arbeitsplatzkiller" wurde, so ist das Thema heute auch noch bzw. wieder aktuell. Frey und Osborne (2013) haben diesbezüglich mit ihrer Liste der „durch Digitalisierung bedrohten Berufe" eine große Debatte ausgelöst, wobei durch das „sozialer Werden" von Technik im Allgemeinen und von Robotern im Besonderen auch Tätigkeiten in den Blick geraten, die bisher als schwerlich digitalisierbar galten.

2001 wurde an der Europäischen Akademie zur Erforschung von Folgen wissenschaftlich-technischer Entwicklungen in Bad Neuenahr-Ahrweiler eine Studie veröffentlicht, in der erstmals eine Technikfolgenabschätzung (TA) zur Robotik vorgestellt wurde, in der der Einfluss der Künstlichen-Intelligenz-Forschung auf die Robotik und die zunehmende Autonomie der Roboter thematisiert wurden (Christaller et al. 2001). Gleichzeitig wurden damit auch Anwendungsbereiche außerhalb der Fabrikhallen in den Blick genommen, die z. B. den Dienstleistungen zuzurechnen sind oder Roboter, die in privaten Haushalten eingesetzt werden können. Die Forschung zu sozialen Robotern hat seitdem deutlich Fahrt aufgenommen, was sowohl der Tatsache geschuldet ist, dass verstärkt Robotik-Laien mit Robotern umgehen können sollen, als auch, dass die Roboter im sozialen Raum eingesetzt werden sollen. Somit wird die Technikfolgenforschung verstärkt nachgefragt, weil sich mit dem Einsatz von Robotern außerhalb von wohl strukturieren Fabrikhallen weitreichende Fragen stellen, etwa, welche sozio-technischen Veränderungen mit diesem Einsatz verbunden sind.

Im Folgenden werden die Technikfolgenabschätzung und die soziale Robotik als zunehmend relevantes Teilgebiet der Robotikforschung kurz vorgestellt. Anschließend illustrieren zwei Fallbeispiele die Technikfolgenforschung zur sozialen Robotik. Ein ausblickendes Fazit schließt den Beitrag ab.

https://doi.org/10.1515/9783110714944-005

5.2 Technikfolgenabschätzung

Die Technikfolgenabschätzung wurde in den 1970er Jahren als technology assessment mit dem Office For Technology Assessment (OTA) am US-Kongress erstmals institutionalisiert. Die damit verbundene Intention ist im Gesetz formuliert (United States Senate 1972: 797):

> To establish an Office for Technology Assessment for the Congress as an aid in the identification and consideration of existing and probable impacts of technological application.
>
> As technology continues to change and expand rapidly, its applications are […] increasingly extensive, pervasive, and critical in their impact, beneficial and adverse, on the natural and social environment. Therefore, it is essential that, to the fullest extent possible, the consequences of technological applications can be anticipated, understood, and considered in determination of public policy on existing and emerging national problems.

Gerade mit dem zweiten Statement wird die deutsche Übersetzung „Technikfolgenabschätzung" verständlicher, denn der US-Kongress hatte ein Interesse daran, die Konsequenzen technischer Entwicklungen in der Anwendung zu antizipieren und zu verstehen, um sie in der politischen Entscheidungsfindung zur Lösung von gesellschaftlichen Problemen besser berücksichtigen zu können.

Dieser Gedanke überzeugte auch in Europa und in mehreren Ländern wurden parlamentarische TA-Einrichtungen gegründet, wobei das OTA mehr oder weniger Vorbildcharakter hatte (Grunwald 2010). Mehr z. B. in Deutschland oder England, wo methodisch die umfassende wissenschaftliche Beurteilung im Vordergrund stand, weniger bspw. in den Niederlanden oder der Schweiz, wo neben der wissenschaftlichen Beurteilung auch früh partizipative Elemente die methodische Vorgehensweise ergänzten, um Interessenvertreter:innen bzw. Bürger:innen in die Analyse mit einzubinden. Das war einerseits der unterschiedlichen politischen Kultur geschuldet, wenn man etwa an die basisdemokratische Entscheidungsfindung in der Schweiz denkt, andererseits war es mit dem Ziel der Lösung von gesellschaftlichen Problemen verbunden, zu der technische Entwicklungen beitragen sollen. Denn hier beginnt die TA mit einer Analyse des gesellschaftlichen Problems, wofür auch außerwissenschaftliche Perspektiven von Interessensvertretungen und Bürger:innen wesentlich sind (Grunwald 2010).

Mit der Etablierung der TA in verschiedenen europäischen Ländern wurde ein Grundstein gelegt für den europäischen Austausch zu Konzeptionen der Technikfolgenforschung, die sich einmal an die soziologische und einmal an die philosophisch-ethische Technikforschung anlehnte bzw. aus der Ingenieurswissenschaft selbst gespeist wurde. Diese Akademisierung wurde herausgefordert durch die Diskurse um post-normal science (Funtowicz & Ravetz 1993) oder Mode-2 Forschung (Gibbons et al. 1994) in denen von der Wissenschaft eingefordert wurde, deutlich stärker zur Findung von Lösungen für die drängenden gesellschaftlichen Probleme beizutragen. Mit der Gründung eines Netzwerks für Parlamentarische TA (EPTA) und ersten EU-Projekten zu methodischen Fragen der TA, z. B. EU-ROpTA zur partizipativen TA (Klüver et al. 2000) wurde auch der Reflexion über die TA immer mehr Platz eingeräumt. Im EU-Projekt „Technology Assessment: Between Methods and Impacts" (TAMI) wurde eine Definition der Technikfolgenabschätzung formuliert, die insbesondere die methodische Vorgehensweise ins Zentrum rückte (Bütschi et al. 2004): „Technology assessment (TA) is a scientific, interactive and communicative process which aims to contribute to the formation of public and political opinion on societal aspects of science and technology."

Dabei wurden die wissenschaftliche, die interaktive/partizipative und die adressatengerechte und bilaterale kommunikative methodische Vorgehensweise in der TA als zielführend ausgewiesen, wenn TA ihre problemlösende Kraft im gesellschaftlichen und politischen Diskurs entfalten möchte.

Der Methoden-Werkzeugkasten der TA, der in TAMI entwickelt wurde ist inzwischen noch deutlich erweitert worden (Böschen at al. 2021). Beispielsweise zielt das vision assessment darauf ab, den zeitlichen Horizont der TA dahingehend zu verschieben, dass sehr früh bzw. mit größerem zeitlichen Vorlauf Erkenntnisse über zukünftige Technologien gewonnen werden können, indem heutige Narrative und Metaphern auf ihre prägende Wirkung in der aktuellen Forschung hin analysiert werden. Oder die Methoden der interdisziplinären Forschung, die sich über die transdisziplinäre Forschung immer weiter auch zur transformativen Forschung entwickelt und dann über Realexperimente und ganze Reallabore auch den letzten Schritt in die transformative Umsetzung einer technologischen Entwicklung wissenschaftlich begleitet und selbst im Sinne einer action research umsetzt (Parodi 2021).

Diese methodischen Erweiterungen können durchaus auch als Reaktion auf eine Veränderung und Erweiterung der Erwartungen an die Technikfolgenabschätzung verstanden werden. Die Fokussierung auf die Analyse dynamischer und komplexer sozio-technischer Systeme im aktuellen Handbuch für Technikfolgenabschätzung macht das deutlich (Böschen et al. 2021: 23) wobei die Aufgabe der TA wie folgt beschrieben wird, nämlich die

> prospektive Dynamik und Komplexität sozio-technischer Konstellationen gesellschaftlichen Problemlösens zu erfassen und dabei zu intendierten und nicht-intendierten Folgen des Spektrums sozio-technischer Innovationen auszuleuchten, vergleichend zu bewerten und die Ergebnisse in Entwicklungs-, Beratungs- und Aushandlungsprozesse zu integrieren, um auf diese Weise zur demokratieverträglichen Bewältigung gesellschaftlicher Technikkontroversen und gesellschaftlicher Herausforderungen beizutragen (Böschen et al. 2021: 26).

Die Bewältigung dieser Aufgabe bringt als besondere Herausforderung mit sich, dass man in die Zukunft gerichtete wissenschaftliche Aussagen darüber treffen muss, wie sich sozio-technische Konstellationen verändern. Man muss unterschiedliche Szenarien entwickeln, letztlich Zukünfte in den Blick bekommen, und diese möglichst umfassend inter- und transdisziplinär analysieren. Nur so wird man dem Anspruch gerecht gesellschaftsberatend zu sein und entsprechende Optionen anbieten zu können.

Der Ansatz der Problemlösung wird dabei einerseits aus der Perspektive der technischen Entwicklung verfolgt, indem Technologien entwickelt werden, um diese Probleme zu lösen (Technology Push). Das konnte man bspw. in der Anfangsphase der ambient assisted living Forschung beobachten. Die Gefahr ist dann allerdings, dass aus der Entwicklungsperspektive der reale Bedarf „verfehlt" wird. Zu diesem Ergebnis kommt auch ein breit angelegtes Review zum Thema ambient assisted living (Calvaresi et al. 2017). Andererseits können aus der Problemanalyse heraus Bedarfe an technologischen Lösungen oder auch Lösungsanteilen definiert werden (Demand Pull). Dabei stellt sich die Frage, ob die Technologie schon so weit entwickelt ist, dass sie diesen Bedarfen gerecht werden kann.

Entscheidend für die Bewertung von Technologien bleibt aber stets der konkrete sozio-technische Kontext ihrer Anwendung. Denn die Fragen, ob eine technologische Innovation technisch den Erfordernissen gerecht wird, ob der rechtliche Rahmen zur Nutzung gegeben ist, ob die Innovation wirtschaftlich darstellbar und mit entsprechenden Geschäftsmodellen hinterlegt ist, sowie ob ethische Aspekte oder Akzeptanzfragen für oder gegen die technische Lösung sprechen, lassen sich nur in konkreten Anwendungszusammenhängen beurteilen. Das kann man sich besonders an Technologien vor Augen führen, die quer zu verschiedensten Anwendungskontexten stehen, wie Nanotechnologien, Künstliche Intelligenz und Robotik.

Technikfolgenabschätzungen zu diesen Themen können generelle Hinweise zur Beurteilung dieser Technologien liefern, etwa bezüglich der Möglichkeiten und Grenzen von Algorithmen, unterschiedlicher Autonomiegrade von Robotern oder der Rezyklierung von Nanomaterialen. Diese Erkenntnisse können z. B. bei der Entwicklung von Checklisten für den Einsatz von Algorithmen hilfreich sein, die in entsprechenden Anwendungskontexten geprüft werden sollten (Heesen et al 2020). Sie können aber die spezifische Analyse im konkreten sozio-technischen Handlungskontext nicht ersetzen und somit auch keine Lösungsoptionen für konkrete gesellschaftliche Herausforderungen entwickeln.

Genau dies ist aber Aufgabe der TA. Technologien werden somit aus Perspektive der TA zunächst in einem Zweck-Mittel-Zusammenhang betrachtet. Wenn in realen sozio-technischen Konstellationen Problemlösungen entwickelt werden sollen, dann ist die Technologie Teil dieser Problemlösung und wird in der Beurteilung der unterschiedlichen Alternativen, das Problem zu lösen, in dieser Zweck-Mittel Betrachtung beurteilt. Der Vergleich erfolgt dann ebenso in Bezug auf andere Technologien, die möglicherweise in anderer Art zur Problemlösung beitragen wie auch in Bezug auf nicht technische Lösungen. Die daraus resultierende umfassende und vergleichende Beurteilung intendierter und nicht-intendierter Folgen entfaltet dann die gesellschaftsberatende Kraft der Technikfolgenabschätzung.

5.3 Soziale Robotik

Roboter gehören sicherlich zu den faszinierendsten Technologien überhaupt, wozu in besonderer Weise die science fiction Literatur und Filme beigetragen haben.

Commander Data (ein Androide aus Star Trek, einem Menschen zum Verwechseln ähnlich) oder das Roboter-Kind David (eine Künstliche Intelligenz aus A. I. dessen „Liebes-Chip" aktiviert wird) haben hier besondere Berühmtheit erlangt. Ähnliches gilt für Marvin (aus Per Anhalter durch die Galaxis, mit „echtem menschlichem Persönlichkeitsbild"), dessen Persönlichkeit sich dadurch auszeichnet, dass er sich ständig über alles beklagt und depressiv ist. In „Robot und Frank" unterstützt der humanoide Roboter den älteren Frank beim Stehlen und aktuell ist „ich bin dein Mensch" (2021) in den Kinos. Hier ist der Roboter so perfekt auf seine Besitzerin eingestellt, die als Wissenschaftlerin ein Gutachten über die Zeit des dreiwöchigen Zusammenlebens mit dem Roboter verfassen soll, dass die Grenzen der Perfektion in Frage gestellt werden. Wie perfekt ist für den Mensch noch erträglich?

Die Fähigkeiten dieser fiktiven Roboter – sowohl rein technisch als auch was die Möglichkeiten sozialen Interagierens angeht – sind mit Blick auf reale Systeme heute unerreicht und bleiben möglicherweise auch unerreichbar. Dennoch prägen sie das Bild von Robotern in der Gesellschaft. Dies ist eine Tatsache, die den Roboterentwicklern sowohl Nach- als auch Vorteil ist: Zum einen sind unbedarfte Beobachter:innen auch schon einmal enttäuscht von der (im Vergleich bescheidenen) Performanz, die modernste Robotertechnik heute erreichen kann. Zum anderen handelt es sich bei der Robotik um eine der Technologien, die schon weit vor ihrer Einführung bekannt war, was mögliche Ressentiments verringern kann (Christaller et al. 2001: 218).

Schon der Begriff „Roboter" wurde in der Literatur geprägt und von Karel Čapek in Rossum's Universal Robots (1923) vom tschechischen robota (Arbeit) abgeleitet. Hieran schließen klassische Definitionen an, nach denen Roboter universelle Werkzeuge sind (VDI-Richtlinie 2860 [1990], was auch im internationalen ISO-Standard 8373 [1994] durchklingt):

> Ein Roboter ist ein frei und wieder programmierbarer, multifunktionaler Manipulator mit mindestens drei unabhängigen Achsen, um Materialien, Teile, Werkzeuge oder spezielle Geräte auf programmierten, variablen Bahnen zu bewegen zur Erfüllung der verschiedensten Aufgaben.

In der aktuellen ISO 8373 ist das autonome Durchführen von Aufgaben in die Definition eingeflossen. Danach können Roboter Tätigkeiten auf der Grundlage der aktuellen Sensordaten voll autonom, d. h. ohne menschliches Eingreifen, oder teil-autonom, d. h. mit entsprechender Mensch-Roboter-Interaktion, ausführen.

Die International Federation of Robotics (IFR) hat sich bzgl. der Definitionen der ISO-Norm angeschlossen und unterscheidet, wie oben skizziert, Industrieroboter und Service-Roboter. Soziale Roboter werden nicht als eigene Kategorie angeführt, werden aber mit der Service-Robotik verbunden, etwa bei sog. Companion Robotern, die in einem Roboter-Hotel eingesetzt wurden (Tussyadiah & Park 2018), oder im Pflege- und Rehabilitationsbereich (van der Loos et al. 2016; Loh 2019). Hier wird der soziale Zusammenhang, in dem die Roboter eingesetzt werden, als Bezugspunkt für ‚soziale Roboter' verstanden und wir erwarten als Hotelgäste oder Patienten neben dem technisch einwandfreien Funktionieren einer Maschine auch Freundlichkeit, Hilfsbereitschaft und Ähnliches.

Man kann aber auch einen zweiten Bezugspunkt für die Entwicklung sozialer Roboter herstellen. Dieser führt in die Robotikforschung selbst und zu Überlegungen der Künstlichen Intelligenzforschung (KI), genauer der Forschungsrichtung der verhaltensorientierten KI (Steels & Brooks 1993). Die Idee hierbei war es, eine intelligente Verhaltenssteuerung zu entwickeln, auf der Basis von Reiz-Reaktions-Reflexen, die ähnlich wie die Zuwendung zum Licht bei einer Motte funktionieren. Damit verbunden wurde die Bedeutung des sog. Embodiments betont, denn nur mit einem „Körper" lassen sich Reiz-Reaktionen richtig umsetzen. Letztlich, so wurde argumentiert, tritt Intelligenz in der Natur nur in einem Körper auf und kann nur dort existieren. Übertragen auf KI lautete somit die Arbeitshypothese der verhaltensorientierten KI, dass sich intelligente technische Systeme nur mithilfe und auf der Basis von Robotern entwickeln lassen (Brooks 1999), die durch ihre physikalische Manifestation und durch die Möglichkeit, mit der physikalischen Umwelt durch Sensoren und Aktuatoren zu interagieren, ebenfalls ein „Embodiment" erlauben.

Damit rückte auch das soziale Verhalten als „Treiber" eines intelligenten Verhaltens in den Blick, eine Erkenntnis aus der Primatenforschung (Dautenhahn 1995, Dautenhahn & Christaller 1997). In der Konsequenz wurden verkörperte Roboter entwickelt, die mit Menschen interagieren und hierdurch Intelligenz erwerben sollten. Exemplarisch hierfür steht der Roboter Cog, ein Rumpf-Humanoide, der von Rodney Brooks, einem der Pioniere der verhaltensorientierten KI, extra in einer Umgebung installiert wurde, in der möglichst viele Menschen agierten. Diese sollten dann immer wieder auch mit Cog interagieren und somit entsprechende Reize auslösen, auf die der Roboter reagieren konnte. Cog sollte so wie ein Kind von den ihn umgebenden Menschen lernen können (Brooks & Stein 1994; Brooks 1997). Dabei spielte sowohl die verbale als auch die non-verbale Kommunikation eine Rolle (Breazeal 2002).

Cynthia Breazeal hat allerdings früh darauf hingewiesen, dass Menschen schwer dazu zu bewegen sind, sich über einen längeren Zeitraum mit einem Roboter zu beschäftigen. Ein Roboter muss daher in die Lage versetzt werden, die Aufmerksamkeit von Menschen zu erreichen. Auch zu diesem Zweck forschte sie mit dem Roboterkopf KISMET an der Darstellung von Gefühlszuständen. Freude, Wut, Ekel, Angst, Trauer, Überraschung konnte KISMET zum Ausdruck bringen und war dadurch auch in der Lage, das Interesse von Menschen zu wecken und in der Konversation die Unterhaltung zu „steuern" (Breazeal 2000: 237 f.). Menschen neigen ohnehin dazu, Roboter zu anthropomorphisieren, d. h. ihnen menschliche Eigenschaften zuzuschreiben, menschen- oder auch tierähnliche Roboter – wie KISMET – unterstützen diesen Effekt zusätzlich (Riek et al. 2009).

Mit sogenannten Robot-Companions wird aktuell das Ziel verfolgt, langfristige Interaktionen mit Robotern zu ermöglichen. Hier werden beide Plausibilitäten soziale Roboter zu bauen zusammen gedacht, wenn einerseits der Roboter zunächst ein Companion sein, also Gesellschaft leisten soll, andererseits aber nützlich sein, also Aufgaben für den Nutzenden in einer sozial akzeptablen Art und Weise erledigen soll (Breazeal et al. 2016: 1950). Anwendungszusammenhänge sind oft die Pflege von Kranken oder älteren Menschen, zuhause oder auch in Pflegeheimen. Schon die rein technischen Herausforderungen hierfür sind immens, wenn sich eine Langzeitbeziehung zwischen Mensch und Roboter entwickeln soll, denn die Roboter müssen nicht nur über lange Zeit einsatzfähig sein (Hüttenrauch et al. 2009) sondern sich auch dauerhaft an einen sich möglicherweise verändernden Menschen anpassen.

5.4 Fallbeispiele

Die Technikfolgenabschätzung (TA) möchte die gesellschaftlichen Auswirkungen technischer Entwicklungen – sozialer Robotik – erforschen. Hier kommt man auf oben beschriebene Unterscheidung zurück: Entweder gibt es eine technische Entwicklung, die als Innovation in die gesellschaftliche Nutzung gebracht werden soll (Technology Push). Dann gilt es den Anwendungskontext in den Blick zu bekommen und nach den Veränderungen zu fragen, die sich durch die technische Innovation ergeben, um diese entsprechend vergleichend zu beurteilen. Umgekehrt kann es aber auch gesellschaftliche Problemlagen geben, für die man gerne technische Lösungen hätte (Demand Pull). TA ermittelt diese gesellschaftlichen Bedarfe, fragt nach möglichen technischen sowie nicht-technischen Lösungsoptionen und beurteilt diese vergleichend. Im ersten Beispiel liegt ein Fall von Technology Push vor. Im zweiten Beispiel geht es um Demand Pull.

5.4.1 Fallbeispiel 1: Autonomes Fahren

Autonomes Fahren ist das erste Fallbeispiel. Es stellt eine technische Entwicklung dar, die sich über verschiedene Fahrerassistenzsysteme bis hin zum vollautonomen Fahren entwickelt hat. Es wird selten als eine Anwendung der sozialen Robotik betrachtet, kann aber aus zwei Gründen als solche gelten: Zum einen bzgl. der Fahrer:innen des Fahrzeugs und zum anderen als Fahrzeug, das sich im sozialen Raum, etwa einer Innenstadt, bewegt und deswegen anderen sozialen Wesen begegnet, die ebenfalls in diesem Umfeld agieren, bspw. Fahrradfahrer:innen und Fußgänger:innen.

Die besondere Herausforderung ist hier, dass zunächst ein experimentelles Setting eingerichtet werden muss, in dem solche zufälligen und unvorbereiteten Begegnungen realisiert werden können. Die Testfelder für autonomes Fahren ermöglichen Untersuchungen mit selbstfahrenden Autos, wofür teilweise Sondergenehmigungen erteilt werden müssen. In Deutschland sind 140 Testfelder eingerichtet, auf denen Forschungsvorhaben zum automatisierten und vernetzten Fahren umgesetzt und neue Technologien entwickelt sowie erprobt werden (BAST 2021). Das Testfeld autonomes Fahren in Karlsruhe wird darüber hinaus zum Reallabor erweitert, in dem transdisziplinäre und letztlich auch transformative Realexperimente durchgeführt werden können, um die Wechselwirkungen zwischen autonomen Fahrzeugen und anderen Verkehrsteilnehmern unter realen Bedingungen erforschen zu können. Eine Frage, die in dem gerade im Aufbau befindlichen Reallabor beantwortet werden könnte, könnte die Rückversicherung betreffen, die man als Fußgänger:in anstrebt, bevor man eine Straße überquert. Der kurze Blick Richtung Fahrzeug, idealerweise ein Blickkontakt mit dem oder der Fahrer:in, stellt sicher, dass man wahrgenommen wurde und somit den Zebrastreifen sicher betreten kann. Welche Signale sendet das autonome Fahrzeug ohne Fahrer:in? Akustische oder visuelle?

In den Stufen des automatisierten Fahrens, in denen ein:e Fahrer:in vorgesehen ist, rückt die Ausgestaltung der Mensch-Maschine-Schnittstelle als soziale Robotik in den Fokus. Der Verband der deutschen Automobilindustrie beschreibt fünf Stufen des automatisierten Fahrens, wobei die niedrigste Stufe dem assistierten Fahren entspricht, d. h. der Mensch fährt unterstützt durch Technologie. In den höheren Stufen der Automatisierung nimmt die technische Autonomie von „teil-automatisiert", über „hochautomatisiert" und „vollautomatisiert" zu, bis schließlich in der höchsten Stufe das Fahrzeug autonom fährt, der fahrende Mensch also lediglich Passagier ist. Der ADAC (2021) beschreibt, was genau Autofahrer:innen auf welchem Level nebenher tun dürfen. Diese Tabelle verdeutlicht, dass hier die Autonomie des Fahrens zwischen Fahrer:in und dem Fahrzeug auf 5 Stufen unterschiedlich verteilt wurde, wobei die Verantwortung beim Menschen bleibt: „Die eigenverantwortliche Entscheidung des Menschen ist Ausdruck einer Gesellschaft, in der der einzelne Mensch mit seinem Entfaltungsanspruch und seiner Schutzbedürftigkeit im Zentrum steht." (Ethikkommission 2017: 10) sowie „Die Übergabemöglichkeit der Kontrolle vom und zum Menschen ist unabdingbar und muss berücksichtigt werden. Im Problemfall kann das System nicht aus einem einfachen Not-Aus bestehen, sondern eine Übergabe muss geregelt, transparent und situationsadäquat verlaufen." (Fachforum 2017: 17).

Um ein reibungsloses Zusammenwirken von Mensch und Technik zu realisieren, kann soziale und auch individuell adaptive Robotik hilfreich sein. Das heißt aber umgekehrt, dass das Fahrzeug auch beobachten können sollte, ob der oder die Fahrer:in denn bereit ist, ggf. das Steuer schnell zu übernehmen. Erste Systeme, die in eine solche Richtung gehen sind bereits im Einsatz, z. B. das System „Attention Assist" von Mercedes Benz (Missel et al. 2013). Es beobachtet den oder die Fahrer:in und beurteilt deren Aufmerksamkeit. Es zeigt verschiedene Stufen der Aufmerksamkeit an, empfiehlt bei sinkender Aufmerksamkeit eine Pause einzulegen und berechnet mit dem Navigationssystem den Weg zum nächsten Rastplatz. Als Assistenzsystem bleibt die Verantwortung beim Menschen.

Denkt man nun über eine Kooperation nach, in der auch an das technische System Verantwortung übertragen wird, stellt sich die Frage, welche Aktionen das soziale Assistenzsystem dann möglicherweise noch ausführen müsste? Wenn bspw. der:die Fahrer:in trotz der Aufforderung des Systems, eine Pause zu machen, keine Pause einlegt? Zunächst könnte das System die Aufforderung wiederholen. Bei erneuter Nichtbefolgung könnte das System eine Nachricht an den Autohersteller senden, um zu dokumentieren, dass es einwandfrei funktioniert und bereits zweimal nachlassende Aufmerksamkeit der steuernden Person signalisiert hat. Beim dritten Mal könnte zusätzlich über den Autohersteller auch ein entsprechender Hinweis an die KFZ-Versicherung gehen. Schließlich könnte ein Fahrzeug, das auch vollautonom fahren kann, sogar die Kontrolle übernehmen, und eigenständig auf einen Parkplatz fahren.

Aus der Perspektive des fahrenden Individuums handelt es sich hier um eine Bevormundung, die in einem Widerspruch zu dem oben seitens der Ethikkommission geäußerten Hinweis zur Eigenverantwortung des Menschen steht. Andererseits ist in der Straßenverkehrsordnung im § 1, der die Grundregeln beschreibt festgelegt, dass die Teilnahme am Straßenverkehr ständige Vorsicht und gegenseitige Rücksicht erfordert. Wer also am Verkehr teilnimmt hat sich so zu verhalten, dass kein anderer geschädigt, gefährdet oder mehr, als nach den Umständen unvermeidbar, behindert oder belästigt wird. Müdigkeit schränkt die Vorsicht ein und bringt die Gefährdung anderer mit sich. Technikfolgenforschung – und hier kann man manche Stellungnahmen von Ethikkommissionen oder anderen wissenschaftlichen Beratungsgremien durchaus dazu zählen – hat das Ziel, diese Verschiebungen von Verantwortungen zu beurteilen und mögliche Lösungsvorschläge zu entwickeln. Dabei kann es auch sinnvoll sein, der Technik bzw. den technischen Produzenten Verantwortung für Teilaspekte in der Kooperation zuzuschreiben. Allerdings sollte dann auch geregelt werden, wie weitreichend die Technik den Mensch in dieser Kooperation beobachten darf, um der Verantwortung gerecht zu werden.

5.4.2 Fallbeispiel 2: Assistenzrobotik in der Pflege

Ganz ähnlich dem autonomen Fahren, wo von steigenden Graden der Assistenz bzw. von Assistenzsystemen die Rede ist, wird Assistenz in der allgemeinen Robotik verstanden. Das Bundesministerium für Bildung und Forschung hat aktuell unter der Überschrift „Roboter für Assistenzfunktionen: Interaktionsstrategien" (BMBF 2017) Projekte zum Thema Assistenzrobotik gefördert, die hier als ein Schaufenster für die Bandbreite der Forschung in diesem Bereich herangezogen werden. Der Zweck der Bekanntmachung ist es, „Forschungs- und Entwicklungsvorhaben der Mensch-Technik-Interaktion zu fördern, die flexible und leistungsfähige Lösungen für eine optimale Interaktion von Menschen mit Robotern entwickeln." (BMBF 2017). Dabei sollen Alltagssituationen und gesellschaftliche Anforderungen an eine „interaktive Robotik" in den Blick genommen werden. Die soziale Interaktion wird unmittelbar adressiert und damit verbundene Erfolgsfaktoren genannt. Dazu zählen Intelligenz, Anpassungsfähigkeit und „Feinfühligkeit", die neben die klassischen robotischen Eigenschaften wie Präzision, Schnelligkeit und Kraft treten müssen, um eine gelingende Interaktion zu realisieren. Spätestens mit den Anwendungsfeldern Wohnen, Haushalt, Gesundheit, Pflege, Kommunikation und Dienstleistung richtet sich dies indirekt an die soziale Robotik, insbesondere wenn weiter ausgeführt wird: „Ein erheblicher Bedarf besteht jedoch noch in der Erforschung und Entwicklung von Robotern als umsichtige, dialogfähige Interaktionspartner, die menschliche Kommunikation sowie das menschliche Verhalten interpretieren und sich in alltäglichen Situationen angemessen verhalten können" (BMBF 2017). Gleichzeitig wird in der Bekanntmachung – wie auch in diesem Beitrag – der Zweck-Mittel-Aspekt der Robotiknutzung unterstrichen.

Die acht geförderten Projekte können als Beleg für das forschungspolitische Interesse an dem Thema herangezogen werden, wobei neben den anwendungsorientierten auch die ethischen, sozialen und rechtlichen Fragen entsprechend zu beantworten waren (zur integrierten Forschung zum Thema Robotik im Gesundheitswesen siehe Brukamp 2020). Als ein früher Pilot kann hier das Projekt „Förderung des Wissenstransfers für eine aktive Mitgestaltung des Pflegesektors durch Mikrosystemtechnik" – kurz WiMi-Care – gelten. Es erforschte bereits vor gut zehn Jahren, inwieweit der Einsatz und eine entsprechende Weiterentwicklung von Assistenzrobotik (Care-o-bot) bzw. fahrerlosen Transportfahrzeugen (CASERO) den Pflegenotstand lindern könnten. Beide Robotersysteme wurden auch im Krankenhaus getestet. Eine Besonderheit von WiMi-Care lag darin, dass eine mehrstufige Bedarfsanalyse gemacht wurde, wofür genau die Roboter am besten eingesetzt werden sollen, auch wenn die beiden Robotersysteme im Projekt vorgegeben waren (Compagna et al. 2011).

Eine bedarfsorientierte Vorgehensweise wurde auch im Projekt Movemenz angewendet, allerdings ohne auf spezifische Robotersysteme festgelegt zu sein bzw. vor dem Hintergrund, dass die Technikfolgenforschung auch nicht-technische Lösungen für gesellschaftliche Problemlagen in den Blick nehmen möchte (Decker et al. 2017). Damit wird eine Herausforderung in der Projektförderung deutlich: Bei einer bedarfsorientierten Vorgehensweise sind die Bedürfnisse in dem jeweiligen Handlungskontext noch nicht genau bekannt. Da noch unklar ist, welche Technologie als wünschenswert erachtet werden wird, können die „technischen Projektpartner" nicht im Vorhinein ausgewählt werden. Man kann also zu Beginn des Projektes auch kein Projekt-Team zusammenstellen, das dann von der Bedarfserhebung bis zur technischen Umsetzung agieren könnte. Um diesem Problem Rechnung zu tragen wurde Movemenz („Mobiles, selbstbestimmtes Leben von Menschen mit Demenz im Quartier") als ein sog. „Vor-Projekt" gefördert, um eine in Bezug auf mögliche technische und auch nicht-technische Lösungen offene Bedarfserhebung umzusetzen.

Im Vergleich zum Technology Push-Vorgehen wird also ein Perspektivwechsel in der Art vorgenommen, dass zu Beginn der Technikentwicklung keine technische Idee als Lösung präsentiert wird, die im Projektverlauf durch frühe Nutzendeneinbindung nur noch „geformt" wird. Stattdessen markiert die Beschreibung einer Bedarfslage den Startpunkt, die den sozialen Kontext und die Bedürfnisse, Anforderungen und Wünsche aller Akteur:innen in diesem Kontext berücksichtigt. Im Projekt Movemenz stand dabei das Pflegearrangement eines Menschen mit Demenz im Vordergrund. Aus den identifizierten Bedarfslagen wurden Kriterien abgeleitet, nach denen man einen Technikentwicklungsprozess beginnen kann, bzw. die von der entwickelten Technik erfüllt werden müssen. Diese bedarfsorientierte Vorgehensweise kennzeichnet das Demand Pull. Wie oben dargelegt ist bei diesem Ansatz wichtig, dass zunächst offen bleibt, welche Art Technik entwickelt werden soll. Erst nach der systematischen Bedarfserhebung wird eine Technologie vorgeschlagen von der man begründet annehmen kann, dass sie den identifizierten Bedarf befriedigen kann. Dabei orientiert sich die methodische Vorgehensweise der Bedarfserhebung an der empirischen qualitativen Sozialforschung. Möglichst alle Akteur:innen im Pflegearrangement sollen zu ihrer Bedarfslage befragt werden (Blinkert 2007; Weinberger et al. 2016; Decker et al. 2017).

Das Pflegearrangement ist geprägt durch das Zusammenwirken des Menschen mit Demenz, seiner Angehörigen sowie der professionell Pflegenden. Dazu kommen noch Bewohner:innen des Quartiers, in dem sich das Heim befindet. Denn idealerweise sollen die Menschen mit Demenz im Sinne der Teilhabe im Quartier ein „demenz-freundliches" Milieu und eine generationengerechte Infrastruktur vorfinden.

Die Bedarfserhebung wurde mit einer allgemeinen Beobachtung des Feldes „stationäres Pflegeheim" eingeleitet. Methodisch an die Idee der Teilnehmenden Beobachtung angelehnt, konnte allerdings nur eine kurze Beobachtungsdauer von zwei Wochen realisiert werden. In diesem Zeitraum waren vier bis fünf Projektteam-Mitglieder im Pflegeheim als zurückhaltende, stille Beobachter:innen von morgens bis abends vor Ort und wurden Teil des Pflegealltags. Nach dem Ansatz „all is data" (Glaser 2007) wurden umfassend Beobachtungen zu individuellen Akteur:innen und ihren Aktivitäten, Abläufen im Heim, sowie sozialen Rahmungen und Interaktionsordnungen, aber auch Hierarchien und Rollendifferenzierungen in Protokollen erfasst. Diese wurden anschließend zu Themenclustern verdichtet, aus denen Hypothesen abgeleitet wurden, die wiederum der inhaltlichen Vorbereitung von Einzel- und Gruppeninterviews zur Reflektion der beobachteten Bedarfslagen dienten.

Einzelinterviews wurden mit den Menschen mit Demenz sowie mit der Heimdirektion und der Pflegeleitung geführt. Die Menschen mit Demenz waren auf Grund ihrer körperlichen und geistigen Verfasstheit nicht in der Lage, an Gruppeninterviews in adäquater Weise teilzunehmen. Mit der Heimdirektion und Pflegeleitung wurden Einzelinterviews geführt, da diese in der Rollenverteilung des Heims eine besondere Perspektive auf die Aktivitäten haben und aus ihrer Sicht möglicherweise andere Bedarfe äußern. Die professionell Pflegenden, die Ehrenamtlichen und die Angehörigen der Menschen mit Demenz wurden in je einer Gruppendiskussion im Stile einer Fokusgruppe befragt. Wenn mehrere Interviewpartner:innen in einer vergleichbaren Rolle im Pflegearrangement agieren, haben Gruppeninterviews methodisch dahingehend einen Vorteil, dass sich aus der Gruppendiskussion Argumentationszusammenhänge ableiten lassen, und in der Diskussion bereits eine Bewertung der vorgebrachten Argumente vollzogen wird. Im Leitfaden der Gruppen- und Einzelinterviews wurde nach einer einführenden Selbstbeschreibung durch die Interviewpartner:innen jeweils zunächst nach allgemeinem Unterstützungsbedarf im Pflegehandeln gefragt, bevor abschließend konkreter ein möglicher Bedarf an technischer Unterstützung aus der individuellen und beruflichen Perspektive heraus diskutiert wurde.

Das Projekt ist demnach aus der Perspektive der Menschen mit Demenz und ihrer Angehörigen, sowie der Pflegekräfte, der Ehrenamtlichen und der Technikentwicklung eine Bestandsaufnahme zu den Wünschen, Bedarfen, Anforderungen und Grenzen eines sinnvollen Technikeinsatzes und nimmt damit den sozialen Kontext des späteren Technikeinsatzes besonders in den Blick.

Bezüglich der Menschen mit Demenz, die man typischer Weise als „Nutzer" einer assistiven Technik ansehen würde, zeigte die Bedarfserhebung, dass diese Technik kaum vorstellbar ist. In dem untersuchten Heim zeigten sich sehr individuelle auf den Grad der Erkrankung und die Tagesform bezogene Ausprägungen von Demenz. Insbesondere zeigte sich, dass in dem ausgesuchten Pflegeheim sehr alte Bewohner:innen mit bis zu 96 Jahren leben und dass sich diese bis auf wenige Ausnahmen im späteren Stadium der Demenz befinden. Dies spiegelt das bekannte Phänomen, dass eine Entscheidung für einen Umzug ins Heim erst dann gefällt wird, wenn Angehörige an ihre Belastungsgrenzen kommen oder eine professionelle Pflege zuhause nicht mehr ausreicht bzw. es trotz dieser zu Gefährdungen für den Menschen mit Demenz kommen kann. In einem ersten Schluss lässt sich daraus folgern, dass die Methode der Bedarfsermittlung für die Nutzergruppe der Menschen mit Demenz individuell angepasst werden muss. Da dabei auch die aktuelle Tagesform zu berücksichtigen ist, müsste die technische Unterstützung im Pflegearrangement auch tagesaktuell auf die Bedürfnisse des Menschen mit Demenz eingestellt werden:

> Man braucht viel Zeit, um sich auf Menschen mit Demenz einlassen zu können, man kann Menschen [mit Demenz] nicht ans System anpassen […], das geht bei nem Demenzkranken nicht, das System muss sich an den Betroffenen anpassen. (Pflegeberatung)
>
> Auch allgemeiner wurde eine technische Unterstützung für die Menschen mit Demenz kritisch gesehen: Menschen mit Demenz zeigen gegenüber Technik Abwehrverhalten, z. B. muss Lifter [mobile Pflege- und Transferhilfe] immer wieder in kleinen Schritten erklärt werden, „damit sie keine Angst mehr davor haben. (Pflegekraft in Ausbildung)

Das führte letztendlich zu der Überzeugung, dass die Menschen mit Demenz nur in eingeschränkter Weise unmittelbar (und allein) Nutzer:innen einer assistiven Technik sein können. Bei der bedarfsorientierten Vorgehensweise rücken aber durch die Betrachtung des gesamten Arrangements auch andere mögliche Techniknutzer:innen in den Fokus. Assistive Technologien für die professionell Pflegenden oder zur Unterstützung ehrenamtlich Pflegender oder für die Angehörigen kommen letztendlich auch den Menschen mit Demenz zugute. Diese Erkenntnis kann als ein Resultat der bedarfsorientierten Vorgehensweise festgehalten werden: Sie ist nicht nur offen bezüglich einer zu beschreibenden Technik, sondern auch offen bezüglich der „Nutzenden" dieser Technik. Auch wenn das Pflegearrangement geschaffen wird, um einen Mensch mit Demenz im Pflegeheim bestmöglich zu unterstützen, so muss der Mensch mit Demenz nicht selbst der Nutzende der Technik sein. Er kann auch einen Nutzen dadurch haben, dass ein anderer Akteur im Arrangement eine technische Unterstützung einsetzt, um seine Aufgabe im Pflegearrangement „besser" erfüllen zu können.

Weiterführend lässt sich festhalten, dass mit der bedarfsorientierten Vorgehensweise auch viele „nicht-technische" Aspekte angestoßen und mit erhoben werden. Vor allem aufgrund der Tatsache, dass sich die Pflegenden und Ehrenamtlichen schon allein durch den Dialog ernstgenommen und „angehört" fühlen und auch nicht-technische Wünsche und Anforderungen eingebracht sehen. Dazu gehören auch und gerade Probleme im Pflegealltag, die sich aus den Auswirkungen von gesundheitspolitischen Vorgaben ergeben. Kostendruck und Betreuungsverhältnisse, die einen verantwortlichen Umgang mit den speziellen Bedürfnissen von Menschen mit Demenz kaum zulassen, seien hier stellvertretend genannt. Im Projekt „Movemenz" wurden diese – nicht durch technische Lösungen adressierbaren –Bedarfe durch einen begleitenden „Runden Tisch" aufgegriffen. Dieser setzte sich aus wissenschaftlichen Expert:innen der technischen, ethischen, rechtlichen, pflege- und sozialwissenschaftlichen Disziplinen zusammen. In diesem Gremium werden aus der empirischen Bedarfsforschung aber gleichermaßen aus den unterschiedlichen wissenschaftlichen Disziplinen Handlungsoptionen für politische Entscheidungsträger:innen und die allgemeine Öffentlichkeit entwickelt. Für die Diskussion mit den Akteur:innen im Pflegearrangement ist dieser begleitende Diskussionsprozess, der die Berücksichtigung der Bedürfnisse sicherstellt, die sich nicht durch technische Assistenzsysteme befriedigen lassen, in doppelter Hinsicht wichtig. Zum einen lässt sich in den Texten des Runden Tisches nachvollziehen, dass auch die nicht-technischen Bedarfe in der weiteren Diskussion berücksichtigt wurden. Zum anderen hilft dieser Ansatz, Vertrauen zu schaffen, sich auf die technischen Optionen „einzulassen". Dann kann es mit Hilfe einer bedarfsorientierten Technikentwicklung gelingen, dass man technische Unterstützung bereitstellt, die wirklich im Pflegealltag Verwendung findet. Zumindest halten die professionell Pflegenden das für einen verfolgenswerten Pfad:

> Aber bisher war ja Technik immer, man hat ein Gerät erfunden und geschaut, wer könnte es nutzen. Das fällt mir oft auf, dass Technik immer entwickelt wird und dann geschaut wird, wo kann man es einsetzen, statt – aber das machen Sie ja in dem Falle Gott sei Dank andersherum – erst zu schauen, was sind die Bedürfnisse und wie kann man so etwas individualisieren. (Hausdirektion, Einzelinterview[1])

5.5 Zusammenfassung/Ausblick

Die Technikfolgenabschätzung beurteilt die soziale Robotik in einem Zweck-Mittel-Handlungszusammenhang – wie letztlich jede Technologie. Das heißt, auch das „soziale" an sozialer Robotik wird unter diesem Gesichtspunkt betrachtet, indem man fragt, inwiefern eine soziale Robotik in einem konkreten Handlungszusammenhang hilfreich ist, die jeweiligen Handlungsziele zu erreichen. Der Gesundheits- und Pflegebereich wird hier vorrangig genannt, weil neben den professionell Pflegenden auch die Pflegebedürftigen im Handlungskontext vorkommen. Letztere sind typischerweise nicht ausgebildet in der Nutzung von Robotiksystemen, so dass eine soziale – im Sinne von leicht zugänglicher – Robotik hier hilfreich wäre. Auch in Handlungszusammenhängen, in denen sog. unbeteiligte Dritte vorhanden sind, also z. B. Besucher:innen in einem Krankenhaus oder Pflegeheim, Fußgänger:innen bei einer Begegnung mit einem autonom fahrenden Fahrzeug, oder Fahrgäste auf Bahnhöfen, kann eine soziale Robotik wünschenswert sein, um das „Miteinander" reibungsloser zu gestalten.

Der soziale Umgang mit unbeteiligten Dritten ist dahingehend eine Herausforderung, als ein Robotersystem sich an das soziale Umfeld und die Üblichkeiten des sozialen Verhaltens darin anpassen muss. Beispielsweise bewegen sich Menschen an Bahnhöfen anders als im Straßenverkehr, weil einerseits andere Gefahren drohen, und andererseits fast alle einen Koffer oder andere Gegenstände mit sich führen, was andere Ausweichbewegungen erfordert. Handlungen und Üblichkeiten in diesem Kontext würde ein adaptiver sozialer Roboter dann verallgemeinernd über viele Fahrgäste wahrnehmen und sich entsprechend daran anpassen. Seine sozialen Eigenschaften helfen dann dabei, sich in diesem sozialen Kontext zurechtzufinden und seine Handlungsziele, etwa Hol- und Bringe-Dienste, zu erreichen.

---

1 Zitat aus den Transkripten der von Hirsch durchgeführten Einzelinterviews, siehe auch Hirsch 2015.

Anders verhält es sich bei einer Anpassung an eine individuelle, z. B. eine zu pflegende Person. Hier findet spezifische Interaktion mit dieser Person statt und das in unterschiedlichen Handlungszusammenhängen eines Alltags. Einmal sind Hol- und Bringdienste in einer privaten Wohnung zu leisten, einmal sind Kommunikationspfade mit Pflegenden zu öffnen, ein andermal sind Unterhaltungsangebote bereitzustellen – alles situationsangepasst. Das soziale Zusammenwirken zwischen Mensch und Roboter ist hier vielschichtiger und die Person passt sich an den Roboter an, was durch dessen soziale Fähigkeiten unterstützt wird. Diese soziale Interaktion bedarf einer besonderen Beurteilung durch die Technikfolgenforschung, weil die soziale Robotik in einem vertrauten Umfeld und dauerhaft in sozialen Zusammenhängen eingebunden ist. Die datengestützte Anpassung ist dann nicht nur aus datenschutzrechtlicher Sicht zu analysieren, sondern es kann auch zu einem Vorschlagsverhalten des Robotersystems führen, das nicht mehr „neutral" ist und somit manipulative Züge annehmen kann, die insbesondere bei vulnerablen Nutzenden einer besonderen Beurteilung bedürfen (Christaller et al. 2001: 218). Letzteres kann sowohl aus nicht-optimalen Algorithmen heraus passieren als auch durch einen menschlichen Akteur, der den Roboter betreibt.

Entscheidend für die Technikfolgenabschätzung bleibt die kontextspezifische Beurteilung des Handlungszusammenhangs. Die interdisziplinäre Analyse, die die Verschränkung technischer, ökonomischer, rechtlicher, psychologischer, sozialer, ethischer und weiterer Perspektiven berücksichtigt, muss diesen Handlungszusammenhang individuell bewerten. Idealerweise wird das ergänzt um die hier im Besonderen beschriebene bedarfsorientierte Vorgehensweise, die sich zunächst unvoreingenommen einem Handlungskontext nähert und somit für diesen unterschiedliche Lösungsvorschläge – technische und nicht-technische – für die Befriedigung der vorgefundenen Bedarfe entwickeln kann. Das vermeidet einen „mismatch" von Angebot und Nachfrage (Hergesell et al. 2020). Während diese Bedarfsanalyse vor einer Technikfolgenabschätzung beginnt, die technische Entwicklungsprozesse begleitet, wird mit der Reallaborforschung versucht, die sozio-technischen Veränderungen, die durch technische Entwicklungen initiiert werden, wissenschaftlich in den Blick zu bekommen. Die inter- und transdisziplinäre Vorgehensweise wird dann in den transformativen Bereich hinein erweitert, wenn in realen Umgebungen, gemeinsam mit den Nutzenden der Technologie aber auch mit Bürger:innen, in deren unmittelbarer Umgebung die Technik eingesetzt wird. Bei einer TA zur sozialen Robotik würde man dabei sowohl ex ante erkennen können, wo genau in einem Handlungskontext wie etwa der Pflege eine besonders soziale Interaktion mit dem Roboter wünschenswert ist und man könnte am Ende, bei der dauerhaften Anwendung in einem Reallabor überprüfen, dass zum einen diese wünschenswerte Effekte erreicht wurden, und gleichzeitig sicherstellen, dass keine nicht-erwünschten, z. B. manipulativen, Effekte auftreten.

Literatur

ADAC, 2021: Autonomes Fahren: Die 5 Stufen zum selbstfahrenden Auto. https://www.adac. de/rund-ums-fahrzeug/ausstattung-technik-zubehoer/autonomes-fahren/grundlagen/au tonomes-fahren-5-stufen/ [21.09.2021].

BAST, 2021: Testfelder zum automatisierten und vernetzten Fahren in Deutschland. Pressemitteilung Nr.: 16/2021, https://www.bast.de/DE/Presse/Mitteilungen/2021/16-2021.html

Blinkert, B., 2007: Pflegearrangements – Vorschläge zur Erklärung und Beschreibung sowie ausgewählte Ergebnisse empirischer Untersuchungen. S. 225–244 in: G. Igl, G. Naegele & S. Hamdorf (Hrsg.), Reform der Pflegeversicherung – Auswirkungen auf die Pflegebedürftigen und die Pflegepersonen. Hamburg: LIT Verlag.

BMBF, 2017: Bekanntmachung: Richtlinie zur Förderung von Forschung und Entwicklung auf dem Gebiet "Roboter für Assistenzfunktionen: Interaktionsstrategien". Bundesanzeiger vom 17.02.2017, https://www.bmbf.de/bmbf/shareddocs/bekanntmachungen/de/2017/ 02/1319_bekanntmachung.html [22.08.2022]

Böschen, S., A. Grunwald, B. Krings & C. Rösch (Hrsg.), 2021: Technikfolgenabschätzung. Handbuch für Wissenschaft und Praxis. Baden-Baden: Nomos.

Breazeal C., K. Dautenhahn & T. Kanda, 2016: Social Robotics. S.1935–1972 in: B. Siciliano & O. Khatib (Hrsg.), Springer Handbook of Robotics. Springer Handbooks. Cham: Springer.

Breazeal, C., 2000: Sociable Machines: Expressive Social Exchange Between Humans and Robots. PhD-Thesis, MIT.

Breazeal, C., 2002: Regulation and Entrainment in Human–Robot Interaction. The International Journal of Robotics Research 21 (10–11): 883–902.

Brooks, R.A., 1997: The Cog Project. Journal of the Robotics Society of Japan 15(7): 968–970.

Brooks, R.A., 1999: Embodied intelligence. Cambridge: The MIT Press.

Brooks, R.A. & L.A. Stein, 1994: Building Brains for Bodies. Autonomous Robots 1(1): 7–25.

Brukamp, K., 2020: Robotik im Gesundheitswesen und integrierte Forschung für Gesundheitstechnologien. S. 198–219 in: J. Hergesell, A. Maibaum & M. Meister (Hrsg.): Genese und Folgen der Pflegerobotik. Die Konstitution eines interdisziplinären Forschungsfeldes. Weinheim: Beltz.

Bütschi, D., R. Carius, M. Decker, S. Gram, A. Grunwald, P. Machleidt, S. Steyaert & R. van Est, 2004: The Practice of TA. Science, Interaction, and Communication. S.13–55 in: M. Decker & M. Ladikas (Hrsg.), Bridges between Science, Society and Policy. Technology Assessment – Methods and Impact. Berlin: Springer.

Calvaresi, D., D. Cesarini, P. Sernani, M. Marinoni, A.F. Dragoni & A. Sturm, 2017: Exploring the Ambient Assisted Living Domain: A Systematic Review. Journal of Ambient Intelligence and Humanized Computing 8: 239–257.

Christaller, T., M. Decker, J-M. Gilsbach, G. Hirzinger, K. Lauterbach, E. Schweighofer, G. Schweitzer & D. Sturma, 2001: Robotik. Perspektiven für menschliches Handeln in der zukünftigen Gesellschaft. Berlin, Heidelberg: Springer.

Compagna, D., S. Derpmann, T. Helbig & K. Shire, 2011: Pflegenotstand technisch lösbar? Funktional-partizipative Technikentwicklung im Pflegesektor. TATuP-Zeitschrift für Technikfolgenabschätzung in Theorie und Praxis 20(1): 71–75.

Dautenhahn, K., 1995: Getting to Know Each Other – Artificial Social Intelligence for Autonomous Robots. Robotics and Autonomous Systems 16: 333–356.

Dautenhahn K. & T. Christaller, 1997, Remembering, Rehearsal and Empathy: Towards a Social and Embodied Cognitive Psychology for Artifacts. S. 257–282 in: S.O. Nualláin, P. Mc Kevitt & E. Mac Aogáin (Hrsg.), Two Sciences of the Mind. Readings in Cognitive Science and Consciousness. Amsterdam: John Benjamins.

Decker, M., N. Weinberger, B-J. Krings & J. Hirsch, 2017: Imagined technology futures in demand-oriented technology assessment. Journal of Responsible Innovation 4 (2): 177–196.

Ethikkommission, 2017: Ethik-Kommission automatisiertes und vernetztes Fahren. Bundesministerium für Verkehr und digitale Infrastruktur. Endbericht. Berlin: o. A., https://www.bmvi.de/SharedDocs/DE/Publikationen/DG/bericht-der-ethik-kommission.pdf?__blob=publicationFile [22.08.2022].

Fachforum Autonome Systeme im Hightech-Forum (Hrsg.), 2017: Autonome Systeme – Chancen und Risiken für Wirtschaft, Wissenschaft und Gesellschaft. Berlin, http://publications.rwth-aachen.de/record/729403/files/autonome_systeme_abschlussbericht_langversion.pdf [22.08.2022].

Frey, C. & M.A. Osborne, 2013: The Future of Employment: How Susceptible are Jobs to Computerization?. University of Oxford, https://www.oxfordmartin.ox.ac.uk/downloads/academic/The_Future_of_Employment.pdf[22.08.2022]

Funtowicz,S.O. & J.R. Ravetz, 1993: Science for the Post-Normal Age. Futures 25 (7): 739–755.

Gibbons, M., C. Limoges, H. Nowotny, S. Schwartzman, P. Scott & M. Trow, 1994: The New Production of Knowledge: Dynamics of Science and Research in Contemporary Societies. London et al.: SAGE.

Glaser, B.G., 2007: All is Data. The Grounded Theory Review 6 (2): 1–22.

Grunwald, A., 2010: Technikfolgenabschätzung. Eine Einführung. Berlin: Edition Sigma.

Heesen, J., J. Müller-Quade, S. Wrobel, Stefan et al. (Hrsg.), 2020: Zertifizierung von KI-Systemen – Kompass für die Entwicklung und Anwendung vertrauenswürdiger KI-Systeme. Whitepaper aus der Plattform Lernende Systeme. München, https://www.plattform-lernende-systeme.de/publikationen-details/zertifizierung-von-ki-systemen-kompass-fuer-die-entwicklung-und-anwendung-vertrauenswuerdiger-ki-systeme.htm [22.08.2022].

Hergesell, J., A. Maibaum & M. Meister (Hrsg.), 2020: Genese und Folgen der Pflegerobotik. Die Konstitution eines interdisziplinären Forschungsfeldes. Weinheim, Basel: Beltz Juventa.

Hirsch, J., 2015: Technik, die gewollt ist – Ein Vergleich von Technikentwicklungsansätzen zur Unterstützung von Menschen mit Demenz. Diplomarbeit am Institut für Anthropomatik und Robotik und am Institut für Technikfolgenabschätzung und Systemanalyse, Karlsruher Institut für Technologie.

Hüttenrauch, H., E.A. Topp & K. Severinson-Eklundh, 2009: The Art of Gate-Crashing: Bringing HRI into Users' Homes. Interaction Studies 10 (3): 274–297.

Klüver, L., M. Nentwich, W. Peissl, H.Torgersen, F. Gloede, L. Hennen, J. van Eindhoven, R. van Est, S. Joss, S. Bellucci & D. Bütschi, 2000: European Particiaptory Technology Assessment (EUROpTA). Danish Board of Technology Kopenhagen.

Loh, J., 2019: Roboterethik. Eine Einführung. Berlin: Suhrkamp.

Missel, J., D. Mehren, M. Reichmann, M. Lallinger, W. Bernzen & G. Weikert, 2013: Intelligent Drive entspannter und sicherer fahren. ATZextra 18(5): 96–104.

Parodi, O., 2021: Zum Verhältnis von Technik, Technikfolgenabschätzung und Transformation. S. 19–36 in: RR. Lindner, M. Decker, E. Ehrensperger, N.B. Heyen, S. Lingner, C. Scherz & M. Sotoudeh (Hrsg.), Gesellschaftliche Transformationen. Baden-Baden: Nomos.

Riek, L.D., T.C. Rabinowitch, B. Chakrabarti & P. Robinson, 2009. How Anthropomorphism Affects Empathy toward Robots. Proceedings of the 4th ACM/IEEE International Conference on Human Robot Interaction: 245–246.

Steels, L. & R.A. Brooks (Hrsg.), 1993: The Artificial Life Route to Artificial Intelligence. Building Situated Embodied Agents. New Haven: Lawrence Erlbaum.

Tussyadiah, I. P. & S. Park, 2018: Consumer Evaluation of Hotel Service Robots. S. 308–320 in: B. Stangl & J. Pesonen (Hrsg.), Information and Communication Technologies in Tourism. Cham: Springer.

United States Senate (1972): Office of Technology Assessment Act. Public Law, S. 92–484.

Van der Loos, H.F.M., D.J. Reinkensmeyer & E. Guglielmelli, 2016: Rehabilitation and Health Care Robotics. S. 1685–1728 in: B. Siciliano & O. Khatib (Hrsg.), Springer Handbook of Robotics. Springer Handbooks. Cham: Springer.

Verein Deutscher Ingenieure (Hrsg.), 1990: VDI-Richtlinie 2860. Montage- und Handhabungstechnik; Handhabungsfunktionen, Handhabungseinrichtungen; Begriffe, Definitionen, Symbole. Düsseldorf: VDI-Verlag.

Weinberger, N., B.-J. Krings & M. Decker, 2016: Enabling a Mobile and Independent Way of Life for People with Dementia. Needs-Oriented Technology Development. S. 183–204 in: E. Domínguez-Rué & L. Nierling (Hrsg.), Ageing and Technology: Perspectives from the Social Sciences. Bielefeld: transcript Verlag.

Antonia Krummheuer

6 Practice-based robotics: How sociology can inform the development of social robots

6.1 Introduction

This chapter explores how sociology can contribute to the development of social robots. Before I answer this question, I will briefly discuss what social robots are, and why it is relevant for sociology to contribute to their development. Afterwards I will present three approaches that show how sociology can inform the development of social robots, and finally I will discuss these approaches. I will argue for the need for a systematic collaboration between sociologists and engineers to develop *socially relevant robots*. This collaboration should be framed by empirical informed knowledge and co-creation processes in which sociological knowledge contributes both to formulating research questions and projects, and to the development of social robots by analysing socio-material practices.

6.1.1 What are social robots?

There is no clear-cut definition of what a social robot is, and social robotics is an interdisciplinary and very diverse field of research. However, we can differentiate two main approaches to understanding how a robot becomes social. Technologically deterministic approaches to social robots, often used by the developers of the robots, claim that a robot is social when it exhibits certain human-like characteristics – for example, its appearance or its ability to produce and recognise natural language and nonverbal clues (e.g. Feil-Seifer & Mataric 2005). In this line of research, the attributes that define the sociality of robots depend on the theoretical background and research question of the individual research project. The main assumption, however, is that sociality derives from the technological capabilities of the machine (critically discussed in Šabanović & Chang 2016; Suchman 2007).

In turn, scholars from Social Studies of Technology (SST) and Science and Technology Studies (STS) argue for a constructive and relational approach, which emphasises the mutual and dynamic shaping of technology and society (Bischof 2017; Krummheuer 2010, 2015; Šabanović 2010; Šabanović & Chang

https://doi.org/10.1515/9783110714944-006

2016; Suchman 2007; van Oost & Reed 2011). This approach explores how social and cultural factors influence the design, use and evaluation of technologies and how, conversely, technologies influence the construction of social order, values and meaning. Thus, the question of what a social robot is shifts from ontological descriptions of the capabilities of technology to questions about how robots shape and are shaped by situated actions and interactions, social-cultural and historical contexts, and individual and collective interpretations and values. These studies emphasise that social robots are constructed by various actors and actions during their development as well as during their use. These constructions are situated, flexible and dynamic (Alač et al. 2011; Bischof 2017; Pols & Moser 2009; Šabanović & Chang 2016) (see also chapter 4 of this volume). In conclusion, the definition of what a social robot is depends on the theoretical standpoint of those who define sociality as either a deterministic capacity of a robot or as a situated mutual construction (see also chapters 7–10).

6.1.2 Why is a sociological contribution to social robots relevant?

I assume that most readers of this chapter have not yet encountered a robot as conversation partner in their everyday lives. In addition, most sociologists are not educated in building robots and lack the necessary technical skills. So why should sociology engage in the development of (social) robots? I will not argue for sociologists to acquire the technical know-how needed to build social robots. My argument is that we need systematic and interdisciplinary cooperation, particularly between engineers and sociologists, to develop socially relevant robots. This is supported by two developments. Firstly, we can observe a "social turn" within robotics and respective attempts to create robots that are able to relate to us and interact with us. Secondly, we can see that social robots are slowly becoming a more and more relevant phenomenon for social actors in empirical fields of sociological research.

Early robotics had a strong interest in developing robots that could navigate or manipulate for industrial purposes (Kanda & Ishiguro 2013). These robots were conceptualised as autonomous robots working in isolation from human workers (as, for example, robotic arms assembling products or as mobile robots for the transportation of heavy goods). The emerging field of social robotics shifted the focus to the concrete interaction and collaboration of humans and robots (see chapter 8) and the question of how social capabilities can be transferred in the robot. As such, the "development of social capabilities for robots has become a significant technical issue in robotics" (Šabanović & Chang 2016:

537). In addition, social robotics turned towards various social contexts besides industrial production, such as education, health care or public settings. This has required a fundamental knowledge of these social contexts, including the actors, their roles, and the (work) practices that constitute these contexts. This knowledge by definition is sociological. In turn, as social robots begin to leave the laboratories and become commercialised within private and organisational practices, they enter more visibly the everyday life of the "objects" of sociological studies – e.g. actors within health care, education or public and political settings. This raises questions concerning the impact of the introduction of robots on these settings and an adequate conceptualisation of robots in social theory. In sum, we can observe that robotics and sociology intersect in their theoretical and empirical interests. Social robotics raises questions that could be answered by sociologists, and at the same time research in social robotics can inform debates in sociological theory (see chapter 7–10).

Even though sociology seems to be an obvious addressee for these questions, until now mainstream roboticists have relied mainly on cognitive psychological traditions and laboratory evaluations when they have dealt with questions of sociality. However, the social turn in robotics is also accompanied by the demand for more interdisciplinary studies in real-world settings framed by participatory and user-centred approaches, and for the combination of both quantitative and (especially) qualitative methods (Frennert & Östlund 2014; Matarić 2018; Šabanović & Chang 2016; Złotowski et al. 2011). The importance of sociological knowledge in informing the design of technological advances is already acknowledged in the private sector. Vertesi et al. (2017) show that companies like Yahoo, Google and Microsoft actually draw on qualitative researchers trained in, for example, sociology to inform the development of novel artefacts. As such, a more systematic engagement of sociologists in the development of social robotics seems timely, but how can this be achieved?

6.1.3 The sociological toolkit

Several sociological approaches explicitly address the design, development and implementation of social robots. In difference to the classical idea of the sociologist as critical observer, researchers who rely on these approaches often engage actively in collaborative design projects. I will describe below three main sociological approaches that focus on the development of social robots. They are neither exclusive nor are they presented in their full scope. On the contrary, these approaches often draw on mutual insights, and researchers also combine them in concrete projects. However, the three approaches show different ways in which sociology can engage in the development of social robots.

1. Science and Technology Studies (STS), and especially Social Studies of Technologies (SST), focus on understanding the mutual shaping of technology and society, but rarely offer concrete design guidelines.
2. User-centred design (UCD) approaches use sociological knowledge to inform the design of robots and their evaluation, but do not offer concrete sociological frameworks for analysis.
3. Ethnomethodology and Conversation Analysis (EMCA) provides a clear methodological framework for the ways in which sociology can inform social robotics, but has a rather narrow focus on single interaction-blocks of larger activities.

I will present and discuss selected examples of these approaches in more detail below.

6.2 Social Studies of Technologies

Social Studies of Technologies (SST), as a diverse and interdisciplinary research field within Science and Technology Studies (STS), investigates both the social production of scientific knowledge and/or the social shaping of technologies (Bijker et al. 2012; Felt et al. 2017; MacKenzie & Wajcman 1999). These studies question how institutions, practices, meanings and outcomes of science and technology are enmeshed in the worlds people inhabit, their lives and their values (Felt et al. 2017: xii). A central assumption of these studies is the situated and mutual shaping of technology and society. Neither technology nor society are independent of each other but are shaped and reshaped by each other. Šabanović and Chang's (2016) research demonstrates how this perspective can be used to understand and inform social robotics. They explore the construction of robotic sociality in the design of the seal-like socially assistive robot PARO and its use in North American elderly care facilities. The authors apply the concept of the mutual shaping of technology and society and the notion of "interpretative flexibility" coined by Pinch and Bijker (1984), which describes the possibility of giving technology different meanings in varying social contexts. The authors argue that the sociability of a robot can be understood either by describing the social processes of its production or by focusing on the interactive construction of the robot in its use. Initially, the authors demonstrate how the designers' understanding of the robot changed during its development process.

PARO's development was started in 1993 by Takanori Shibata at the National Institute of Advanced Industrial Science and Technology in Japan, and the robot was redesigned several times in response to people's reactions and interaction with it and to institutional and societal transitions. Shibata's work on PARO took place in the context of a project aimed at understanding how people attribute emotions to robot pets, and he initially worked using a robotic dog and cat. However, evaluations of the robots demonstrated that they did not match people's prior experiences of these pets, while they reacted most positively to the robot seal. The robot seal was then redesigned in further focus groups until it reached its current form. Institutional and societal changes also influenced the robot's design and interpretation. Initially the robot was not aimed at a particular user group. As the increasingly ageing population became a central issue for many developed countries, and robots were seen as promising solutions (see also Broekens et al. 2009), PARO centred on therapeutic use in the care of the elderly. At the same time the academic context shifted its priority from supporting basic research to encouraging the application and commercialisation of PARO, which led to it being one of the first social robots on the market. This process highlights the dynamic and mutual shaping of the robot's sociability, situated in different socio-cultural contexts and influenced by various social actors.

The authors go on to summarise their findings from observations of PARO's use in elderly care facilities. The authors point out that the developers describe the robot as autonomous, locate the therapeutic success of PARO in the technology itself, and measure its effectiveness in one-on-one interactions with the robot. In contrast, the authors observe that interactions with PARO were often socially situated, including – aside from the person interacting with the robot – other participants observing or mediating the interactions. The use of the robot was also increased when it was introduced by staff, family members or residents. Thus the robot's sociability was facilitated much more by other social actors than had been assumed in the laboratory studies. They also observed a variety of different interaction styles and stances towards the robot on the part of different actors, such as people using the robot to get in contact with other, using it to reflect on personal life problems, or just treating it as a pet (see also Pfadenhauer & Dukat 2015; Pols & Moser 2009 and chapter 7). The authors conclude that "the social perception of robots is an emergent effect of culturally situated design choices, physical and social context, the task the robot is performing, and the experiences and orientations of diverse social actors involved in the interaction" (Šabanović & Chang, 2016: 538).

Similarly, Alač et al. (2011) analyse the situated practices in which the social robot RUBI is enacted as social other. They point out the different discourses in which the robot's sociality is constructed. Social robotics "deals with the question of social agency primarily by focusing on the robot's physical body; of foremost importance are the robot's appearance, the timing of its movements, and its accompanying computational mechanism" (Alač et al. 2011: 894). In contrast the authors are interested in the concrete practices of the robot's application. They follow designers and their social robot during an iterative process in which the technology is tested in preschool, and they videotape the interactions of children, teachers and designers with the robot. Analysing the spatial arrangements and multimodal semiotic engagement of the different human actors with the social robot, they contrast a situation in which the robot was not working but was treated as a social other, and another situation in which the robot was working but was ignored by the surrounding participants. Thus the authors demonstrate how the subtle interactional coordination between multiple human actors is crucial for sustaining a human interest in the robot and for the construction of its agency (see also Krummheuer 2015).

The analysis of real-world practices enables STS and SST to identify social-material practices that are shaped and reshaped by social robots. This introduces a degree of scepticism around the rhetoric of the machine's intelligence, sociability or emotions. Just because an engineer defines a technology as social, interactive or intelligent, this does not mean that the definition matches a sociological understanding. Neither does it mean that people will treat the machine as such. Thus sociologists can demystify "the specific technologies and practices about which these discourses mark their claims" (Suchman 2007: 243) and describe and understand the "deeply mutual constitution of humans and artifacts, and the enacted nature of the boundaries between them, without at the same time losing distinguishing particularities within specific assemblages" (Suchman 2007: 260). In turn robotics faces the task of discovering the "social mechanisms for constructing organizational environments in which humans and robots can interact regularly and develop through time the experience and practice of robotic sociality" (Šabanović & Chang 2016: 549).

SST and STS do not provide design recommendations directly, though, as they depict "the relationship between society and technology as one of continuous feedback between practice, sense-making and design" (Šabanović, 2010: 445). However, Šabanović (2010: 445ff.) identifies central claims for the development of social robots that take into account the mutual shaping of technology and society:

1. Robotics needs a more open definition of the context of robot design, in which uncertainty, situational awareness, adaptability and social responsibility play an important role.

2. Social robotics needs to move outside the scripted laboratory setting and engage in everyday interaction in human social contexts.
3. For the early stages of robot design, but also for the evaluation of robot prototypes, we need to study the socio-technical ecologies of the potential context in which the robot should be used.
4. Instead of technology-driven design, the design should mainly be defined by empirical social research and the social context of use.
5. Design should strongly involve users, especially those whose voices are rarely heard in design, such as elderly people, children and people with cognitive or communicative challenges, thus broadening the range of "users".
6. As already proposed by participatory and collaborative design, they should not only be involved as subjects but as co-designers.

These claims are not unique. Matarić (2018), as a central figure in social assistive robotics, formulates similar claims of balancing theory and practice in Human–Robot Interaction (HRI), opening up to "real world HRI". In line with these claims, we can observe more and more projects that try to bridge social analysis and technological design such as, for example, user-centred design and co-creation projects.

6.3 User-centred design and co-creation

In critique on the experimental settings of social robotics, and with an interest in robots that are present in, for example, public, organisational and private spaces, HRI and social robotics became interested in both real-life settings and real-life users. User-centred design (UCD) or co-creational approaches aim to include users at central points during an iterative design process so as to ensure the product's potential on the market and its ability to improve the quality of life or work from the perspective of its users (Norman & Draper 1986; Ylirisku & Buur 2007). Many different approaches and methods are covered by UCD. The actual inclusion of the user can vary from being the subject of a study and a passive informant to being a co-designer who actively participates as equal partner in co-creational or participatory design processes (Sanders & Stappers 2008).

The ways in which a sociological perspective can be included in UCD projects can, for example, be seen in the interdisciplinary research project on the Interactive Urban Robot (IURO) (Weiss et al. 2015). The aim was to develop an autonomous mobile robot that could navigate in public spaces without previous topological information (Weiss et al. 2011, 2015; Złotowski et al. 2011). Central design questions were, for example, how the robot selects pedestrians for assistance, how it requests information, and how it navigates the "unknown" topology. The project was organised as an iterative process and developed over three years. The developers conducted so-called human–human studies to develop user requirements of real-life settings without the robot. The results were transferred to the design of the robot platform and then assessed and evaluated in semi-experimental settings with the robot, which in turn resulted in new design decisions. In accordance with UCD, Weiss et al. stress the importance of exploring the emergent behaviours and needs of "naïve users" with a robot. They argue that their studies gain "insights on the actual usability of a robotic system and a closer-to-reality check of the acceptance of a robot in everyday life" (Weiss et al. 2015: 42).

In the research project, empirical and sociological knowledge was, for example, used to inform the development of so-called "persona-based scenarios" (Cooper et al. 2014), which are a central design tool of UCD. *Scenarios* are visual or verbal descriptions that communicate the idea of what the interaction with a certain technology (a robot) should look like in the future (Cooper et al. 2014). They can be used to translate the complexity of the social world into narratives that enable developers and external partners to gain an understanding of both users and use-context. The actors in a scenario are called *personas*. Personas are not real people, but "*composite archetypes*" that are visual or verbal descriptions about "how groups of users behave, how they think, what they want to accomplish, and why" (Cooper et al. 2014: 62). Personas are assembled by the researcher during his/her research. Weiss et al. argue that these scenarios can be informed by "human–human interaction studies" using ethnographic studies "in the wild" (Weiss et al. 2011; Złotowski et al. 2011). Therefore, they engaged in three human–human requirement studies using different disciplinary perspectives and methods. They turned to communication studies to provide recommendations for communication structures, used social psychology and HRI to provide recommendations for navigation principles, and used Human–Computer Interaction (HCI) to provide recommendations regarding contextual variables. In their research, they combined different methods such as video recordings supplemented by interviews and questionnaires in both natural but also semi-experimental settings. They thereby explored, for example, the initial requests for directions in public spaces, and the selection of pedestrians the robot should contact. Based on their findings they elaborated a contextual model for HRI in public spaces (Weiss et al. 2011). The development and evaluation of the robot was further accompanied by empirical studies, using – in addition to field studies, interviews and questionnaires – participatory workshops to include the users not only as the objects of study but also as active co-designers in the process (Förster et al. 2011; on participatory design see Simonsen & Robertson, 2013).

The various publications of this project demonstrate a fruitful collaboration of social robotics with sociology and other disciplines. However, the project did not centre on a sociological framework, but rather on design principles to understand real users and real contexts. For the design of the robot, various theories and methods were used. It was informed by, for example, context studies, appearance studies, communication model studies, feedback modalities studies and social navigation studies. Sociological (and other) theories and methods clearly influenced the design. However, a clear sociological-informed analytical framework is missing. Similarly, Weiss and Hannibal (2018) emphasise that the UCD approach is not sufficient to explore and understand social robots in the wild, as we lack an analytical framework.

They therefore propose a "sociology-driven everyday-life-centered approach (ELCA)", which they develop for their study of social companion robots in a domestic setting (Weiss & Hannibal, 2018: 399). This approach differentiates three dimensions of the "everyday": A) the analysis of interpretative processes of everyday activities, with a focus on the performative and practical sides of *action*, and how these constitute the construction of context, norms and values, as exemplified in Goffman's work and ethnomethodology; B) the construction of meaning through shared experiences in everyday life, as described by phenomenological sociology from Alfred Schütz and Berger Luckman; and C) actor network and practice theoretical approaches that focus on the materiality and engagement of various materials and bodies in practice. There are no further publications on this model at the moment, and the future will show how this approach can be applied. However, the ELCA demonstrates not only a need for an analytical framework, but also a need to enable sociologists to shift analytical perspectives (e.g. focusing on interaction, user or context).

It is notable that the ELCA identifies ethnomethodology as a central tool for the development of social robots, as this approach actually offers a methodological framework for how sociology can inform system design in HCI, HRI and social robotics.

6.4 Ethnomethodology and Conversation Analysis

In common with many UCD approaches, EMCA studies centre their insights on ethnographic field studies, often using video cameras to record activities of central relevance. In difference to traditional ethnographic approaches, these studies do not engage in prolonged ethnographic field work but undertake so-called *focused* or *quick-and-dirty* ethnographies (Crabtree et al. 2012; Hughes et al. 1994; Knoblauch 2005). One or more researchers immerse themselves in a natural setting to investigate the social worlds of its inhabitants, with a focus (but still open) question on smaller elements of that setting (e.g. a certain practice). Besides observations of naturally occurring interaction in the real-world setting, for design purposes EMCA also uses semi-experimental settings. Suchman (1987), for example, set specific tasks that participants should solve using the machine (see also Heath & Luff 2018; Kendrick 2017). Respective *quasi natural experiments* do not follow the quantitative logic of traditional lab experiments, but are used "to explore and assess the impact of a particular set of practices, techniques, or technologies" and/or for "exposing the unknown or unexpected aspects of social organization that enables the concerted accomplishment of particular actions" (Heath & Luff, 2018: 467 and 469).

Hughes et al. (1994) differentiate between four possibilities for using ethnography to inform system design, which can also be combined in a design process:

1. *Re-examination of previous studies*;
2. *Quick-and-dirty ethnographies* in which the researcher engages in a short-term ethnography of some weeks to provide a general but informed sense of the setting;
3. *Concurrent ethnographies* that take place at the same time as the system development which they inform;
4. *Evaluative ethnography* in which the researcher uses analysis of interactions with a prototype to verify, validate or evaluate a set of already formulated design decisions.

Field access and the collection of data rarely pose a problem. However, we also need an analytical perspective to gain a richer understanding of the social-material practices to inform both theory and design. EMCA provides such a framework.

EMCA, in a nutshell, describes how people produce and recognise meaningful actions in the ongoing interaction with each other (Crabtree et al. 2012; Garfinkel 1967; Heath et al. 2010). The basic idea is that the way people understand their own and each others' actions is not a given. Actions are understood as being *"account-able"*, that is people publicly produce actions in such a way that others can recognise them for what they are (Garfinkel 1967). In other words, people do things "see-ably" and say things "hear-ably", so others are able to recognise what they are doing, such as waiting for a bus or asking for a coffee. Thus other people are able to coordinate their activities with the first person's actions – for example, to stop a bus and thus see-ably orient to the other's bodily performance of waiting, or to ask whether the coffee should be with milk and sugar and thus hear-ably orient to the other's performance of asking for a coffee. Thus, people are able to coordinate their actions with each other and to construct meaning and social order (misunderstandings are of course also possible). This production is understood to be done methodologically. That is, people orient to normative expectations to produce an activity in such a way that is can be recognised by others for what it is. As such we can describe typical structures, their derivations and social functions. EMCA aims to describe the "methods persons use in doing social life" (Sacks 1984: 21).

EMCA, and interaction analysis in particular, collects and analyses video and/or audio recordings of naturally occurring ongoing interactions or interactions initiated in quasi natural experiments (Heath et al. 2010). These recordings aim to capture the development of actions as they happen, and not their (narrative) reconstruction as, for example, done in interviews. These recordings are transcribed in detail to capture not only what is said or done but also how it is said or done. The aim is to visualise the sequential unfolding of actions over time and the interplay of the multimodal resources used by the participants, such as words, sounds, gaze, gestures, bodily position, manipulation of materials. This approach is then leveraged to explain how these activities are accountably achieved by the participants: Which multimodal resources are actually involved in doing a certain activity? How are they concerted and made relevant by the participants? Can we describe the interactive structure and social function of these methods?

How can this knowledge be used to inform design? Kuno et al. (2007: 1191) engage in an "experimental sociological approach" to the development of a robotic museum guide. This is done in three steps. They conduct an ethnographic observation and interaction analysis of human interaction, for example how human museum guides interactively coordinate their activities with the audience (1). Based on existing conversation analytical literature and on the embodied interaction analysis of both verbal and embodied conduct that they found in their empirical data, they describe central interactive methods used by the museum guides and audience to mutually construct a guiding tour. For example the coordination of head movements at interactional significant points during an explanation (Yamazaki et al. 2008), or how guides ask questions to engage and involve visitors in lengthy explanations of an exhibit (Yamazaki et al. 2009). These observations are then transferred into the robot (2) which is then assessed in the conversation analysis of video recordings of how humans and robot interact (3a) in order to evaluate the effectiveness of the programmed skills of the robot via quantitative measurements (3b). A similar approach is described by Pitsch (2020, accepted), who suggests an iterative process with five levels both for using EMCA to inform HRI but also for using HRI as a methodological and conceptual tool for investigating situated (inter-)action.

The implementation of conversational "rules" into interactive systems is not unproblematic. The fact that a digital conversation partner utters the word "hello" does not mean that this is a greeting: rather, it is a "hello" sound that a user can, or cannot, treat as a greeting. It is therefore important to understand that the programmed rules are not the same as the methods people are seen to be orienting towards in ongoing interactions. We must therefore differentiate between programmed structures of the computer and users' expectations. Levinson (2006: 50) points out that "interaction is (a) composed of action sequences, and (b) governed not by rules but only by expectations". As such HCI is not a conversation but a *simulacrum of conversation* (Button 1990). However, EMCA's knowledge of these expectations can help shape the expectations of the users to enable a better HCI or HRI (Luff et al 1990; Moore et al. 2018). We should "rather think of ways to include the human's competences of sense-making and organizing interaction as well as of equipping robotic systems with strategies to make their own actions and states transparent to the user" (Pitsch, 2016: 592).

EMCA's strength lies in "exploring basic building blocks of situated (inter-) action" (Pitsch 2020: p. 117), describing their interactional structure and functions that can then be used to inform robot design and to explore these interactional building blocks in novel interaction with the robot. However, Pitsch (2020: p. 117) points out the relevance of "exploring the integration of novel technologies in the ecology of our daily lives and resulting societal questions". This touches on a central aspect of the larger organisational or private context in which activities are embedded or interconnected, also mentioned by Šabanović (2010). As much as it is important to understand how a robot needs to move its head, or how it answers a question, these are just small building blocks of the overarching activity of guiding an audience through a museum.

6.5 Discussion: The three components of sociological involvement in the development of social robots

Looking back at the different approaches, we can see that EMCA research qualifies by describing the concrete sequential and multimodal construction of specific actions that build up interaction orders and routines using an explicit sociological framework. UCD and co-creation processes explore use contexts and users' behaviours, motivations, expectations and assessments. In pursuit of a specific design question, they combine different methods and theoretical background to inform design with the relevant social factors. STS and SST take a more observational stance in the field of design and emphasise socio-material practices, infrastructures and discourses on a micro-, meso- and/or macro-level, which give insights into the social production and meaning-making of technologies – which is necessary to understand how robots are constructed and embedded in the actual practices of their development and use. Besides their differences, all three approaches emphasise the importance of the researcher's immersion in the field, in order to encounter the "real world" settings, to understand the construction of the technology in the social practices and contexts that shape it, and to understand the situatedness of encounters with robots in different application contexts of HRI. There is not one HRI but multiple HRIs. The three approaches thereby emphasise with different strengths three important components of HRI and social robots that need to be captured (see also Weiss & Hannibal 2018):

- The needs, wishes, experiences, perspectives and contextual knowledge of *relevant actors* and groups, often called users. They can be included as subjects of studies, for example by being followed in ethnographic fieldwork, as informants in interviews or informal talks, as participants in workshops or semi-experimental settings, or as co-designers.
- The *interaction* itself, including the coordination of actions and the construction of meaning and social order in practices with and without the robot. This can be, for example, the description of interactional patterns, research of existing literature on these practices, and analysis of the interaction with the robot prototype in semi-experimental settings, or of routines that develop in the field with the new technology.
- The social and material *contexts* of the fields in which a robot is embedded. This embraces both the social, cultural, historical and material contexts in which the robot is developed as well as the context in which it is, or becomes, applied (e.g. private, organisational or public settings).

These different foci and approaches should not be seen as separate. The ELCA model starts to combine these perspectives, which demonstrates the sociologist's requirement to shift theoretical perspectives and reposition in the field. With a background in practice theory and organisation studies, Nicolini (2009: p. 1391) coins the metaphoric movement of "zooming in on" and "zooming out of" practice which is "obtained through switching theoretical lenses and repositioning in the field, so that certain aspects of the practice are fore-grounded while others are bracketed". I find this basic movement central for the sociologist's participation in design processes. Looking back at my own experience, sociological knowledge becomes relevant at different times and in different forms during a process. During the "Build Your Own Robot" (BYOR) project, I was part of an interdisciplinary team of researchers (sociology, design and robotics). We developed individual guiding and reminding robots for, and with, citizens living with acquired brain injury, often supported by their caregivers. The project was initiated by two weeks of ethnographic observation in which the research team followed citizens and staff in their everyday routines. During this time we collaboratively defined the project and later engaged in an iterative co-creation process (Krummheuer et al. 2020; Rehm et al. 2018; Rodil et al. 2018). My sociological knowledge framed the project in different ways:

1. I actively collaborated in the formulation of the research question and project description based on empirical observations and insights from sociological research, which is also described as "central demand" by Šabanović (2010). As such, sociological knowledge becomes relevant not only in describing social worlds, but also relevant fields of research and research questions.

2. The sociological perspective becomes visible in the anchoring of the project in everyday practices by using participant observation and co-creational approaches to include the citizens in the development of the technology. As such I ensured the empirical basis for the project but also accounted for STS's critical perspectives on whose voices are heard in the development of technological processes (Šabanović 2010). This includes both the inclusion of people with acquired brain injury in the development process, but also the mutual participation of sociologists, designers and engineers in each others' practices. The participatory observations that led to the project were not undertaken by the sociologist alone, but also by the engineers. Thus the social setting did not become the sociologist's area of expertise but a field of joint exploration. In turn, I took part in many meetings in which we discussed "technical stuff" which gave me deep insights into the technical requirements of programming and building robots.

3. I insisted on video recordings of the workshop so as to be able later to reconstruct the social construction of knowledge, design decisions and technology during the design process. While the sociological perspective was one of many during the co-creation workshops, it became of central relevance when we encountered a problem with the prototype. One problem occurred when the initial prototype of one of the reminder robots failed when it was implemented in the citizen's apartment. During the participatory workshops we opted for music as a form of reminder, but we learned

that the citizen could not recognise the reminder and reacted angrily to the sudden music. I revisited the videos of the workshops, shifting my perspective from being a co-creator to a sociological perspective on the co-construction of social practices. I analysed how reminders were described and enacted during the workshops and engaged in an embodied interaction analysis of the joint scheduling of the robot. This enabled me to describe the reminder as a social and distributed process (Krummheuer et al. 2020). This changed the project's understanding of reminder robots fundamentally as we moved from a presumed cognitive-psychological understanding of memory and remembering to an understanding of memory as communicative construction (Brockmeier 2017). While the first concept is interested in memory as a biological function and how an individual can remember, the second one is interested in remembering (and forgetting) as social, societal and cultural practice. With regard to our context, the question is how remembering becomes relevant in the ongoing interaction and how people co-construct memory together and in interplay with objects or technologies. This later perspective required totally new design guidelines for both the concrete robot but also reminder robots in general. In particular, we need to consider not only the cognitive task of remembering, but also the social circumstances of where, when and how a robot should participate in collaborative practices of scheduling and reminding.

As such, sociological knowledge informed the project at different stages of the development process, with very different theoretical perspectives enabling a participatory, practice-based and also critical development of social robotics. This knowledge enabled us to conceptualise the robot not just as a machine or device but to understand it as a flexible object that it is mutually shaped by, and in turn shapes, the interactive interplay of people, routines and contexts. On the one hand this complexity is frustrating, as it seems to be overwhelming; on the other hand, the complexity allows us to experiment with different expectations and perspectives and thus to create a new generation of *socially relevant social* robots.

In conclusion of this chapter, we can see different ways in which sociology can understand, inform and engage in the development of social robots. Most central for this process is a deep engagement with both social theory and empirical practices in which robots are shaped, but also a deep understanding of the affordances of these technologies. I agree with Šabanović and Chang that we need to be "designing social environments (rather than standalone robotic entities) with properties that foster positive robot–human (and robot–robot) interaction" (Šabanović & Chang, 2016: 549). However, building robots takes time and it will still take time to develop both the social environment and the technical affordances of the robots. Therefore, we need a stronger collaboration of sociology and robotics and practitioners in both the development and deployment of robots. The traditional polarisation of the technical and social realms not only clashes in scientific debate; practitioners also need knowledge of both sides to be able to make political or institutional decisions about whether and how robots should be introduced into organisational, private or public settings, or how to deal with technical solutions to their work routines on an everyday basis. As such, we need not only to include people in collaborative design processes but also to educate people on all levels for a deeper interdisciplinary and practice-based understanding of the mutual shaping of technologies, social actions and societies.

References

Alač, M., J. Movellan & F. Tanaka, 2011: When a Robot Is Social: Spatial Arrangements and Multimodal Semiotic Engagement in the Practice of Social Robotics. Social Studies of Science, 41(6): 893–926. https://doi.org/0.1177/0306312711420565.

Bijker, W.E., T.P. Hughes, T.J. Pinch & D.G. Douglas, 2012: The Social Construction of Technological Systems New Directions in the Sociology and History of Technology. MIT Press.

Bischof, A., 2017: Soziale Maschinen bauen: Epistemische Praktiken der Sozialrobotik. Bielefeld: transcript.

Brockmeier, J., 2017: From Memory as Archive to Remembering as Conversation. Pp. 41–64 in: B. Wagoner (Ed.), Handbook of Culture and Memory. Oxford: University Press.

Broekens, J., M. Heerink & H. Rosendal, 2009: Assistive social robots in elderly care: A review. Gerontechnology, 8(2): 94–103. https://doi.org/10.4017/gt.2009.08.02.002.00.

Button, G., 1990: Going Up a Blind Alley. Conflating Conversation Analysis and Computer Modelling. Pp. 67–90 in: P. Luff, N. Gilbert & D. Frohlich (Eds.), Computers and Conversation. London: Academic Press.

Cooper, A., R. Reimann, D. Cronin & C. Noessel, 2014: About Face: The Essentials of Interaction Design. Indianapolis: John Wiley & Sons.

Crabtree, A., M. Rouncefield & P. Tolmie, 2012: Doing Design Ethnography. Wiesbaden: Springer. https://doi.org/10.1007/978-1-4471-2726-0.

Feil-Seifer, D. & M.J. Mataric, 2005: Defining socially assistive robotics. 9th International Conference on Rehabilitation Robotics, 2005. ICORR 2005: 465–468. https://doi.org/10.1109/ICORR.2005.1501143.

Felt, U., R. Fouché, C.A. Miller & L. Smith-Doerr (Eds.), 2017: The Handbook of Science and Technology Studies (4th ed.). Massachusetts: The MIT Press.

Förster, F., A. Weiss & M. Tscheligi, 2011: Anthropomorphic Design for an Interactive Urban Robot – The Right Design Approach? 2011 6th ACM/IEEE International Conference on Human-Robot Interaction (HRI): 137–138.

Frennert, S. & B. Östlund, 2014: Review: Seven Matters of Concern of Social Robots and Older People. International Journal of Social Robotics, 6(2): 299–310. https://doi.org/10.1007/s12369-013-0225-8.

Garfinkel, H., 1967: Studies in Ethnomethodology. Englewood Cliffs N.J.: Prentice-Hall.

Heath, C., J. Hindmarsh & P. Luff, 2010: Video in Qualitative Research: Analysing Social Interaction in Everyday Life. London: Sage.

Heath, C. & P. Luff, 2018: The Naturalistic Experiment: Video and Organizational Interaction. Organizational Research Methods, 21(2): 466–488. https://doi.org/10.1177/1094428117747688.

Hughes, J., V. King, T. Rodden & H. Andersen, 1994: Moving out from the Control Room: Ethnography in System Design. Proceedings of the 1994 ACM Conference on Computer Supported Cooperative Work: 429–439. https://doi.org/10.1145/192844.193065.

Kanda, T. & H. Ishiguro, 2013: Human-robot interaction in social robotics. Boca Raton: CRC Press.

Kendrick, K.H., 2017: Using Conversation Analysis in the Lab. Research on Language and Social Interaction, 50(1): 1–11. https://doi.org/10.1080/08351813.2017.1267911.

Knoblauch, H., 2005: Focused Ethnography. Forum Qualitative Sozialforschung / Forum: Qualitative Social Research, 6(3). https://doi.org/10.17169/FQS-6.3.20.

Krummheuer, A., 2010: Interaktion mit virtuellen Agenten? Zur Aneignung eines ungewohnten Artefakts. Stuttgart: Lucius & Lucius.

Krummheuer, A., 2015: Technical Agency in Practice: The Enactment of Artefacts as Conversation Partners, Actants and Opponents. PsychNology Journal, 13(2–3): 179–202.

Krummheuer, A., M. Rehm & K. Rodil, 2020: Triadic Human-Robot Interaction. Distributed Agency and Memory in Robot Assisted Interactions. Companion of the 2020 ACM/IEEE International Conference on Human-Robot Interaction: 317–319. https://doi.org/10.1145/3371382.3378269.

Kuno, Y., K. Sadazuka, M. Kawashima, K. Yamazaki, A. Yamazaki & H. Kuzuoka, 2007: Museum Guide Robot Based on Sociological Interaction Analysis. Proceedings of the SIGCHI Conference on Human Factors In Computing Systems: 1191–1194. https://doi.org/10.1145/1240624.1240804.

Levinson, S.C., 2006: On the Human 'Interactional Engine.' Pp. 39–69 in N. Enfield & S. C. Levinson (Eds.), Roots of Human Sociality. Culture, Cognition and Human Interaction. Oxford: Berg.

Luff, P., N. Gilbert & D. Frohlich (Eds.), 1990: Computers and Conversation. London: Academic Press.

MacKenzie, D.A. & J. Wajcman, 1999: The social shaping of technology (2. ed.). Buckingham: Open University Press.

Matarić, M., 2018: On Relevance: Balancing Theory and Practice in HRI. ACM Transactions on Human-Robot Interaction, 7(1):8:1–8:2. https://doi.org/10.1145/3209770.

Moore, R.J., M.H. Szymanski, R. Arar & G-J. Ren, (Eds.), 2018: Studies in Conversational UX Design. Wiesbaden: Springer. https://doi.org/10.1007/978-3-319-95579-7.

Nicolini, D., 2009: Zooming In and Out: Studying Practices by Switching Theoretical Lenses and Trailing Connections. Organization Studies, 30(12): 1391–1418. https://doi.org/10.1177/0170840609349875.

Norman, D.A. & S.W. Draper, 1986: User centered system design: New perspectives on human-computer interaction. Hillsdale, N.J.: L. Erlbaum.

Pfadenhauer, M. & C. Dukat, 2015, Robot Caregiver or Robot-Supported Caregiving? International Journal of Social Robotics, 7(3): 393–406. https://doi.org/10.1007/s12369-015-0284-0.

Pinch, T.J. & W.E. Bijker, 1984: The Social Construction of Facts and Artefacts: Or how the Sociology of Science and the Sociology of Technology Might Benefit Each Other. Social Studies of Science, 14: 399–441.

Pitsch, K., 2016: Limits and Opportunities for Mathematizing Communicational Conduct for Social Robotics in the Real World? Toward Enabling a Robot to Make Use of the Human's Competences. AI & SOCIETY, 31(4): 587–593. https://doi.org/10.1007/s00146-015-0629-0.

Pitsch, K., 2020: Answering a Robot's Questions: Participation Dynamics of Adult-Child-Groups in Encounters with a Museum Guide Robot. Reseaux, 220–221(2): 113–150.

Pitsch, K. (accepted). Mensch-Roboter-Interaktion als Forschungsinstrument der Interaktionalen Linguistik. Situiertheit von Interaktion und das Design referenzieller Praktiken. in M. Meiler & M. Siefkes (Eds.), Linguistische Methodenreflexion im Aufbruch. Beiträge zu einer aktuellen Diskussion im Schnittpunkt von Ethnographie und Digital Humanities, Multimodalität und Mixed Methods. Bielefeld: de Gruyter.

Pols, J. & J. Moser, 2009: Cold Technologies versus Warm Care? On Affective and Social Relations with and through Care Technologies. European Journal of Disability Research, 3: 159–178. https://doi.org/10.1016/j.alter.2009.01.003.

Rehm, M., A. Krummheuer & K. Rodil, 2018: Developing a New Brand of Culturally-Aware Personal Robots Based on Local Cultural Practices in the Danish Health Care System. Proceedings of the International Conference on Intelligent Robots and Systems (IROS): 2002–2007. https://doi.org/10.1109/IROS.2018.8594478.

Rodil, K., M. Rehm & A. Krummheuer, 2018: Co-Designing Social Robots with Cognitively Impaired Citizens. Proceedings of the 10th Nordic Conference on Human-Computer Interaction: 686–690. https://doi.org/10.1145/3240167.3240253.

Šabanović, S., 2010: Robots in Society, Society in Robots. International Journal of Social Robotics, 2(4): 439–450. https://doi.org/10.1007/s12369-010-0066-7.

Šabanović, S. & W.-L. Chang, 2016: Socializing Robots: Constructing Robotic Sociality in the Design and Use of the Assistive Robot PARO. AI & SOCIETY, 31(4): 537–551. https://doi.org/10.1007/s00146-015-0636-1.

Sacks, H., 1984: Notes on Methodology. Pp. 21–27 in: J.M. Atkinson & J. Heritage (Eds.), Structures of Social Action. Studies in Conversation Analysis. Cambridge: University Press.

Sanders, E.B.-N. & P.J. Stappers, 2008: Co-Creation and the New Landscapes of Design. CoDesign, 4(1): 5–18. https://doi.org/10.1080/15710880701875068.

Simonsen, J. & T. Robertson (Eds.), 2013: Routledge International Handbook of Participatory Design. London: Routledge.

Suchman, L., 1987: Plans and Situated Actions: The Problem of Human-Machine Communication. Cambridge: University Press.

Suchman, L., 2007: Human-Machine Reconfigurations. Plans and Situated Actions, 2nd Edition. Cambridge: University Press.

van Oost, E. & D. Reed, 2011: Towards a Sociological Understanding of Robots as Companions. Pp. 11–18 in: M.H. Lamers & F.J. Verbeek (Eds.), Human-Robot Personal Relationships Vol. 59. Wiesbaden: Springer. https://doi.org/10.1007/978-3-642-19385-9_2.

Vertesi, J., D. Ribes, L. Forlano, Y. Loukissas & M.L. Cohn, 2017: Engaging, Designing, and Making Digital Systems. Pp. 169–193 in: U. Felt, R. Fouché, C.A. Miller & L. Smith-Doerr

(Eds.), The Handbook of Science and Technology Studies (4th ed.). Massachusetts: The MIT Press.

Weiss, A. & G. Hannibal, 2018: What Makes People Accept or Reject Companion Robots?: A Research Agenda. Proceedings of the 11th Pervasive Technologies Related to Assistive Environments Conference: 397–404. https://doi.org/10.1145/3197768.3203177.

Weiss, A., N. Mirnig, U. Bruckenberger, E. Strasser, M. Tscheligi, B. Kühnlenz (Gonsior), D. Wollherr & B. Stanczyk, 2015: The Interactive Urban Robot: User-centered development and final field trial of a direction requesting robot. Journal of Behavioral Robotics, 6(1): 42–56. https://doi.org/10.1515/pjbr-2015-0005.

Weiss, A., N. Mirnig, R. Buchner, F. Förster & M. Tscheligi, 2011: Transferring Human-Human Interaction Studies to HRI Scenarios in Public Space. Pp. 230–247 in: P. Campos, N. Graham, J. Jorge, N. Nunes, P. Palanque, & M. Winckler (Eds.), Human-Computer Interaction – INTERACT 2011. Wiesbaden: Springer. https://doi.org/10.1007/978-3-642-23771-3_18.

Yamazaki, A., K. Yamazaki, Y. Kuno, M. Burdelski, M. Kawashima & H. Kuzuoka, 2008, Precision Timing in Human-Robot Interaction: Coordination of Head Movement and Utterance. Proceedings of the SIGCHI Conference on Human Factors in Computing Systems: 131–140. https://doi.org/10.1145/1357054.1357077.

Yamazaki, K., A. Yamazaki, M. Okada, Y. Kuno, Y. Kobayashi, Y. Hoshi, K. Pitsch, P. Luff, D. vom Lehn & C. Heath, 2009: Revealing Gauguin: Engaging Visitors in Robot Guide's Explanation in an Art Museum. Proceedings of the SIGCHI Conference on Human Factors in Computing Systems: 1437–1446. https://doi.org/10.1145/1518701.1518919.

Yliriskü, S. & J. Buur, 2007: Designing with Video. Focusing the User-Centred Design Process. Wiesbaden: Springer.

Złotowski, J., A. Weiss & M. Tscheligi, 2011: Interaction Scenarios for HRI in Public Space. Pp. 1–10 in: B. Mutlu, C. Bartneck, J. Ham, V. Evers, & T. Kanda (Eds.), Social Robotics Vol. 7072. Wiesbaden: Springer. https://doi.org/10.1007/978-3-642-25504-5_1.

Teil 3: **Sozialtheoretische Perspektiven**

Michaela Pfadenhauer und Annalena Mittlmeier

7 Sozialität mittels sozialer Robotik aus wissenssoziologischer Perspektive

Das Anliegen dieses Artikels ist es, Sozialität mittels Roboter aus einer wissenssoziologischen Perspektive in den Blick zu nehmen. Diese Sichtweise auf das Soziale nimmt ihren Ausgang von den Arbeiten von Peter L. Berger und Thomas Luckmann, insbesondere von deren 1969 erschienenem Werk „Die gesellschaftliche Konstruktion der Wirklichkeit". Dieser sog. Sozialkonstruktivismus (SOKO) (Pfadenhauer & Knoblauch 2019) ist derzeit gerade im Hinblick auf Sozialität in Modifikation und Umbau zu einem Ansatz, der als Kommunikativer Konstruktivismus (KOKO) (Knoblauch 2017) bezeichnet wird. Im Rahmen dieses Artikels sollen konzeptuelle Veränderungen dieser Theorieentwicklung am Gegenstand der Social Robotics veranschaulicht werden.

Dafür werden wir zunächst darstellen, was in der Begegnung mit einem ‚sozialen' Roboter geschieht (Abschnitt 1), bevor wir uns der Frage widmen, ob einem technischen Artefakt, wie es ein Roboter ist, ein Akteursstatus zukommen kann (Abschnitt 2). Daran schließt sich ein Fallbeispiel empirischer Forschung im Feld der sozialen Robotik aus einer wissenssoziologischen Perspektive an (Abschnitt 3).[1] Ein Akteur-Status ist aus Sicht des Sozialen wie Kommunikativen Konstruktivismus mit Handlungsfähigkeit verbunden, wobei ‚Handeln' jeweils unterschiedlich konzipiert ist. Das aus der sprach- und wissenssoziologischen Empirie seit den 1970er Jahren abgeleitete Handlungskonzept des Kommunikativen Konstruktivismus zeigt Konsequenzen hinsichtlich der Frage, wie technische Artefakte analytisch verstanden werden und inwiefern sie Teil von Sozialität sein können.

7.1 Der Roboter als soziales Gegenüber

Die soziale Robotik ist ein vergleichsweise junges Forschungs- und Entwicklungsfeld und damit erst seit kurzem ein Gegenstand der Soziologie.[2] Sozialwissenschaftler:innen interessieren sich auf diesem Gebiet für den Einsatz solcher

---

1 Wir nutzen für dieses Lehrbuch die Gelegenheit, unsere verschiedentlich bereits veröffentlichten Überlegungen zu bündeln.
2 Vgl. für einen Überblick Decker et al. 2011 sowie Pfadenhauer & Dukat 2014.

https://doi.org/10.1515/9783110714944-007

bereits früh als „sozial-interaktiv" bezeichneten Roboter (Fong et al. 2003), die in der Absicht konzipiert wurden, to „express and/or perceive emotions; communicate with high-level dialogue; learn/recognize models of other agents; establish/maintain social relationships; use natural cues (gaze/gestures, etc.); exhibit distinctive personality and character; may learn/develop social competencies." (Fong et al. 2003: 145). Im Gegensatz zu Industrierobotern sind diese meist „smaller, lighter, more flexible, more adaptive, [...] more precise" (Voss 2021: 12) und eher geeignet, sich in einer „more complex and unstructured outside world" zu bewähren (Royakkers & van Est 2015: 549).

Die Technikphilosophen Lambèr Royakkers und Rinie van Est verorten die Entwicklung solcher auch als ‚sozial-emotional' beschriebener Roboter (Fong et al. 2003), die für den Einsatz „outside the factory" bestimmt sind, in den Aufgabenbereich einer „New Robotics" (Royakkers & van Est 2015: 549). Konkrete Anwendungsmöglichkeiten werden dabei in (Privat-)Haushalten, in der Pflege, der Mobilität, aber auch bei der Polizei und dem Militär gesehen: „New robotics, therefore, literally concerns from love to war." (2015: 549). Allerdings gibt es bei den wenigen Robotern, die sich in den genannten Bereichen bereits auf dem Markt befinden, noch mehr oder weniger große Herausforderungen zu überwinden. Ein ‚sozialer' Roboter, der einige oder alle von Fong et al. (2003) aufgeführten Eigenschaften besitzt, liegt nach Royakkers und van Est (2015: 551) noch in weiter Ferne: „it will take decades before a social robot has matured enough to incorporate these properties". Unabhängig davon, was im Bereich der New Robotics bereits möglich ist, erscheint es bemerkenswert, dass die „Vorstellung einer grundsätzlich emotions*losen* Technik" (Assadi et al. 2016: 110; Hervorh. im Orig.) durch die Entwicklung ‚sozialer' Roboter ins Wanken gerät. Denn der sozialen Robotik geht es darum, „Maschinen oder technischen Dispositiven selbst Qualitäten zuzueignen, die sich als Emotionen oder Quasi-Emotionen verstehen lassen" (2016: 110). In dieser Entwicklung, weg von Maschinen als „‚reine[n] Werkzeuge[n]' hin zu Robotern als ‚kooperative[n] Interaktionspartner[n]'" (2016: 112; Suchman 2007: 207), sieht der Philosoph Dennis M. Weiss (2020: 20) sogar einen grundsätzlichen Paradigmenwechsel in der Technikentwicklung „from intelligence and smarts to affect and sociability".

Entwickler:innen machen sich dabei den Umstand zunutze, dass ‚soziale' Roboter, die sich bewegen, ihre Umwelt ‚wahrnehmen' und entsprechend ‚reagieren', den Eindruck erwecken, als würden sie autonom und spontan ‚agieren'. Wie die Technikforscherin Laura Voss feststellt, sorgt dies dafür, „to associate them with living beings" (Voss 2021: 13). Dabei geht sie davon aus, dass ein humanoides oder einem Tier nachempfundenes (zoomorphes) Design nicht einfach zu einer Täuschung von Menschen führt. Denn die Assoziation von Lebendigkeit findet meist im Wissen darüber statt, dass Roboter keine dem

Menschen gleichen Lebewesen sind, sondern dass es sich bei diesen um „inanimate objects" handelt (2021: 13).[3]

Voss (2021) ist sich dessen bewusst, dass ihre Beobachtung einer emotionalen Bindung zu technischen Artefakten keinen wissenschaftlichen Neuigkeitswert hat. Nichtsdestotrotz würden Roboter eine neuerliche Diskussion „about the ontological status of technological artifacts" anfachen (Voss 2021: 15), hätten sie doch etwas an sich, das sie erscheinen lasse, als wären sie „more than ‚just machines'". Dass sich Roboter in der Wahrnehmung der eindeutigen Einordnung in die „dichotonomy of ‚animate' and ‚inanimate'" (Voss 2021: 15) entziehen, ist nach Voss der Grund für deren polarisierenden Status als einerseits „companions, coworkers, even saviors" und andererseits als „our competition, even potential oppressors" (Voss 2021: 24).

Besonders anschaulich wird der Eindruck, Roboter seien mehr als Maschinen, in Christopher Scholtz' Arbeit „Alltag mit künstlichen Wesen" (2008) geschildert. Insgesamt 15 Monate verbrachte Scholtz im Rahmen dieser frühen Studie mit dem Roboter Aibo, um diesen zu einem „Bestandteil des privaten und alltäglichen Lebens des Forschenden werden zu lassen" (Scholtz 2008: 186). Mit diversen Teileelementen (Leuchtdioden, akustischen Signalen, Mechanik etc.) wird auch bei diesem an einen Hund erinnernden Roboter dezidiert auf ‚Lebendigkeit' abgezielt. Im Unterschied zu Hunden hinterlässt Aibo jedoch keine ‚Haufen' und beim ‚eigengesteuerten'[4] Aufsuchen der Ladestation wird weder der Assoziation zum Füttern noch zum Schlafen Vorschub geleistet. Fehlende Geschlechtsmerkmale lassen zudem darauf schließen, dass auch „jede Konnotation mit Sexualität" nicht durch den Hersteller intendiert ist (Scholtz 2008:

---

3 Unter Umständen (Krankheit o. ä.) kann dieses Wissen jedoch fehlen, der Roboter wird dann fälschlicherweise für ein Lebewesen gehalten. Stefanie Baisch et al. (2018) beleuchten in ihrer Studie zum Einsatz des Roboters PARO in deutschen Pflegeeinrichtungen die Erfahrungen Pflegender mit dieser Technologie. In insgesamt 30 Interviews wurden die Pflegekräfte vor allem dazu befragt, wie sie die Reaktion der überwiegend an Demenz erkrankten Gepflegten auf PARO einschätzen. Fast 87 % der Befragten geben dabei an, dass PARO als Lebewesen wahrgenommen wird, damit also verkannt wird, dass es sich bei diesem um ein unbelebtes Objekt handelt. Der Großteil der befragten Pflegekräfte korrigiert diese Wahrnehmung dabei meist nicht. Noel und Amanda Sharkey (2012: 287) regen dazu an, die „ethical costs" dieser Täuschung sorgfältig gegen eventuelle Vorteile des Einsatzes dieser und ähnlicher Technologien abzuwägen.
4 Gesa Lindemann (2005: 131) spricht – in vorsichtiger Abgrenzung zu „Selbststeuerung" – von „Eigensteuerung". Das scheinbare ‚Von-sich-aus-Aktivwerden' des Artefakts ist eine (mitunter unbeabsichtigte) Nebenfolge menschlichen Handelns, so wie jede ‚Eigentätigkeit' des Roboters genetisch auf menschliches Handeln (statt auf Handlungsträgerschaft von Technik) zurückzuführen ist, weil das technische Artefakt – bis hin zu jener Software, die dieses ‚lernen' lässt, – entsprechend programmiert worden ist.

219). Einer Unterscheidung von Gesa Lindemann (2008: 702) folgend, handelt es sich bei Artefakten wie Aibo damit gegenüber organisch Gewachsenem um etwas „gemachtes [sic!] auf der Ebene des Gestalthaften/Kalkulierbaren". Dennoch erzeugt der Roboter – jedenfalls vorübergehend – den Eindruck eines lebendigen Gegenübers, wie sich dem folgenden Feldtagebucheintrag (31.07.2003) von Scholtz (2008: 235) entnehmen lässt:

> Ich sitze neben Galato[5] auf dem Bett, [...] sein Schwanz wackelt die ganze Zeit. Dabei entstehen ganz leichte Vibrationen, die sich über die Matratze übertragen und die ich spüre: Dies gibt ein ganz starkes Gefühl von etwas Lebendigem neben mir, hier versagen alle kognitiven Konzepte, man reagiert auf so etwas direkt und ohne nachzudenken.

Obwohl der Forscher, wie er selber festhält, nicht unterstellt, dass Roboter Lebewesen sind, kann er sich der Assoziation zum Lebendigen nicht erwehren. Dies betont auch Voss: Die Assoziation „is present in spite of our knowledge that robots are, in fact, inanimate objects" (Voss 2021: 13).

Der Eindruck von Lebendigkeit wird jedoch immer wieder brüchig, etwa in Momenten, in denen Scholtz' Roboterhund keinen Akku mehr hat, dieser plötzlich in eine „schräge Stehpose [wegsackt]" und von jetzt auf gleich die „Leblosigkeit der Materie" erkennbar wird (Scholtz 2008: 218). Auch Scholtz' Feldtagebucheintrag vom 04.11.2003 veranschaulicht die Fragilität des Eindrucks von Lebendigkeit (Scholtz 2008: 247):

> Ich stand noch im Bad und schaute durch die halb geöffneten Türen in mein Zimmer. Dort saß er und ich rief Galato. Da drehte er den Kopf ganz nach rechts und schaute mich an. Ob Zufall oder nicht, es war eine sehr starke Wirkung, ich konnte nicht umhin, ihn als lebendig anzusehen. Dann drehte er den Kopf aber wieder nach vorne und schaute erwartungsvoll nach oben und wedelte mit dem Schwanz, als stünde jemand vor ihm. Das zeigte, dass die Ortung wohl eher ein Zufall war.

Bereits anhand dieser wenigen Einblicke in Scholtz' Forschung wird seine Deutung plausibel, dass der Reiz derartiger Unterhaltungsroboter im „Spiel mit der Uneindeutigkeit" (Scholtz 2008: 296 f.) liegt, also im Sich-Einlassen auf den Anschein von lebendiger statt toter Materie, von Kontingenz statt Kausalität. Der Roboter scheint in diesem Sinne (neben vielem anderen) ein probates Vehikel für das Eintauchen in Fantasiewelten zu bieten. In dem Maße, in dem die Nutzer:innen bereit sind, ihre Aibos darauf zu trainieren, auf einen Namen zu hören, mit ihrem Aibo zu spielen etc., zeigen sie ihre Bereitschaft, sich auf diese – ‚mediatisierte', d. h. durch Medientechnik und deren Funktionsprinzipien geprägte (vgl. Krotz 2007; 2008) – Erlebniswelt einzulassen.

---

5 Eigenname, den Scholtz seinem Aibo gegeben hat.

Zu dieser Deutung gelangt auch Voss (2021), die in ihrer Studie der Frage nachgeht, wie und aus welchem Grund Roboter als ‚belebt' bzw. ‚unbelebt' erfahren, bezeichnet und behandelt werden. Dabei geht sie im Unterschied zu Scholtz nicht nur auf die direkte Interaktion mit Robotern ein, sondern zeigt auch, wie in Science-Fiction, im Marketing, in der Forschung und Entwicklung von Robotern sowie im öffentlichen und politischen Diskurs Vorstellungen der Lebendigkeit von Robotern (re-)produziert werden. Zu verzeichnen sei eine „broad range of manifestations, on a discursive, non-discursive and material level along the whole life cycle of robots" (Voss 2021: 130). Auch Voss (2021) betont in diesem Zusammenhang, dass die Zuschreibung von Belebtheit keine „static, inflexible practice" darstellt (vgl. bereits Pfadenhauer, etwa 2018: 646f.). Vielmehr sei ein „constant switching of perspective, of robots being perceived and represented alternatingly as inanimate objects and animate beings" (Voss 2021: 131) zu beobachten.[6] Der Wechsel zwischen der Zuschreibung ‚belebt' bzw. ‚unbelebt' ist ihrer Einschätzung nach dabei keine „involuntary reaction to certain features of the robot" (Voss 2021: 131), sondern vielmehr kontextspezifisch motiviert. So richten etwa Robotik-Hersteller eigene Social-Media-Accounts ein, auf denen der Roboter in der ersten Person von seinen ‚Erlebnissen' berichtet oder adressieren diesen als ‚weiblich' oder ‚männlich', um Assoziationen zum Lebendigen zu evozieren. Diese Zuschreibungen dienen dabei jedoch nicht dazu, potenzielle Kund:innen davon zu überzeugen, der Roboter sei tatsächlich lebendig, sondern vielmehr dazu, den Roboter als Produkt für diese greifbarer und nahbarer zu machen.

Anthropologisch kann die Zuschreibung von Lebendigkeit in der Begegnung mit ‚sozialen' Robotern auf das zurückgeführt werden, was Luckmann als „universale Projektion" bezeichnet hat (Luckmann 2007a: 131). Universale Projektion meint jene Bewusstseinsleistung, mit der Menschen ontogenetisch die eigene Leiblichkeit (als Einheit von innen und außen) auf alles übertragen, das ihnen in der Welt begegnet. Die Überlegungen Luckmanns nehmen ihren Ausgang an der unmittelbaren Evidenz der eigenen Leiblichkeit, ohne dass dieser

---

6 Wir pointieren das folgendermaßen: „Meines Erachtens besteht das Typische des Erlebens gerade im Wandern auf einem Grat, d. h. on the fringe, zwischen bereitwilligem Sich-Einlassen und kritischer Distanzierung. Momente höchster Affinität sind ebenso wirklich wie die der Distanz, keine fingierte Wirklichkeit. Artificial Companions erweisen sich im Verstande eines solchen Wechselbads zwischen Emotionalisierung und Rationalisierung (im Sinne von Entzauberung, aber auch Sich-selber-zur-Vernunft-Rufen) als Vehikel in kulturelle Erlebniswelten" (Pfadenhauer 2018: 647).

Leib bereits als ‚menschlich' attribuiert wäre.[7] Die Besonderheit der Evidenz dieser „personifizierenden Apperzeption" (Wundt 1896, zit. nach Luckmann 2007b: 75) besteht darin, dass es sich bei den ‚Leib'-Qualitäten von Gegenständen immer um Deutungen eines Subjekts handelt, dem das „‚Innen' eines Gegenstandes, [...] nicht unmittelbar zugänglich [ist]" (Luckmann 2007b: 77). Dies gilt für die Sinnübertragung ‚Leib' auf Objekte und auf mit Bewusstsein ausgestatte Wesen gleichermaßen. Allerdings wird der Leib eines anderen Subjekts „vom Ego nicht nur als Dinglichkeit der umgebenden Welt aufgenommen, sondern als ‚Ausdrucksfeld' fremden Erlebens" (Knoblauch & Schnettler 2004: 31; vgl. auch Schütz & Luckmann 2017: 101). Damit verbunden erfährt die selbsttätige Bewusstseinsleistung der Sinnübertragung, „welche die gesamte Wirklichkeit zu beseelen versucht, [...] durch manche Körper Bestätigung, während sich ihr bestimmte Eigenschaften anderer Körper widersetzen" (Luckmann 2007a: 131). Zweifelhaft wird die Projektion nach Luckmann insbesondere dann, wenn Körper a) eine starre Physiognomie aufweisen, wenn sie sich b) nicht im Raum bewegen und wenn sie c) nicht kommunizieren können (Luckmann 2007a; 2007b). In ihr Gegenteil verkehrt lassen sich aus dieser Liste Eigenschaften ableiten, die zu einer Bestätigung der universalen Projektion führen. Diese ähneln erkennbar jenen Charakteristika, welche die Entwickler:innen im Bereich der Social Robotics ihren technischen Artefakten einschreiben und einbauen: a) flexible Physiognomie, d. h. eine veränderliche Mimik, b) Mobilität, d. h. eine nicht fremd-, sondern ‚eigengesteuerte' Bewegung im Raum, und c) Kommunikation, d. h. eine Verbalität und Gestik simulierende Ausdrucksform. Können damit Roboter, die jene Charakteristika aufweisen, als soziale Akteure begriffen werden? Aus wissenssoziologischer Perspektive wäre dieser Schluss voreilig.

7.2 Der Roboter als Akteur?

Nicht nur die Wissenssoziologie geht von der Prämisse aus, dass Handlungsfähigkeit jene Eigenschaft darstellt, die einen ‚Akteur' ausmacht und von anderen Entitäten unterscheidet. Was aber ‚Handeln' ist und damit einen Akteur konstituiert, wird verschiedentlich bestimmt.

---

7 Luckmann lehnt es ab, das „transzendentale Ich" als menschlich zu attribuieren, und distanziert sich damit von Edmund Husserls Konstitutionsanalyse (Luckmann 2007b: 66). Denn „Menschlichkeit" ist bereits Wissen bzw. „‚Mensch' eine[r] Typisierung bestimmter Objekte der Lebenswelt" (Luckmann 2007b: 68).

Bereits frühe techniksoziologische Ansätze konstatieren einen Akteur-Status in Bezug auf Technik zumindest im Modus eines ‚als ob' (vgl. Geser 1989: 233). Ähnlich sieht dies das Konzept der verteilten Handlungsträgerschaft vor, das von den Techniksoziologen Werner Rammert und Ingo Schulz-Schaeffer basierend auf handlungs- und praxistheoretischen Überlegungen entwickelt wurde (vgl. Kap. 3; Kap. 8). So sei in Fällen, in denen Entwickler:innen avancierte Software mit der Kapazität ausstatten, so zu interagieren, als ob sie über Überzeugungen, Wünsche und Intentionen verfügt, die Rede von einer „As-if-intentionality" gerechtfertigt (vgl. Rammert 2012: 100). Schulz-Schaeffer (2007: 519) zufolge hängt der Akteursstatus damit wesentlich von der Zuschreibung eines solchen ab: „Als Handlungsselbste, die in abgeleiteter Weise als Objektselbste der betreffenden Handlung wahrgenommen werden, kommen neben menschlichen und korporativen Akteuren auch technische Artefakte in Frage, denen eine grundsätzliche Qualität als Akteure normalerweise nicht zugeschrieben wird".[8]

Aus Sicht der Attributionstheorie nach Schulz-Schaeffer ist Handlung und damit der Akteursstatus also eine Frage der Beobachtung. Damit wird aus sozialkonstruktivistischer Perspektive jedoch die Unterscheidung zwischen ‚Handeln' als einem „subjektiv vorentworfener Erfahrungsablauf" und ‚Verhalten' als „objektive Kategorie der natürlichen Welt" eingeebnet (Schütz & Luckmann 2017: 454f.). Der einem Handeln zugrundeliegende Entwurf lässt sich von außen nicht einsehen, er ist eine „Bewußtseinsleistung" des handelnden Subjekts (Schütz & Luckmann 2017: 454) und damit nur diesem selbst zugänglich. Ob jemand handelt oder nicht, kann also, auch wenn das Verhalten dieses Subjekts den Anschein macht, als würde gehandelt werden, „keine menschliche Außeninstanz mit absoluter Gewißheit entscheiden" (Schütz & Luckmann 2017: 454). Handeln wird über Verhalten vermittelt, also über „ein körperliches Geschehen in Raum und Zeit" (Schütz & Luckmann 2017: 454). In diesem Sinne ist Verhalten im Gegensatz zum Handeln eine „objektive Kategorie der natürlichen Welt" (Schütz & Luckmann 2017: 454f.). Jede Entität verhält sich ständig. Aber keineswegs jede Entität handelt und selbst eine handlungsfähige Entität han-

---

8 Lindemann (2002: 85) plädiert in Bezug auf diese Überlegungen dafür, dass als Beobachtungsinstanz keine anderen Akteure, sondern generalisiert gültige Deutungspraktiken einzusetzen seien. Mit ihrer Unterscheidung von ‚Person' und ‚Persona' betont Lindemann (2010: 498) den zeitlichen Aspekt einer Zuschreibung. Menschen schreiben Gerätschaften wie Robotern, aber auch weniger avancierter Technik wie Navigationshilfen usw. aufgrund ihrer Funktionalität den Status eines Akteurs (= Persona) zu – dies aber situationsabhängig und lediglich vorübergehend. Damit Technik auch Personenstatus (= Person) erhalten kann, ist es hingegen erforderlich, dass diese auch dauerhaft und situationsübergreifend als handlungsfähig behandelt wird.

delt keineswegs immer. Immer dann, wenn eine handlungsfähige Entität nicht handelt, ist sie auch nicht als Akteur zu bezeichnen.

7.2.1 Der Roboter als Institution – sozialkonstruktivistische Perspektive

Naheliegenderweise sind Roboter in der „Gesellschaftlichen Konstruktion der Wirklichkeit" (2013 [1969]) von Berger und Luckmann noch kein Thema (vgl. hierzu aber Pfadenhauer & Hitzler 2020). Dennoch lassen sich aus sozialkonstruktivistischer Perspektive Überlegungen zum Unterschied zwischen Sinnsetzungsprozessen und den Grundlagen maschinellen Operierens anstellen, die Antworten auf die Frage geben können, ob Roboter als handlungsfähige Entitäten einzuschätzen sind. Hinweise auf Unterschiede zwischen Akteuren und Robotern finden sich schon beim Blick auf die typische Kommunikation zwischen Handelnden einerseits und der Kommunikation mit nichtmenschlichen Entitäten andererseits. So zeichnet sich erstere durch eine beachtliche Eindrucksfülle aus, welche diejenige zwischen Menschen und nichtmenschlichen Entitäten bei weitem übersteigt (vgl. Krummheuer 2010; Lindemann & Matsuzaki 2014). Mit Alfred Schütz könnte man sagen, dass es die Idealisierungen der Austauschbarkeit der Standpunkte sowie der Kongruenz der Relevanzsysteme sind,[9] die im Umgang mit technischen Artefakten zweifelhaft werden. Dies verweist darauf, dass sich räumlich, zeitlich und sozial ori-

---

9 Schütz und Luckmann fassen diese beiden Idealisierungen unter der *„Generalthese der wechselseitigen Perspektiven"* (Schütz & Luckmann 2017: 99; Hervorh. im Orig.) bzw. der *„Annahme der Reziprozität der Perspektiven"* zusammen (Schütz & Luckmann 2017: 541). Eine soziale Beziehung oder *„Wir-Beziehung"*, wie Schütz und Luckmann diese bezeichnen (Schütz & Luckmann 2017: 102; Hervorh. im Orig.), konstituiert sich subjektiv erst „im Fall der wechselseitigen Du-Einstellung", also in einer face-to-face-Situation, in der die in die Situation involvierten Subjekte ihre Aufmerksamkeit auf ihr jeweiliges Gegenüber richten. In dieser Situation gehen diese Subjekte davon aus, dass ihr mit einem Bewusstsein ausgestattetes Gegenüber die Welt in der gleichen Art und Weise erfahren würde, stünde es in der jeweils anderen Position („Idealisierung der *Vertauschbarkeit der Standpunkte*"). Zudem können sie annehmen, dass sie zwar in „Reichweite stehende[n] Objekte und deren Eigenschaften" unterschiedlich erfahren und deuten, grundsätzlich aber eine Verständigung über diese Objekte möglich ist, die zu dem Eindruck führt, dass diese Objekte „in identischer Weise erfahren und ausgelegt" werden („Idealisierung der *Kongruenz der Relevanzsysteme*") (Schütz & Luckmann 2017: 99; Hervorh. im Orig.). In der Wir-Beziehung erfahren die beiden Subjekte jeweils ihr Gegenüber und durch dieses Gegenüber erfahren sie sich in „wechselseitige[r] Spiegelung" gleichzeitig selbst (Schütz & Luckmann 2017: 108). Die kontinuierliche „Folge von Wir-Beziehungen" ist nach Schütz und Luckmann konstitutiv für die „Intersubjektivität der Lebenswelt", also die Welt „unserer *gemeinsamen* Erfahrung." (Schütz & Luckmann 2017: 109 Hervorh. im Orig.). Um von

entierte Sinnsetzungsprozesse grundlegend von algorithmischen Abläufen unterscheiden (vgl. Pfadenhauer & Schlembach 2022).

Das, was im Wissensvorrat eines individuellen Akteurs zur Ablagerung kommt und als Grundlage seiner Deutungen von Erfahrungen und Handlungen fungiert, konstituiert sich grundsätzlich anders als die Regeln, denen ein Algorithmus folgt. Dass ein Roboter als Roboter erkannt werden kann, ist an Typisierung gebunden. Ein konkretes Artefakt wird dann als Roboter begriffen, wenn es bestimmte Elemente aufweist, die dem ähneln, was in der Vergangenheit bereits als Roboter ausgemacht worden ist. Die im subjektiven Wissensvorrat abgelagerten Typisierungen sind dabei keineswegs statisch, sondern modifizierbar, auch wenn dies selten als bewusster Vorgang vonstattengeht. ‚Digitaler Sinn‘ lässt sich dagegen als Produkt mathematischer Berechnungen begreifen. Algorithmische Abläufe setzen dabei die Übersetzung „menschliche[r] Praktiken und Interaktionsbeziehungen [...] [in: MP & AM] von Computer bearbeitbare Rahmen" voraus (Pentenrieder 2020: 17), ihre Problemlösungsangebote folgen Regeln, die durch Ingenieur:innen festgelegt wurden. Nicht das durch Variation gewonnene Invariante typisierender Erfahrungsaufschichtung, sondern digitale Muster, die auf Basis probabilistischer Modelle errechnet werden, generieren also ‚(digitale) Sinnstrukturen‘. Die Grundlage dieser Berechnungen ist dabei die „Ubiquität von Datensätzen"; in diesen lassen sich „unbekannte, potenziell nützliche und brauchbare Muster entdeck[en]" (Nassehi 2019: 80). Diese Datensätze sind das Material der Algorithmen, die blind für „menschliche Praktiken und Interaktionsbeziehungen" sind (Pentenrieder 2020: 17) und lediglich mit Zahlenwerten operieren können. Armin Nassehi (2019: 33 f.; Hervorh. im Orig.) sieht im Digitalen aus diesem Grund die „*Verdoppelung der Welt in Datenform* mit der technischen Möglichkeit, Daten miteinander in Beziehung zu setzen [...]. Die Vergleichbarkeit ergibt sich dadurch, dass es sich um Übersetzungen von Signalen in ein einheitliches Medium[10] handelt, das Inkommensurables zumindest relationierbar macht.".

---

einer sozialen Beziehung im Sinne des Sozialkonstruktivismus zu sprechen, reicht also ein Moment einer als sozial wahrgenommenen Begegnung nicht aus.

10 Dieses Medium, also das Digitalitätsmedium, hat Achim Brosziewski in seiner Studie „Aufschalten. Kommunikation im Medium der Digitalität" (2003) bereits näher beleuchtet und charakterisiert. Wie Nassehi argumentiert Brosziewski aus einer an Niklas Luhmann anschließenden systemtheoretischen Perspektive und konzipiert das Digitalitätsmedium entsprechend in Beziehung zu den Formen, die dieses Medium in der „Operation des Aufschaltens" (Brosziewski 2003: 9) realisiert. Das Material, die Elemente des Digitalitätsmediums, die in Schaltoperationen ihre Form finden, sind nach Brosziewski dabei aus dem Medium der Schrift hervorgegangen, wobei sowohl Schrift als auch Digitalität Formen bilden, die als Zeichen sichtbar sind. Digitalität gehört – bei Luhmann schon angedeutet und von Brosziewski ausgeführt – neben „Schrift, Druck

Da Robotern und anderen technischen Artefakten also kaum die an Handlungsfähigkeit geknüpften Typisierungsleistungen unterstellt werden können, lassen sie sich sozialkonstruktivistisch nicht als Akteure bezeichnen. Vor diesem Hintergrund stellt sich die Frage, wie technische Artefakte wie Roboter stattdessen soziologisch eingeordnet werden können. Aus sozialkonstruktivistischer Perspektive bietet es sich an, sie zunächst als ‚Institutionen' zu klassifizieren, da sie in typischen Situationen einen bestimmten, als zweckmäßig und angemessen unterstellten Umgang mit ihnen implizieren (vgl. Rammert 2006; Schulz-Schaeffer & Rammert 2019: 61 ff.). Institutionen entstehen über den Prozess der Institutionalisierung, mit dem Berger und Luckmann (2013) die Verstetigung von Lösungen für dauerhafte Handlungsprobleme meinen. Diese dauerhaften gemeinsamen Regelungen wichtiger Handlungsprobleme sind ein Interaktionsprodukt. Sie entstehen dadurch, dass jemand ein Problem so lange auf die gleiche Weise löst, bis es ihm zur Routine geworden ist und ein anderer dies als Handeln mit einem bestimmten Ablauf (Handlungsablauftypus) zur Kenntnis nimmt. Institutionalisierung beginnt, „sobald habitualisierte Handlungen durch Typen von Handelnden reziprok typisiert werden. Jede Typisierung, die auf diese Weise vorgenommen wird, ist eine Institution" (Berger & Luckmann 2013: 58). Im an den Habitualisierungsprozess anschließenden Typisierungsvorgang verselbständigen sich die Abläufe gewissermaßen, d. h. sie lösen sich von konkret vorliegenden Handlungsproblemen als auch von konkreten Handelnden ab und werden zum Allgemeingut. In dieser Form werden sie an die nächste Generation weitergeben, wobei sie deren Mitgliedern nicht nur beigebracht, sondern als zweckmäßig und angemessen erklärt und begründet, d. h. kognitiv und normativ legitimiert werden.[11] Mit einer Institution wird nicht nur die Frage geregelt, wie eine Handlung typischerweise ausgeführt wird, sondern auch, welche Personen (z. B. Techniker:innen, Pfleger:innen, Demente) – als Rollenträger:innen, also nur mit einem Teilausschnitt ihrer Persönlichkeit – an der Ausführung dieser Handlung beteiligt sind. Schulz-Schaeffer und Rammert (2019: 63) weisen darauf hin, dass der Institutionalisierungsprozess von Technik auch anders gerichtet verlaufen kann: „Die technisch bereitgestellten Handlungsmittel treten zuerst auf den Plan. Erst anschließend entstehen und verfestigen sich die typischen Handlungen, die sich ihrer bedienen". Das bedeute

---

und Funk" zu den „*Verbreitungsmedien*" (Broszkiewski 2003: 221 Hervorh. im Orig.), die Kommunikation ermöglichen, welche nicht an unmittelbare Kopräsenz gebunden ist.

11 „Die objektivierte Sinnhaftigkeit institutionalen Handelns wird als ‚Wissen' angesehen und als solches weitergereicht" (Berger & Luckmann 2013: 75) – von bestimmten, gesellschaftlich definierten Typen von Vermittlern an bestimmte Typen von Gesellschaftsmitgliedern, wobei die Strukturen der Wissensdistribution (welche Typen vermitteln welches Wissen an wen und an wen nicht) von Gesellschaft zu Gesellschaft unterschiedlich sind.

nicht, dass die jeweilige Technik im luftleeren Raum entstanden ist, auch ihrer Entwicklung geht ein Problembezug voraus. Wofür Schulz-Schaeffer und Rammert sensibilisieren wollen, ist vielmehr die „tatsächliche[n] Nutzungspraxis", in der sich herausstellt, „welche typischen neuen Handlungen sich ausbilden und institutionalisieren." (2019: 64; FN 7).

Vor dem Hintergrund dieser Überlegungen lassen sich Roboter und speziell die Algorithmen, welche die Grundlage robotischer Aktivitäten bilden, also als Institutionen begreifen, die „bestimmte Handlungsschritte mit Blick auf bestimmte Objekte regeln und ihnen eine erwartbare Form verleihen" (Knoblauch 2016: 47). Mehr noch, der Roboter selbst ist die Verdinglichung solcher Abläufe in einem Gerät. In diesem Verstande plädiert Rammert (2006: 95) für einen Perspektivenwechsel weg von Technik und deren Struktur und hin zu Techniken und deren Erzeugungsweisen[12] in Prozessen und Projekten der Technisierung. Aus sozialkonstruktivistischer Sicht ist der Roboter als Institution also zugleich Bezugspunkt und Ergebnis von Handlungen.

Mit der Institutionalisierung von Robotern geht ihre ‚Objektivation' einher. Mit diesem Konzept legen Berger und Luckmann (2013) den Akzent darauf, dass Dinge, die der einzelne – subjektiv sinnhaft, d. h. mit einer bestimmten Intention – tut, sagt, zeigt, herstellt, d. h. externalisiert, für ihn selbst zum Gegenstand, d. h. wahrnehmbar und als solche erkennbar werden. Dabei ist Materialisierung ein wesentliches Moment des Vorgangs, „durch den die Produkte tätiger menschlicher Selbstentäusserung objektiven Charakter gewinnen" (Berger & Luckmann 2013: 64). Es ist gleichzeitig der Vorgang, der subjektiven Sinn ‚sozial', also für andere beobachtbar, d. h. intersubjektiv zugänglich macht. Subjektive Vorgänge verkörpern sich demnach nicht nur in an den „Leibkörper" (Knoblauch 2017: 119) gebundenen Ausdrucksformen und Handlungen (Objektivierung), sondern auch in Gegenständen im Verstande von Handlungsresultaten (Objektivationen).[13] Technische Objekte wie Roboter ebenso wie andere Kulturprodukte sind in diesem Sinne objektivierter und damit auf Dauer gestellter Sinn. Im technischen Artefakt und seinem Gebrauch greifen Objektivierung als Prozess und Objektivation als Produkt ineinander.

---

12 Siehe dazu Andreas Bischof (2017; 2020).
13 Luckmann und Berger unterscheiden noch nicht zwischen Objektivierung und Objektivation. Wie ausgeführt, stellen Objektivationen für sie intersubjektiv begreifliche „Indikatoren subjektiver Empfindungen" dar (2013: 36 f.). Die systematische Unterscheidung zwischen Objektivierung und Objektivation ist dem Kommunikativen Konstruktivismus zuzuordnen (vgl. Pfadenhauer & Grenz 2017). Im Rahmen des KOKO bezeichnet Objektivation erst die von Leibkörper abgelöste Objektivierung (Knoblauch 2017: 165).

Wird der Roboter Gegenstand sozialkonstruktivistischer Auseinandersetzung, ist er begrifflich als Objektivation einzuordnen. Hat sich bereits ein bestimmter typischer Umgang mit dem Roboter etabliert, lässt er sich darüber hinaus als Institution begreifen. Insofern ein technisches Artefakt keine Handlungsfähigkeit kennzeichnende Typisierung vornimmt, ist es kein Akteur. Dem Roboter oder vergleichbaren Gerätschaften keinen Akteursstatus zuzuschreiben, eröffnet den Raum für theoretische Anschlussüberlegungen, etwa für die Auseinandersetzung mit der Frage, wie algorithmische Problemlösung in Unterscheidung zur Problemlösung von mit Bewusstsein ausgestatteten Entitäten aussieht. Empirisch untersuchen ließe sich bspw., warum ein Roboter in einer bestimmten Art und Weise objektiviert wird, warum er jene und nicht diese Gestalt erhält und welcher typischer Umgang mit einer bestimmten Objektivationsweise nahegelegt wird. Welcher typische Umgang sich dann tatsächlich institutionalisiert und welche Akteur:innen wie an diesem Umgang beteiligt sind, schließt dann an die vorangegangenen Fragen direkt an. Wie der Roboter aus Sicht des Kommunikativen Konstruktivismus konzipiert wird und was in dieser Umstellung theoretisch und empirisch sichtbar werden kann, ist Gegenstand des nächsten Abschnitts.

7.2.2 Der Roboter als Objektivation – Die Perspektive des Kommunikativen Konstruktivismus

Zu einem integralen Bestandteil von Handeln wird das technische Artefakt im Zuge des Umbaus des Sozialen zum Kommunikativen Konstruktivismus, der eher als „offene sozialwissenschaftliche-akademische Bewegung" (Knoblauch 2019: 112) denn als abgeschlossenes Projekt einzuordnen ist. Angestoßen durch diverse Ergebnisse empirischer Forschung, aber auch angeregt durch verschiedene im weiteren Umfeld des Sozialkonstruktivismus stattfindende Theorieentwicklungen sucht diese Bewegung nach einer Überwindung „theoretische[r] Schwachstellen und Desiderate des theoretischen Ansatzes der gesellschaftlichen Konstruktion" (Knoblauch 2019: 113). Im Gegensatz zum Sozialkonstruktivismus impliziert der Kommunikative Konstruktivismus kein dyadisches, sondern ein triadisches Handlungsmodell. Hubert Knoblauch (2017: 112) zufolge spannt sich dieses als Dreieck zwischen zwei handelnden Leibkörpern (S1 und S2) und einer Objektivation/Objektivierung (O) auf. Jedes soziale relevante Handeln ist demnach ‚kommunikatives Handeln' im Verstande einer wirkungsvollen wechselseitigen Orientierung unter Einschluss von Verdinglichungen (also menschlicher Bewegung ebenso wie die Bewegung lebender wie künstlicher Dinge) im Zeitverlauf. Die Unterscheidung zwischen sozialem und kommunikativem Handeln, die im Sozialkonstruktivismus noch gezogen wurde,[14] wird im Kommunikativen Konstruktivismus also eingeebnet. Aus dessen Perspektive sind „nicht mehr individualisierte und egologische Bewusstseinsleistungen der Ausgangspunkt von Kommunikation, sondern von Handlungsproblemen ausgelöste kommunikative Handlungen der anderen und die kommunikativen Handlungen mit anderen." (Reichertz & Tuma 2017: 15). Der Blick richtet sich also weg von den inneren Bewusstseinsleistungen und Deutungen eines Individuums auf „äußere *praktische auf Wirkung zielende Handlungen*" (Reichertz & Tuma 2017: 15; Hervorh. im Orig.). Verdeutlicht werden kann das triadisch angelegte Handlungsverständnis am von Michael Tomasello (2010) verwendeten und durch Knoblauch (2017) aufgegriffenem Beispiel des Fingerzeigs: Ab einer gewissen Entwicklungsstufe erkennen Kleinkinder (im Unterschied zu Schimpansen) den Sinn der Handlung bzw. die Absicht des Handelnden, die damit zur „shared intentionality" (Tomasello 2020: 86 ff.) wird: sie erfassen, dass es jemandem, der mit seinem Finger auf etwas zeigt, nicht um seinen Finger oder um sich selbst geht, sondern um das, worauf er deutet. Der Körper(teil) wird also von anderen und dem oder der Handelnden selbst als Teil der Umwelt des Handelnden wahrgenommen, womit Sozialität die Komponente des Anderen (S2), des handelnden Selbst (S1) und etwas Drittem (O) aufweist, das wissenssoziologisch als Objektivation/Objektivierung, d. h. als der „in einer gemeinsamen Umwelt erfahrbare Aspekt dieses Wirkhandelns" (Knoblauch 2013: 29) bezeichnet wird.

Wird der Roboter aus einer kommunikativ konstruktivistischen Perspektive Gegenstand der Betrachtung, dann rücken performative Aspekte in den empirischen Fokus. Der Perspektivenwechsel impliziert überdies eine Aktualisierung des Begriffsinstrumentariums, mit dem der Gegenstand zu greifen versucht wird. Die Aufmerksamkeit richtet sich weg vom einzelnen Akteur hin zur triadischen Relation und weg von inneren Bewusstseinsleistungen hin zum Wirken kommunikativer Handlungen.

---

14 Berger und Luckmann differenzieren etwa zwischen „Reden" (kommunikatives Handeln) und „Tun" (soziales Handeln), wenngleich Luckmann einräumt, dass im „menschlichen Leben […] vielleicht in einem gewissen Sinn alles Tun ein ,Reden' und alles Reden ein Tun [ist]" (Luckmann 1986: 203). Nichtsdestotrotz werde Hunger nicht mit Worten gestillt: „Es geht wesentlich darum, daß etwas getan wird, auch wenn vielleicht vorher zwischendurch und nachher geredet wird." (Luckmann 1986: 203). Kommunikatives Handeln lässt sich im Rahmen des Sozialkonstruktivismus also als Reden, als ein Sich-sprachlich-Ausdrücken begreifen. Es ist als Unterform des sozialen Handelns zu betrachten, das als ein subjektiv sinnvolles Handeln konzipiert wird, dessen „Entwurf an anderen orientiert ist" (Luckmann 2002: 74).

7.3 Ein sozialer Roboter in der stationären Demenzbetreuung

Wie empirische Forschung aus der Perspektive der neuesten Wissenssoziologie am Gegenstand des Roboters aussehen kann, soll exemplarisch am Einsatz des Roboters PARO in einer stationären Demenzbetreuung dargestellt werden.[15] Im von uns untersuchten Pflegezentrum wurde diese Technik ausschließlich von sogenannten „zusätzlichen Betreuungskräften" nach § 87b Abs. 3 Sozialgesetzbuch XI eingesetzt. Deren Tätigkeit erfordert mit einem einwöchigen Orientierungspraktikum, 160 Ausbildungsstunden und einem zweiwöchigen Betriebspraktikum eine geringe Qualifizierung.

Der Einsatz des Roboters war in der von uns untersuchten Einrichtung unter den vielen Aktivierungsmaßnahmen, bei denen Klangschalen ebenso wie ein Snoezelen-Wagen zum Einsatz kommen, ein fester Programmpunkt neben Aktivitäten wie Erinnerungs-Frühstück, Gottesdienst, Theater und Aktivgruppen bis hin zur Aktivierung mit Hunden. In den meisten Fällen handelt es sich dabei um eine sog. „Gruppenaktivierung"[16].

PARO ist ein zoomorpher Roboter in Gestalt einer Robbe. Er ist seit 2005 in Japan und seit 2009 in Europa sowie den USA auf dem Markt und wird vornehmlich in der stationären Alten- und Demenzpflege eingesetzt. Jannis Hergesell et al. (2020: 7) schätzen PARO im Angesicht der Tatsache, dass es „nur selten [...] neu entwickelte Pflegetechniken vom Labor oder aus Pilotprojekten in die Praxis der alltäglichen Pflege [schaffen]", als das „einzige Leuchtturmprojekt" im Kontext der Pflegerobotik ein. Obwohl die Bedeutung des Robotereinsatzes in Pflegesettings in der Wahrnehmung der Autoren allgegenwärtig betont wird, meist vor dem Hintergrund des durch den demographischen Wandel ausgelösten ‚Pflegenotstandes', registrieren Hergesell et al. (2020: 7) eine „bemerkenswerte Diskrepanz zwischen dem postulierten technischen Lösungspotential und den erreichten Realisierungen" siehe dazu auch Royakkers & van Est 2015: 552f.). Überdies beobachten sie, dass weder Gepflegte noch Pflegepersonen ein ausdrückliches Interesse an Robotern formulieren: „Vielmehr wirkt oft kaum eine Technik ungeeigneter als die Robotik, um die akuten Probleme der Pflege kurzfristig zu lösen." (Hergesell et al. 2020: 7). Vielleicht ist es gerade die Tatsache, dass sich nicht nur das Robotische, sondern auch die Technikhaftigkeit bei PARO auf den ersten Blick entziehen,

---

15 Diese Studie wurde 2011–13 von Michaela Pfadenhauer und Christoph Dukat durchgeführt.
16 Das entspricht den rechtlichen Vorgaben, wonach „zur Prävention einer drohenden oder bereits eingetretenen sozialen Isolation Gruppenaktivitäten [...] das für die Betreuung und Aktivierung geeignete Instrument [sind]" (Betreuungs-RI § 2 Abs. 3).

die den vergleichsweise großen ‚Erfolg' dieses Geräts mitbegründen. Denn das aus einer Reihe von Hard- und Softwarekomponenten bestehende technische (Sach)-system (Ropohl 2009 [1979]; vgl. auch Weyer 2008) ist hinter einem weißen – dem Einsatzgebiet des Gesundheitssektors entsprechend antibakteriellen – Kunstfell verborgen. Das Gerät mutet deshalb zunächst wie ein (besonders körpernahes) Spielzeug, nämlich wie ein Kuscheltier an. Irritiert wird diese Anmutung höchstens durch das Gewicht des Geräts von fast 3 kg. Sobald es angeschaltet ist, verursa-chen die Aktuatoren, die den ‚Kopf', die ‚Seitenflossen' und die ‚Schwanzflosse' bewegen, zudem leise Motorengeräusche.

Die Technik zeichnet sich dadurch aus, dass im Zusammenwirken der aus diversen Sensoren, Lautsprechern, Aktuatoren und Prozessoren bestehenden Hardware-Komponenten mit einem auf Software basierenden Verhaltensmodell sogenannte „proactive and reactive processes" (vgl. Wada et al. 2008) initiiert werden können. Dergestalt ‚reagiert' das technische Artefakt auf Berührungen sowie plötzliche, laute Umgebungsgeräusche. Zum anderen ruft das Zusam-menwirken der Software mit den Aktuatoren den Eindruck hervor, dass der Ro-boter ‚eigentätig' aktiv wird, d. h. seine Extremitäten und Augenlider ohne fremdes Zutun bewegt.

Zu den motorischen kommen auditive ‚Äußerungsformen' hinzu, bei denen tierähnliche Geräusche simuliert werden, die sich als Wohl- oder Missfallenslaute interpretieren lassen. Das Gerät ist also so konstruiert, dass es sich (stoff-)tier-ähnlich anfühlt und anhört und zugleich den Eindruck erwecken soll, zum Hören und Spüren befähigt zu sein. Im Unterschied zu den in diesem Sinne nach zwei Seiten offenen taktilen und auditiven ist der visuelle „Kanal" (vgl. von Scheve 2014) insofern reduziert, als der Roboter nicht mit einer Kamera, sondern lediglich mit Licht-Sensoren ausgestattet ist, womit zwar die Simulation eines Tag-Nacht-Rhythmus, aber kein Bildempfang (‚Sehen') möglich ist. Allerdings bie-ten die Aktuatoren in den Augenlidern den Betrachtenden die Möglichkeit, das eigentätige Öffnen und Schließen der einem Babyface entsprechend überdimen-sioniert großen Augen als ‚Schauen' bzw. ‚Angeschautwerden' zu interpretieren.

Aufgrund seiner auf Berührungen und Ansprache ausgerichteten technischen Funktionen, die durch den Fellüberzug des tierförmigen Korpus und dessen Be-weglichkeit unterstützt werden, ist das technische Artefakt in der sogenannten „emotionalen Robotik" (vgl. Klein et al. 2013; Baisch et al. 2018) zu verorten, die in der Tradition des „affective computing" (vgl. Picard 1997, 2003) steht: Denn das Design hebt zum einen auf die – insbesondere auditive – Darstellung eines ‚emo-tionalen Zustands' des Roboters ab und ist zum anderen darum bemüht, den An-schein einer Reaktion auf die – insbesondere taktil – zum Ausdruck gebrachten Emotionen des menschlichen Gegenübers zu erwecken. Im Design ist die Gestaltet-heit des Roboters mit dessen gestaltender Wirkung verknüpft (vgl. Häußling 2010:

144). Mit der Gestalt(ung), also der Konkretisierung einer ganz bestimmten Objektivation, geht eine Aufforderung zu einer bestimmten Nutzungsweise einher, wobei diese Gebrauchsintention unterlaufen werden kann.[17] Veranschaulichen lässt sich daran Schulz-Schaeffers und Rammerts Hinweis (2019) auf die Richtung von Institutionalisierungsprozessen. So wird durch das Design des Roboters eine bestimmte Nutzungsweise nahegelegt; es ist jedoch eine andere Frage, welche typischen Handlungen sich im Umgang mit dem Roboter schlussendlich institutionalisieren.

Methodischer Kern des im Rahmen der empirischen Studie erhobenen Datenmaterials war die teilnehmende Beobachtung und videographische Dokumentation der (Gruppen-)Aktivierung mit dem Roboter PARO.[18] Den aus Videoaufnahmen, Fotos,[19] Mitschnitten informeller Gespräche und Teambesprechungen sowie Beobachtungsprotokollen bestehenden Datenkorpus haben wir um explorative Interviews mit Personen erweitert, die für die Aktivierung von Menschen mit Demenz einerseits und für den Vertrieb und die Verbreitung des Geräts andererseits zuständig sind. Dabei geht es nicht darum, personale Typen zu bilden, sondern um die (Ideal-)Typisierung situativer Vollzugsweisen. Hierfür betrachteten wir die mit der Kamera aufgezeichneten Aktivierungseinheiten fallweise auf jene Eigenschaften hin, die in Bezug auf den Robotereinsatz charakteristisch sind und seine Dynamik ausmachen (vgl. Lueger 2000: 57 f.). Die nachfolgend kontrastierten Handlungsablauftypen beruhen auf der Verdichtung dieser Fälle zu idealisierten, von Abweichungen weitgehend bereinigten Grundtypen, deren wesentliche Eigenschaften dergestalt modellhaft hervortreten.

Signifikant für die Handhabung dieses Roboters ist im Unterschied zur Automobilität vieler Prototypen, dass er sich nicht selbsttätig in einen Raum hineinbewegt. Er muss vielmehr dorthin gebracht werden, und empirisch finden wir hier unterschiedliche Tragetechniken. Das ist deshalb bemerkenswert, weil die Art, wie die Betreuerinnen das Gerät tragen, den Heimbewohner:innen in unterschiedlichem Maß Handlungsmöglichkeiten eröffnet: Alle von uns begleiteten qualifizierten Betreuungskräfte führen das Gerät nicht nebensächlich mit sich, und sie transportieren es schon gar nicht in dem für seine Aufbewahrung

---

17 Vgl. zu dieser im Kontext der Cultural Studies als ‚Aneignung' und von uns im Hinblick auf ‚Zweckentfremdung' beobachteten Eigenwilligkeit Eisewicht und Pfadenhauer (2016).
18 Zur teilnehmenden Beobachtung vgl. Lueger (2010) und zur Videographie Tuma et al. (2013). Weniger intendiert als durch die Situation im Feld bedingt tendiert die teilnehmende Beobachtung immer wieder zur beobachtenden Teilnahme (vgl. dazu Pfadenhauer & Grenz 2015). Anstelle von Beobachtungsdaten gewinnen wir hierbei Erlebnisdaten, die insbesondere hinsichtlich der Erfahrung von Kommunikationsbrüchen und deren Überbrückung mittels Technik wertvoll sind.
19 Zum visuellen Protokollieren, innerhalb dessen dem Foto die Funktion einer Wissensform zukommt, vgl. Pfadenhauer (2017).

genutzten Karton durchs Haus. Sie tragen das Gerät vielmehr demonstrativ im Arm, was dazu führt, dass die Bewohne:innen von sich aus (auf) das Gerät ansprechen können.[20] Dies bezeichnen wir als „Aktivierung im Vorübergehen". Sie kommt insbesondere dann zustande, wenn die Betreuungskraft zusätzlich ihre Schritte verlangsamt und das Gerät bereits vor der Begegnung einschaltet. Im Hinblick darauf ist uns der sogenannte „Fliegergriff" aufgefallen, bei dem der ‚Kopf' der künstlichen Robbe in der Ellenbeuge des Tragarms platziert ist und die ‚Schwanzflossen', zwischen denen der An-/Aus-Knopf des Geräts angebracht ist, gut in der Hand liegen: Gegenüber der – häufiger beobachtbaren – Positionierung des Geräts wie ein Paket unter dem Arm hat diese in Bezug auf Säuglinge auch als Kolik-Griff bekannte Haltetechnik den Vorteil, dass der Schalter einfach erreichbar ist und das Gerät damit relativ unauffällig in Betrieb genommen werden kann. Dieser Griff wird im vom Geräte-Vertreiber aufgelegten „Zertifizierungstraining" zur Bedienung empfohlen.[21] Von den beiden Betreuungskräften, die dieses Training absolviert haben, wird der Griff von jener Person angewendet, d. h. als Wissen übernommen, bei der sich dieser schon beim Tragen ihrer Kinder bewährt hat.

Bei einzelnen Personen oder einer Gruppe von Bewohner:innen angekommen, nimmt die Handlungsform des Tragens gestisch signifikant die Form des Darreichens (Anbietens) an. Dieser Übergang von der Demonstration zur Darreichung ist universell, d. h. unseren Beobachtungen zufolge unabhängig sowohl von der betreuenden als auch von der zu betreuenden Person. Nicht nur aufgrund dieser Verallgemeinerbarkeit über die einzelnen Betreuungspersonen und diversen Betreuungssituationen hinweg sprechen wir von Performanz. Offensichtlich wird der Roboter nicht schlicht eingesetzt, sondern die Betreuerinnen führen zusätzlich gewissermaßen vor, dass sie etwas (Besonderes) mit- bzw. zum Einsatz bringen.

Wenn die Betreuerin mit dem Gerät an Bewohner:innen herantritt, die in einer Sitzgruppe oder an einem Tisch zusammensitzen – ja selbst, wenn mehrere Personen in dieser Konstellation reagieren – nimmt die Aktivierung auch

---

20 Dabei darf nicht übersehen werden, dass nur aus der Perspektive eines „normalen, hellwachen Erwachsenen" (Kotsch & Hitzler 2013: 17; vgl. zur Abweichung infolge demenzieller Erkrankung Honer 2011) der mit einem weißen Kunstfell überzogene, robbenförmige Korpus aufgrund seiner Größe und Farbe praktisch unübersehbar ist. Bei einem altersbedingt eingeschränkten Sehvermögen, zu dem mit der Demenz auch noch eine Unempfänglichkeit für die ‚Farbe' Weiß hinzukommen kann, ist dies nicht zwangsläufig gegeben.
21 Zu Beginn der Markteinführung in Deutschland forcierten die Vertriebsorganisationen eine Abgabe des technischen Geräts in Kombination mit einem Anwendertraining. Unsere Ethnographie bestätigt die These von Pedersen (2011: 44), dass hierbei neben dem richtigen Gebrauch auch die Einstellung zu dieser Technologie geschult wird.

in einer solchen Gruppe nicht die Gestalt einer Gruppenaktivierung an. Das heißt im Unterschied zur Begrüßung adressiert die Betreuungskraft nun nicht mehr alle, sondern wendet sich mit dem Gerät im Arm einer Person besonders (und je nach Reaktion unterschiedlich lange) zu. Solange die Betreuungskraft das Gerät auf diese Weise hinhält, ist für die jeweilige Person die situative Aufmerksamkeit sichergestellt – und zwar auch dann, wenn kein Gespräch zustande kommt. Mit diesem gestischen Aufrechterhalten der Situation, das die Betreuerin mimisch und verbal unterstützt, eröffnet sie gleichsam einen Raum für Interaktion, den die Bewohnerin in Anspruch nehmen kann, aber nicht muss. Selbst in der Gruppenkonstellation nimmt der Robotereinsatz also die Form einer Einzelaktivierung an. Diese kann sich unterschiedlich gestalten, wobei es zunächst vor allem einen Unterschied macht, ob der Betreuerin eine Kontaktaufnahme mit der Bewohnerin gelingt, d. h. ob sie auf ihre Darreichung des Geräts, die immer mit einer direkten Ansprache einhergeht, überhaupt eine Reaktion erzielt, die durch das Robotische, d. h. das Spezifische des Geräts bedingt sein kann, aber nicht muss. Im Fall einer erfolgreichen Kontaktaufnahme konnten wir zwei Darreichungstypen kontrastieren:

In Variante 1 setzt die Betreuerin immer wieder einen Gesprächsstimulus, greift einen abgerissenen Gesprächsfaden wieder auf, fordert zum Streicheln des Fells auf, kommentiert die Äußerungsformen des Roboters oder lädt zu deren Deutung ein. Dies ähnelt der Alltagssituation mit Haustieren, für die typisch ist, dass die direkte Ansprache des Tiers in der Regel rasch zum Gespräch über das Tier, von dort aus zu anderen Themen überwechselt – und wieder auf das Tier zurückspringt, wenn es sich bemerkenswert verhält oder das Gespräch stockt (vgl. Bergmann 1988).

In Variante 2 hält sich die Betreuerin dagegen fast vollständig zurück. Ihre Haltung erinnert an die einer Psychoanalytikerin, die durch die sich selbst auferlegte Zurückhaltung eine künstliche Gesprächsatmosphäre erzeugt, die auf Seiten der Patient:innen einen Erzählzwang evoziert. Sie agiert hier statt als Gesprächspartnerin als Beobachterin, deren Blick zwischen Bewohnerin und Gerät hin- und herwechselt. Dabei deutet sie in dieser für sie kommunikativ handlungsentlasteten Situation, wie die Bewohnerin den Roboter deutet bzw. ob die Bewohnerin einen Zusammenhang zwischen ihren Handlungen und der Selbsttätigkeit des Geräts herstellt. Dies gibt Raum für die Art von freischwebender Aufmerksamkeit, die für die Psychoanalyse charakteristisch ist. Bei dieser kommt es gerade nicht auf Fokussierung an, sondern darauf, alle Details wichtig zu nehmen (vgl. dazu Breidenstein et al. 2013: 89). Und so, wie für die freudianische Psychoanalyse eine Sitzordnung typisch ist, in der der/die Therapeut:in neben oder hinter dem Kopf des/-r Patient:in platziert ist, ist auch in diesem Fall die Positionierung der Betreuungskraft bemerkenswert: Für die Beobachterrolle begibt sie sich typischerweise in die Hocke schräg gegenüber der sitzenden Bewohnerin und hat damit sowohl den Blick auf den Roboter als auch und vor allem in das Gesicht der Bewohnerin.

Für die Rolle der Gesprächspartnerin ist hingegen keine besondere Anordnung auffällig. In der Ausübung dieser Rolle öffnet sich das Gespräch durchaus auch für weitere Bewohner:innen. Diese werden keineswegs nur auf Betreiben der Betreuerin, sondern auch von der Bewohnerin in die technikvermittelte Zweierkonstellation hineingeholt.

Für eine Deutung unserer Beobachtungen, denen zufolge die Aktivierungskraft in der einen – auf diversen Kern-Fällen beruhenden – idealtypisierten Variante als *Teilnehmerin* (des Gesprächs mit der Bewohnerin), in der anderen als *Beobachterin* (des Umgangs der Bewohnerin mit dem Roboter) agiert, erschienen uns zwei (post-)phänomenologische Konzepte hilfreich, da hiermit die „sinnlich-leibliche Dimension der Dinge für die Analyse greifbar" (Röhl 2013: 23) wird. Denn die neuere Wissenssoziologie hin zu einem Kommunikativen Konstruktivismus erweitert das Konzept des Kommunikativen über Sprache und Sprechen auf verkörperte Praxis. Damit gewinnt die leibphänomenologische Akzentuierung an Gewicht gegenüber der bei Berger und Luckmann (2013) zwar nicht ausschließlichen, aber vorwiegenden bewusstseinsphänomenologischen Fundierung, die Subjektivität noch nicht auf Relationalität, sondern auf Intentionalität zurückführte.

In Variante 1 wird mit dem Einsatz des technischen Artefakts ein Gesprächsanlass bis hin zum Gesprächspartner geschaffen. Die für einen Roboter symptomatische Eigentätigkeit liefert beiden Beteiligten beständig ein Thema zur möglichen Bezugnahme, wenn das Gespräch zu versiegen droht. In diesem Fall erschien uns die Betreuerin in jener Weise auf die Technik bezogen, die Don Ihde (1990: 97) als „alterity relation" bezeichnet hat: Technik tritt dem Menschen hier als „quasi-otherness" gegenüber, von der eine besondere Faszination ausgeht (Ihde 1990: 100): „What makes it [technology] fascinating is this property of quasi-animation, the life of its own.". Neben Kinderspielzeug und Computerspielen nennt Ihde (1990) explizit den Roboter, wobei er den technischen Quasi-Anderen, ähnlich wie Voss (2021), nicht aus dessen Menschen-Ähnlichkeit ableitet. Es ist vielmehr die „Unfolgsamkeit" (disobedience), die nicht mit Störungen (malfunctioning) gleichzusetzen ist, also das Nicht-Vorhersagen können, was PARO wann ‚tut' bzw. ob er überhaupt etwas ‚tut', das die Technik für die Betreuungskräfte ‚besondert'. Wäre jederzeit vorhersehbar, was der Roboter ‚tut', wäre der Eindruck von Autonomie und Spontaneität gebrochen, die ihm den Anschein von Lebendigkeit verleihen. Dabei darf die damit verbundene Herausforderung nicht übersehen werden: Unsere Beobachtung, dass die Betreuungskraft das Gerät ohne Unterlass streichelt und bewegt, kann als Bemühen darum interpretiert werden, die „Unfolgsamkeit" der Technik zu bewältigen. Diese erreicht dabei nach Ihde (1990) jedoch nie den Grad an Unfolgsamkeit von z. B. einem Tier.

In Variante 2 sind Mensch und Technik demgegenüber auf jene Weise aufeinander bezogen, die Ihde (1990: 80) als „hermeneutic relation" bezeichnet: Technik verhilft dem Menschen hier, so unsere Deutung, etwas über die Welt zu erfahren, indem sie Zeichen produziert, die zu interpretieren sind. Als Beispiel führt Ihde (1990) das Thermometer an, das die Temperatur nicht unmittelbar erfahrbar, sondern mittels zeichenhafter Repräsentationen (Ziffern, Striche an einer Quecksilbersäule) zugänglich macht, wenn es gelesen werden kann (Ihde 1990: 84). Das Decodieren, das hier erforderlich ist, tritt bei einer ungewohnten Maßeinheit (Fahrenheit statt Celsius) noch deutlicher in Vorschein.

Die Deutung, dass der Roboter hier als „hermeneutic technics" zum Einsatz kommt, wird durch Gesprächsdaten unterstützt. Denn die Besonderheit dieser Technik besteht aus Sicht einer Betreuungskraft darin, dass sich mit ihr „Herzenstüren der Erinnerung" (Zitat Interview) öffnen (lassen). Damit meint sie mehr als einen Zugang zu besonders wertvollen biographischen Erlebnissen, die durch die Demenz verschüttet sind: Unserer interpretativ gewonnenen Einsicht zufolge konnotiert sie damit das Durchscheinen der durch die Krankheit verdeckten Persönlichkeit, d. h. der früheren „persönlichen Identität" (Luckmann 1996) des Menschen, mit dem sie es zu tun hat.

Die Entsprechung zur „disobedience" in der „alterity relation" ist in der „hermeneutic relation" die „hermeneutic transparency", die Ihde (1990: 82) am Beispiel des Lesens einer Landkarte veranschaulicht: „It is apparent from the chart example that the chart itself becomes the object of perception while simultaneously referring beyond itself to what is not immediately seen". Dies manifestiert sich im von uns beobachteten Beobachtungsverhalten der Betreuungskräfte, die einerseits ihren Fokus auf die akustischen Laute und Eigenbewegungen, d. h. die ‚Zeichen' des Roboters richten und andererseits – gleichsam durch sie hindurch – auf die Aktionen und Reaktionen der Bewohnerin achten (vgl. nochmals Röhl 2013: 18).

7.4 Zum Schluss: Sozialität mittels Robotik

Am Beispiel der Untersuchung des Einsatzes des Roboters PARO in einer stationären Demenzbetreuung haben wir dargestellt, wie empirische Forschung aus einer Perspektive aussehen kann, die auf performative Aspekte abstellt. Damit rückt die Vollzugspraxis im Sinne dessen in den Fokus, was situativ und performativ zwischen aufeinander und auf Objektivationen bezogenen Akteuren abläuft. Diese prozessierende Wechselbezüglichkeit auf der Basis von Relationalität ist kommunikatives Handeln, das Kommunikation nicht mehr auf Sprache und menschliches Sprechen einengt. Mit dem Einbezug von Objektivierungen und Objektivationen gerät die Materialität und Leib-körperlichkeit der Vollzugspraxis und überdies deren Handlungsmächtigkeit und Wirkung in den Blick. Insbesondere die Frage, welcher Umgang sich mit dem Roboter im untersuchten Setting institutionalisiert, welche Handlungen mit ihm also typischerweise ausgeführt werden und welche Personen in welcher Rolle an der Ausführung dieser Handlungen beteiligt sind, standen im Fokus der Analyse. Auch die Art und Weise, wie das Artefakt konkret gestaltet bzw. objektiviert ist, wurde als keineswegs zufällig herausgestellt. So weckt die spezifische Objektivation nicht nur den Anschein von Lebendigkeit, sondern legt darüber hinaus eine bestimmte Verwendungsweise bereits nahe.

In diesem Aufsatz haben wir dargelegt, was in der Begegnung mit einem ‚sozialen' Roboter geschieht und inwiefern der Roboter aus Sicht eines Sozialen und im weiteren Kommunikativen Konstruktivismus nicht als Akteur, sondern als Wissen und wirkungsvoller Bestandteil einer Handlung bezeichnet werden kann. Wir haben weiterhin dargelegt, warum der Anschein von Lebendigkeit, den ein Roboter wecken kann, nicht ausreicht, diesen als situationsübergreifendes soziales Gegenüber zu begreifen. Grundsätzlich ist der Roboter kein handlungsfähiger Akteur. In der Konzeption des SOKO wird er als Institution Bezugspunkt von Handeln, im KOKO ist er als Objektivation in die triadische Konzeption von Handlung eingeschlossen, womit dessen Wirkmacht erkennbar wird.

Die Schilderung der Ergebnisse der empirischen Studie in der stationären Demenzbetreuung sollte dabei veranschaulicht haben, warum es aus der hier eingenommenen Perspektive geboten ist, nicht von einer ‚Sozialität von Robotern' oder einer ‚Sozialität mit Robotern', sondern von ‚Sozialität mittels Robotern' zu sprechen. So ist Sozialität weder eine inhärente Eigenschaft des Roboters noch Resultat ausschließlich von Bewußtseinsleistung. Vielmehr gründet Sozialität in der triadischen Relationalität subjektfähiger Akteure mit Objektivationen, die unter vielem anderen auch in Gestalt sogenannter sozialer Roboter auftreten können.

Literatur

Assadi, G., F. Karsch, A. Manzeschke & W. Viehöver, 2016: Funktionale Emotionen und emotionale Funktionalität. Über die neue Rolle von Emotionen und Emotionalität in der Mensch-Technik-Interaktion. S. 107–130 in: F. Karsch & A. Manzeschke (Hrsg.), Roboter, Computer und Hybride. Nomos Verlagsgesellschaft mbH & Co. KG.

Baisch, S., T. Kolling, S. Rühl, B. Klein, J. Pantel, F. Oswald & M. Knopf, 2018: Emotionale Roboter im Pflegekontext: Empirische Analyse des bisherigen Einsatzes und der Wirkungen von Paro und Pleo. Zeitschrift für Gerontologie und Geriatrie 51: 16–24.

Berger, P.L. & T. Luckmann, 2013: Die gesellschaftliche Konstruktion der Wirklichkeit: eine Theorie der Wissenssoziologie. Frankfurt am Main: Fischer Taschenbuch.

Bergmann, J., 1988: Haustiere als kommunikative Ressource. S. 299–312 in: H.-G. Soeffner (Hrsg.), Kultur und Alltag (Sonderband 6 der Zeitschrift Soziale Welt). Göttingen: Schwarz.

Bischof, A., 2017: Soziale Maschinen bauen: epistemische Praktiken der Sozialrobotik. Bielefeld: transcript.

Bischof, A., 2020: „Wir wollten halt etwas mit Robotern und Care machen". Epistemische Bedingungen der Entwicklungen von Robotern für die Pflege. S. 46–61 in: J. Hergesell, A. Maibaum & M. Meister (Hrsg.), Genese und Folgen der „Pflegerobotik". Die Konstitution eines interdisziplinären Forschungsfeldes. Weinheim Basel: Beltz Juventa.

Breidenstein, G., S. Hirschauer, H. Kalthoff & B. Nieswand, 2013: Ethnografie: Die Praxis der Feldforschung. Konstanz: UTB GmbH.

Brosziewski, A., 2003: Aufschalten: Kommunikation im Medium der Digitalität. Konstanz: UVK.

Decker, M., R. Dillmann, T. Dreier, M. Fischer, M. Gutmann, I. Ott & I. Spiecker genannt Döhmann, 2011: Service Robotics: Do You Know your New Companion? Framing an Interdisciplinary Technology Assessment. Poiesis & Praxis 8: 25–44.

Eisewicht, P. & M. Pfadenhauer, 2016: Zweckentfremdung als Movens von Aneignungskulturen. Circuit Bending oder: Der gemeinschaftsstiftende inkompetente Gebrauch von Spielzeug. S. 155–174 in: D. Keller & M. Dillschnitter (Hrsg.), Zweckentfremdung. „Unsachgemäßer" Gebrauch als kulturelle Praxis. Paderborn: Wilhelm Fink Verlag.

Fong, T., I. Nourbakhsh & K. Dautenhahn, 2003: A Survey of Socially Interactive Robots. Robotics and Autonomous Systems 42: 143–166.

Geser, H., 1989: Der PC als Interaktionspartner. Zeitschrift für Soziologie 18: 230–243.

Häußling, R., 2010: Zum Design(begriff) der Netzwerkgesellschaft. Design als zentrales Element der Identitätsformation in Netzwerken. S. 137–162 in: J. Fuhse & S. Mützel (Hrsg.), Relationale Soziologie. Zur kulturellen Wende der Netzwerkforschung. Wiesbaden: VS Verlag für Sozialwissenschaften.

Hergesell, J., A. Maibaum & M. Meister, 2020: Forschungsfeld Pflegerobotik. S. 7–13 in: J. Hergesell, A. Maibaum & M. Meister (Hrsg.), Genese und Folgen der „Pflegerobotik". Die Konstitution eines interdisziplinären Forschungsfeldes. Weinheim Basel: Beltz Juventa.

Honer, A., 2011: Zeit-Konfusionen. S. 131–139 in: Kleine Leiblichkeiten. Wiesbaden: VS Verlag für Sozialwissenschaften.

Ihde, D., 1990: Technology and the Lifeworld: From Garden to Earth. Bloomington: Indiana University Press.

Klein, B., L. Gaedt & G. Cook, 2013: Emotional Robots: Principles and Experiences with Paro in Denmark, Germany, and the UK. GeroPsych 26: 89–99.

Knoblauch, H., 2013: Grundbegriffe und Aufgaben des kommunikativen Konstruktivismus. S. 25–47 in: R. Keller, J. Reichertz & H. Knoblauch (Hrsg.), Kommunikativer Konstruktivismus: Theoretische und empirische Arbeiten zu einem neuen wissenssoziologischen Ansatz. Wiesbaden: Springer Fachmedien.

Knoblauch, H., 2016: Über die kommunikative Konstruktion der Wirklichkeit. S. 29–53 in: G.B. Christmann (Hrsg.), Zur kommunikativen Konstruktion von Räumen. Wiesbaden: Springer Fachmedien Wiesbaden.

Knoblauch, H., 2017: Die kommunikative Konstruktion der Wirklichkeit. Wiesbaden: Springer VS.

Knoblauch, H., 2019: Kommunikativer Konstruktivismus und die kommunikative Konstruktion der Wirklichkeit. Zeitschrift für Qualitative Forschung 20: 111–126.

Knoblauch, H. & B. Schnettler, 2004: „Postsozialität", Alterität und Alienität. S. 23–42 in: M. Schetsche (Hrsg.), Der maximal Fremde: Begegnungen mit dem Nichtmenschlichen und die Grenze des Verstehens. Würzburg: Ergon-Verl.

Kotsch, L. & R. Hitzler, 2013: Selbstbestimmung trotz Demenz? ein Gebot und seine praktische Relevanz im Pflegealltag. Weinheim: Beltz Juventa.

Krotz, F., 2007: Der AIBO – Abschied von einem Haustier aus Plastik und Metall. S. 234–235 in: J. Röser (Hrsg.), MedienAlltag. Domestizierungsprozesse alter und neuer Medien. Wiesbaden: VS Verlag für Sozialwissenschaften.

Krotz, F., 2008: Posttraditionale Vergemeinschaftung und mediatisierte Kommunikation. S. 151–169 in: R. Hitzler, A. Honer & M. Pfadenhauer (Hrsg.), Posttraditionale Gemeinschaften. Theoretische und ethnografische Erkundungen. Wiesbaden: VS Verlag für Sozialwissenschaften.

Krummheuer, A., 2010: Interaktion mit virtuellen Agenten? Realitäten zur Ansicht: Zur Aneignung eines ungewohnten Artefakts. Oldenburg: De Gruyter.

Lindemann, G., 2002: Person, Bewusstsein, Leben und nur-teschnische Artefakte. S. 79–100 in: W. Rammert & I. Schulz-Schaeffer (Hrsg.), Können Maschinen handeln? Soziologische Beiträge zum Verhältnis von Mensch und Technik. Frankfurt am Main: Campus Verlag.

Lindemann, G., 2005: Die Verkörperung des Sozialen. Theoriekonstruktionen und empirische Forschungsperspektiven. S. 114–138 in: M. Schroer (Hrsg.), Soziologie des Körpers. Frankfurt am Main: Suhrkamp.

Lindemann, G., 2008: Lebendiger Körper – Technik – Gesellschaft. S. 689–704 in: K.-S. Rehberg (Hrsg.), Die Natur der Gesellschaft: Verhandlungen des 33. Kongresses der Deutschen Gesellschaft für Soziologie in Kassel 2006. Frankfurt am Main: Campus Verl.

Lindemann, G. & H. Matsuzaki, 2014: Constructing the Robot's Position in Time and Space. The Spatio-Temporal Preconditions of Artificial Social Agency. Science, Technology & Innovation Studies 10: 85–106.

Luckmann, T., 1986: Grundformen der gesellschaftlichen Vermittlung des Wissens: Kommunikative Gattungen. Kölner Zeitschrift für Soziologie & Sozialpsychologie Kultur und Gesellschaft Sonderheft 27: 191–211.

Luckmann, T., 1996: Persönliche Identität, soziale Rolle und Rollendistanz. S. 293–314 in: O. Marquard & K. Stierle (Hrsg.), Identität. München: Wilhelm Fink Verlag.

Luckmann, T., 2002: Individuelles Handeln und gesellschaftliches Wissen. S. 69–90 in:
    H. Knoblauch, J. Raab & B. Schnettler (Hrsg.), Wissen und Gesellschaft. Ausgewählte
    Aufsätze 1981–2002. Konstanz: UVK Verlagsgesellschaft mbH.
Luckmann, T., 2007a: Wirklichkeiten: individuelle Konstitution, gesellschaftliche
    Konstruktion. S. 127–137 in: Lebenswelt, Identität und Gesellschaft. Konstanz: UVK
    Verlagsgesellschaft.
Luckmann, T., 2007b: Über die Grenzen der Sozialwelt. S. 62–90 in: Lebenswelt, Identität und
    Gesellschaft. Konstanz: UVK Verlagsgesellschaft.
Lueger, M., 2000: Grundlagen qualitativer Feldforschung Methodologie – Organisierung –
    Materialanalyse. Wien/Stuttgart: UTB/WUV.
Lueger, M., 2010: Interpretative Sozialforschung die Methoden. Wien: Facultas.
Nassehi, A., 2019: Muster: Theorie der digitalen Gesellschaft. München: C.H. Beck.
Pedersen, P.L., 2011: Do Elders Dream of Electric Seals? A SCOT Analysis of the Mental
    Commitment Robot PARO in Elderly Care. Oslo: Masterarbeit.
Pentenrieder, A., 2020: Algorithmen im Alltag: eine praxistheoretische Studie zum
    informierten Umgang mit Routenplanern. Frankfurt New York: Campus Verlag.
Pfadenhauer, M., 2017: Fotografieren (lassen) in der lebensweltanalytischen Ethnografie.
    Das Foto als Wissensform. S. 133–146 in: T.S. Eberle (Hrsg.), Fotografie und Gesellschaft.
    Phänomenologie und wissenssoziologische Perspektiven. Bielefeld: Transcript.
Pfadenhauer, M., 2018: Materialität im Modus des Als-ob. Zur Fingiertheit der Wirklichkeit mit
    technischen und tierischen Begleitern. S. 640–651 in: A. Poferl & M. Pfadenhauer (Hrsg.),
    Wissensrelationen. Beiträge und Debatten zum 2. Sektionskongress der
    Wissenssoziologie. Weinheim Basel: Beltz Juventa.
Pfadenhauer, M. & C. Dukat, 2014: Künstlich begleitet. Der Roboter als neuer bester Freund
    des Menschen? S. 189–210 in: T. Grenz & G. Möll (Hrsg.), Unter Mediatisierungsdruck.
    Wiesbaden: Springer Fachmedien Wiesbaden.
Pfadenhauer, M. & T. Grenz, 2015: Uncovering the Essence: The Why and How of
    Supplementing Observation with Participation in Phenomenology-Based Ethnography.
    Journal of Contemporary Ethnography 44: 598–616.
Pfadenhauer, M. & T. Grenz, 2017: Von Objekten zu Objektivierung: Zum Ort technischer
    Materialität im Kommunikativen Konstruktivismus. Soziale Welt 68: 225–242.
Pfadenhauer, M. & R. Hitzler, 2020: Grenzen der Kommunikation als Grenzen der
    Wirklichkeitskonstruktion. Bestimmung von den Grenzsituationen technischer/
    tierischer Begleiter her. S. 287–300 in: J. Reichertz (Hrsg.), Grenzen der
    Kommunikation – Kommunikation an den Grenzen. Velbrück Wissenschaft.
Pfadenhauer, M. & C. Schlembach, 2022: Künstliche Intelligenz und therapeutische
    Interaktion. Universität Wien. Societal Impact Plattform. Online verfügbar unter https://
    impact-sowi.univie.ac.at/faecher/soziologie/kuenstliche-intelligenz-und-therapeutische-
    interaktion/, zuletzt geprüft am 07.07.2022.
Pfadenhauer, M. & H. Knoblauch (Hrsg.), 2019: Social constructivism as paradigm? the legacy
    of the social construction of reality. London New York: Routledge.
Picard, R.W., 1997: Affective computing. Cambridge, Mass: MIT Press.
Picard, R.W., 2003: Affective Computing: Challenges. International Journal of Human-
    Computer Studies 59: 55–64.
Rammert, W., 2006: Die technische Konstruktion als Teil der gesellschaftlichen Konstruktion
    der Wirklichkeit. S. 83–100 in: H.-G. Soeffner, H. Knoblauch & D. Tänzler (Hrsg.),
    Zur Kritik der Wissensgesellschaft. Konstanz: UVK-Verl.-Ges.

Rammert, W., 2012: Distributed Agency and Advanced Technology. Or: How to Analyze Constellations of Collective Inter-Agency. S. 89–112 in: J.-H. Passoth & M. Schillmeier (Hrsg.), Agency without Actors? New approaches to collective action. Oxon: Routledge.

Reichertz, J. & R. Tuma, 2017: Der Kommunikative Konstruktivismus bei der Arbeit. S. 7–29 in: J. Reichertz & R. Tuma (Hrsg.), Der Kommunikative Konstruktivismus bei der Arbeit. Weinheim Basel: Beltz Juventa.

Röhl, T., 2013: Dinge des Wissens: Schulunterricht als sozio-materielle Praxis. Stuttgart: Lucius & Lucius.

Ropohl, G., 2009: Allgemeine Technologie: eine Systemtheorie der Technik. Karlsruhe: Universitätsverlag Karlsruhe.

Royakkers, L. & R. van Est, 2015: A Literature Review on New Robotics: Automation from Love to War. International Journal of Social Robotics 7: 549–570.

Schlembach, C. & M. Pfadenhauer, 2021: Algorithmus und Handlungssinn: zur Struktur mediatisierten therapeutischen Handelns in Krankenhäusern. Berliner Journal für Soziologie.

Scholtz, C.P., 2008: Alltag mit künstlichen Wesen: theologische Implikationen eines Lebens mit subjektsimulierenden Maschinen am Beispiel des Unterhaltungsroboters Aibo. Göttingen: Vandenhoeck & Ruprecht.

Schulz-Schaeffer, I., 2007: Zugeschriebene Handlungen: ein Beitrag zur Theorie sozialen Handelns. Weilerswist: Velbrück Wissenschaft.

Schulz-Schaeffer, I. & W. Rammert, 2019: Technik, Handeln und Praxis. Das Konzept gradualisierten Handelns revisited. S. 41–76 in: C. Schubert & I. Schulz-Schaeffer (Hrsg.), Berliner Schlüssel zur Techniksoziologie. Wiesbaden: Springer Fachmedien Wiesbaden.

Schütz, A. & T. Luckmann, 2017: Strukturen der Lebenswelt. Konstanz: UVK Verlagsgesellschaft mbH.

Sharkey, N. & A. Sharkey, 2012: The Eldercare Factory. Gerontology 58: 282–288.

Suchman, L.A., 2007: Human-machine Reconfigurations: Plans and Situated Actions. Cambridge; New York: Cambridge University Press.

Tomasello, M., 2010: Die Ursprünge der menschlichen Kommunikation. (J. Schröder, Übers.). Frankfurt am Main: Suhrkamp.

Tomasello, M., 2020: Mensch werden Eine Theorie der Ontogenese. (J. Schröder, Übers.). Suhrkamp.

Tuma, R., B. Schnettler & H. Knoblauch, 2013: Videographie: Einführung in die interpretative Videoanalyse sozialer Situationen. Wiesbaden: Springer VS.

von Scheve, C., 2014: Interaction Rituals with Artificial Companions. From Media Equation to emotional relationships. Science, Technology & Innovation Studies 10: 65–83.

Voss, L., 2021: More Than Machines? The Attribution of (In)Animacy to Robot Technology. Bielefeld: transcript.

Wada, K., T. Shibata, T. Musha & S. Kimura, 2008: Robot Therapy for Elders Affected by Dementia. IEEE Engineering in Medicine and Biology Magazine 27: 53–60.

Weiss, D.M., 2020: Learning to Be Human with Sociable Robots. Paladyn, Journal of Behavioral Robotics 11: 19–30.

Weyer, J., 2008: Techniksoziologie: Genese, Gestaltung und Steuerung sozio-technischer Systeme. Weinheim: Juventa Verlag.

Ingo Schulz-Schaeffer, Martin Meister, Tim Clausnitzer
und Kevin Wiggert

8 Sozialität von Robotern aus handlungstheoretischer Perspektive

8.1 Einleitung

Die Frage der Sozialität von Robotern kann man in einem engeren und einem weiteren Sinne thematisieren.[1] Im Teilgebiet der Robotik, das als „Soziale Robotik" firmiert, adressiert der Begriff des sozialen Roboters hauptsächlich Sozialität im engeren Sinne. Dabei geht es um Roboter, die die menschlichen Fähigkeiten der Interaktion mit anderen Menschen entweder tatsächlich besitzen oder diese Fähigkeiten in der Interaktion so glaubwürdig nachbilden, dass sie als soziale Wesen wahrgenommen werden (vgl. Kap. 1). Bei Sozialität in einem weiteren Sinne geht es um soziale Eigenschaften und Wirkungsweisen, die nicht nur Roboter, sondern technische Artefakte insgesamt dadurch erwerben, dass sie einen bestimmten Platz innerhalb sozio-technischer Zusammenhänge einnehmen. Wenn also, wie in einem bekannten Beispiel von Bruno Latour, der hydraulische Türschließer die Tür nach Betreten des Gebäudes mit einer Behutsamkeit schließt, „that one could expect from a well-trained butler" (Latour 1992: 233), dann drückt sich darin aus, dass nicht erst von sozialen Robotern, sondern bereits von einfachen technischen Artefakten in ihren jeweiligen Zusammenhängen erwartet wird, sich sozial angemessen zu verhalten. Da technische Artefakte entwickelt und angeeignet werden, um in bestimmten Nutzungssituationen genutzt zu werden, wirken sie stets auch auf die sozialen Interaktionen und sozialen Beziehungen der betreffenden Nutzungskontexte ein und sind umgekehrt unweigerlich Adressaten sozialer Erwartungen. Die Beiträge, die technische Artefakte in der Nutzungssituation beisteuern, und die Positionen, die sie im Nutzungskontext einnehmen, müssen mithin sowohl in technischer wie in sozialer Hinsicht hinreichend gut passen, damit sich eine neue sozio-technische Konstellation etablieren kann.

Für die Idee, die Sozialität von Technik im weiteren Sinne handlungstheoretisch zu analysieren, hat die Akteur-Netzwerk-Theorie in der neueren sozialwissenschaftlichen Technikforschung den entscheidenden Anstoß geliefert. Die Akteur-

1 Diese Publikation wurde gefördert durch die Deutsche Forschungsgemeinschaft (DFG), Projektnummer 442146413 im Schwerpunktprogramm „Digitalisierung der Arbeitswelten" (SPP 2267).

https://doi.org/10.1515/9783110714944-008

Netzwerk-Theorie bekommt die Sozialität von Technik in den Blick, indem sie einen „schwachen" Handlungsbegriff und einen „schwachen" Akteursbegriff zu Grunde legt. Diesem Verständnis zufolge ist jegliche verändernde Wirksamkeit ein Handeln und „jedes Ding, das eine gegebene Situation verändert, indem es einen Unterschied macht, ein Akteur" (Latour 2007: 123; vgl. Schulz-Schaeffer 2014: 269). Als Instrument für die handlungstheoretische Analyse der Sozialität von Technik ist dieser schwache Handlungsbegriff insbesondere nützlich, um zu zeigen, dass bereits einfachste technische Artefakte wesentliche Beiträge zur Entstehung und Stabilisierung sozialer Zusammenhänge leisten. So sind denn auch viele der Protagonist:innen in den Schulbeispielen der Akteur-Netzwerk-Theorie einfachste Techniken: Der Schlüsselanhänger, der dem Wunsch des Portiers zur Realisierung verhilft, die Hotelschlüssel an der Rezeption abzugeben; die Bodenschwelle, die die Geschwindigkeitsbegrenzung wirksamer durchsetzt als das Geschwindigkeitsbegrenzungs-Schild; oder auch der schon angesprochene Türschließer (vgl. Latour 1988; 1991; 1992; 1996).

Nun beschränkt sich die menschliche Handlungsfähigkeit jedoch nicht darauf, verändernd wirksam zu werden, sondern kann das verändernde Wirken in einer Weise mit Sinn verbinden, die es ermöglicht, die verändernde Wirksamkeit zu planen, zu steuern und an Zielen zu orientieren. Und auch die zunehmend intelligentere Technik führt zu komplexeren Formen der sinnhaften Steuerung des Verhaltens technischer Artefakte bis hin zur eigenständigen Verhaltensplanung und Zielbestimmung. Für die handlungstheoretische Analyse komplexer intelligenter Techniken wie der sozialen Robotik reicht der schwache Handlungsbegriff der Akteur-Netzwerk-Theorie deshalb nicht mehr aus.

Der entscheidende Vorteil des schwachen Handlungsbegriffs für die Analyse der Sozialität von Technik ist es, dass er es erlaubt, die artefaktischen und die menschlichen Handlungsbeiträge auf einer gemeinsamen Ebene vergleichbar zu machen und dadurch die Verteilung der sozialen wie der technischen Eigenschaften ohne Vorfestlegungen des Beobachtungsstandpunktes „symmetrisch" (vgl. Latour 1987: 144; Schulz-Schaeffer 2014: 275 f.) in den Blick zu bekommen. Um Verhältnisse verteilten Handelns, an denen intelligente Technik beteiligt ist, symmetrisch analysieren zu können, bedarf es eines Handlungsbegriffs, der weniger schwach ist als derjenige der Akteur-Netzwerk-Theorie, aber es dennoch weiterhin erlaubt, die menschlichen und die artefaktischen Handlungsbeiträge jeweils auf der gleichen Handlungsebene miteinander zu vergleichen. Mit dem Konzept des gradualisierten Handelns haben Werner Rammert und Ingo Schulz-Schaeffer (2002) einen Handlungsbegriff entwickelt, der genau darauf zielt. Dieses Konzept des gradualisierten Handelns in der aktuellen, weiterentwickelten Fassung (Schulz-Schaeffer/Rammert 2019; Schulz-Schaeffer 2019a; 2019b) legen wir unserer handlungstheoretischen Analyse der Sozialität von Robotern zu Grunde.

Der Beitrag ist wie folgt aufgebaut: Im folgenden Abschnitt begründen wir, warum und in welcher Weise unser handlungstheoretischer Zugriff sich an einem breiteren Verständnis der Sozialität von Robotern orientiert. Anschließend stellen wir das Konzept des gradualisierten Handelns vor. Danach erklären wir unseren empirischen Zugriff auf die Entwicklungs- und Aushandlungsprozesse der Erfindung und Etablierung neuer sozio-technischer Konstellationen des verteilten Handelns mit sozialen Robotern. Die handlungstheoretische Analyse und unseren empirischen Zugriff illustrieren wir dann anhand von Beispielen aus unseren aktuellen Forschungen über kollaborative Roboter in der Industrie und im Pflegebereich.

8.2 Das engere und das breitere Verständnis sozialer Roboter

Der engere Begriff der sozialen Robotik, auf die sich Florian Muhle in der Einleitung zu diesem Band bezieht, ist die gängige Selbstbeschreibung eines Teilgebietes der Robotik und damit ein Feldbegriff (zu einer frühen Systematisierung Fong et al. 2003). Was als „das Soziale" verstanden wird, sind hier unterschiedliche Versionen der Orientierung von Roboterarchitekturen an „den Menschen". So unterscheidet Kerstin Dautenhahn (2007) in ihrem prominenten Überblick über die Soziale Robotik drei Herangehensweisen in diesem Feld:
(1) Der „sociable robot" ist mit technischen Fähigkeiten ausgestattet, sich an menschliche Umgebungen anzupassen. Aufgrund dieser Schwerpunktsetzung bei technischen Möglichkeiten wird diese Herangehensweise der „robot-centric view" zugerechnet.
(2) Der „socially evocative robot" ist darauf ausgelegt, positive Reaktionen emotionaler oder motivationaler Art bei den menschlichen Nutzer:innen hervorzurufen oder gar als ein Interaktionspartner wahrgenommen zu werden. Da sich die technische Ausstattung und Gestalt dieser Roboter nur daran bemisst, ob die erwünschte Reaktion hervorgerufen werden kann, wird diese Herangehensweise der „human-centric view" zugeordnet.
(3) Ebenfalls „human-centric", aber diametral entgegengesetzt, ist die Herangehensweise beim „socially intelligent robot", bei dem eine anspruchsvolle, am menschlichen Vorbild orientierte Modellierung der kognitiven Prozese des Roboters („deep modelling of cognition"; Dautenhahn 2007: 684) als Voraussetzung für gelingende Mensch-Roboter-Interaktion angesehen wird.

Dies ist eine sicherlich sinnvolle Einteilung von grundsätzlichen Herangehensweisen auch in anderen Bereichen der Robotik, doch zeigt die Zusammenfassung sehr deutlich, dass sich dieses Verständnis von sozialer Robotik an sehr grundsätzlichen Fragestellungen orientiert (welche Emotionen können evoziert werden? Was sind geeignete Modelle komplexer kognitiver Prozesse?). Das ist wohl auch der Grund dafür, dass sich die Projekte in diesem Teilbereich der Robotik, von wenigen Ausnahmen wie der Roboterrobbe Paro oder Museumsinstallationen abgesehen, in der akademischen Grundlagenforschung abspielen (s. die Übersicht in Breazeal et al. 2008). Inwieweit sich dieser Feldbegriff von sozialer Robotik durch die Etablierung eines größeren interorganisationalen Feldes, zu dem auch Forschungen zu Mensch-Roboter-Interaktion, Organisationsforschung und nicht zuletzt Ethik beitragen, erweitert und damit auch anwendungsnäher wird, kann zum jetzigen Zeitpunkt noch schwer abgeschätzt werden (vgl. Meister 2019).

Neben diesem engeren Begriff der sozialen Robotik findet sich in der Robotik auch eine breitere Verwendung dieses Begriffs. Hier dient er als Chiffre für neuere Versuche, Roboter direkt in menschlichen Umgebungen einzusetzen. Die breitere Verwendung des Begriffes des sozialen Roboters bezieht sich auf die seit etwa zwei Jahrzehnten in der Robotik vertretene Auffassung, dass die technische Entwicklung in diesem Forschungs- und Entwicklungsfeld nach Jahrzehnten der rein technischen Entwicklung nunmehr so weit vorangeschritten sei, dass sie in der für Roboter bei weitem herausforderndsten Domäne sinnvoll zur Anwendung gebracht werden können: in alltäglichen menschlichen Einsatzumgebungen. Diese Auffassung weist über die lange dominante klassische Industrierobotik hinaus, in der die Roboter durch Zäune sorgsam von den menschlichen Arbeitskräften separiert werden mussten. Sie weist aber auch über die Feldrobotik hinaus, die ihr Einsatzgebiet in vom Menschen entfernten Einsatzumgebungen hat (die Kanalisation oder den Mars zum Beispiel). Vielmehr sollen diese neuen Roboter in unmittelbarer Kollaboration mit Menschen in deren Alltag, in typischen Arbeits- und Freizeitumgebungen direkt interagieren. So heißt es etwa prominent in der Einleitung der ersten Ausgabe des bekannten „Handbook of Robotics": „Nach den Grenzen des Menschen greifend, beschäftigt sich die Robotik intensiv mit den wachsenden Herausforderungen neu entstehender Anwendungsbereiche. Die neue Generation von Robotern, die mit Menschen interagieren, erkunden und zusammenarbeiten, wird die Leute und ihr Leben immer stärker berühren. Die greifbare Aussicht auf praktische Roboter unter Menschen ist das Ergebnis der wissenschaftlichen Bemühungen eines halben Jahrhunderts der Roboterentwicklung" (Siciliano/Khatib 2008: XVII, eigene Übersetzung).

Mit dieser Auffassung ist nicht nur die Hoffnung verbunden, neue und insbesondere gesellschaftlich sinnvolle Einsatzgebiete für Roboter zu erschließen, sondern auch die Hoffnung, dass die vielfach kritisierte vorwiegend technische Orientierung der Roboterentwicklung (die „technology-centric" oder „robot-centric view") durch die Integration einer „human-centric view" folgenreich ergänzt werden kann, also dass Sichtweisen und Bedürfnisse aus den gesellschaftlichen Anwendungsgebieten in der Roboterentwicklung nunmehr tatsächlich eine Rolle spielen (vgl. Steinfeld et al. 2006; Sabanovic 2010).

Wir legen in diesem Beitrag das breitere Verständnis sozialer Roboter zu Grunde. Für die Analyse der Sozialität von Robotern schlagen wir einen handlungstheoretischen Zugang vor, der gegenüber der mit dem engeren Begriff von sozialer Robotik eingenommenen Perspektive anders akzentuiert und so andere Aspekte der Sozialität von Robotern in den Blick nimmt. Anders als beim „socially intelligent robot" stellt diese Analyse nicht auf Menschenähnlichkeit ab, sondern auf die Beteiligung von Robotern in Handlungszusammenhängen, die sozio-technische Konstellationen folgenreich verändert. Und die Unterscheidung der Handlungsdimensionen stellt anders als beim „socially evocative robot" darauf ab, dass es nicht nur auf das Auslösen von Reaktionen durch irgendein Gerät ankommt, sondern um neue Formen des Zusammenhandelns von Robotern und ihren Nutzer:innen.

Anders als beim engeren Feldbegriff der Sozialen Robotik zielt die Analyse von kollaborativen Robotern nicht auf im Kern grundlagentheoretische Forschungen, sondern auf den Einbau von Robotern in alltägliche menschliche Umgebungen. Es lassen sich viele Beispiele eines solchen Einbaus und der damit verbundenen Neugestaltung sozio-technischer Konstellationen feststellen, die allerdings ganz überwiegend noch im Stadium von anwendungsorientierter Forschung und von Pilotanwendungen sind – ein massenhafter Einsatz in menschlichen Alltagsumgebungen kann also (noch) nicht beobachtet werden. Daher wird ein Untersuchungsansatz benötigt, der diese zwar fortgeschrittenen und systematischen, aber noch keineswegs voll durchgesetzten Realisierungen von kollaborativen Robotern, die sich noch in Aushandlung befinden, greifbar machen kann.

8.3 Das Konzept gradualisierten Handelns

Anthony Giddens zufolge ist Handeln sowohl gekennzeichnet durch die „Fähigkeit ... ‚einen Unterschied herzustellen' zu einem vorher existierenden Zustand oder Ereignisablauf" (Giddens 1992: 66) als auch dadurch, dass der Akteur „in jeder Phase einer gegebenen Verhaltenssequenz anders hätte handeln können" (Giddens 1992: 60), und zudem auch noch dadurch, dass die Akteur:innen „in der Lage sind, für ihr Handeln in aller Regel eine Erklärung abzugeben, wenn sie danach gefragt werden" (Giddens 1992: 56). Daran anknüpfend und zugleich davon abweichend betrachtet das Konzept des gradualisierten Handelns die hier genannten drei Merkmale als drei unterschiedliche Ebenen des Handelns. Die unterste Ebene ist demnach die Ebene der verändernden Wirksamkeit, die mittlere Ebene die des Auch-anders-handeln-Könnens, und die voraussetzungsvollste dritte Ebene ist die Ebene des intentionalen Handelns (vgl. Rammert/Schulz-Schaeffer 2002: 44). Entscheidend für das Konzept des gradualisierten Handelns ist es, dass die drei Ebenen in einem gewissen Umfang unabhängig voneinander vorkommen können, d. h. es gibt neben dem Handeln, das alle drei Ebenen umfasst, auch ein Handeln, das nur die ersten beiden Ebenen umfasst oder auch sich nur auf die unterste Ebene beschränkt.

Dies gilt offenkundig für das als Handeln interpretierte Verhalten technischer Artefakte. Aber dies gilt – und das ist für die Analyse der Delegations- und Substitutionsverhältnisse im verteilten Handeln von wesentlicher Bedeutung – in einem gewissen Umfang auch für menschliches Handeln. Auch dort gibt es eine Vielzahl von Tätigkeiten des verändernden Wirkens, die stets in der gleichen Weise durchgeführt werden und bei denen die Fähigkeit des Auch-anders-handeln-Könnens wenig erforderlich ist. Und sofern die Fähigkeit des Auch-anders-handeln-Könnens für die kompetente Handlungsdurchführung erforderlich ist, impliziert dies in vielen Fällen nicht bereits auch die Fähigkeit, auf Handlungsziele Bezug nehmen zu können.

Das Konzept des gradualisierten Handelns ermöglicht es, das Hin und Her der Delegation und Substitution von menschlichen und artefaktischen Handlungsbeiträgen im verteilten Handeln nicht nur auf der Ebene der verändernden Wirksamkeit – auf die der schwache Handlungsbegriff der Akteur-Network -Theorie beschränkt ist – in einer unvoreingenommenen symmetrischen Weise in den Blick zu bekommen, sondern auch für die Ebenen des Handelns, die durch komplexere Formen der Einbeziehung von Handlungssinn gekennzeichnet sind (vgl. Kapitel 3).

Die aktualisierte Fassung des Konzeptes des gradualisierten Handelns (vgl. Schulz-Schaeffer/Rammert 2019) zielt darauf, die unterschiedlichen Konstellationen des Zusammenwirkens von Handlungswirksamkeit und Handlungssinn noch genauer in den Blick zu bekommen. Dazu legt es ein dezidiert handlungstheoretisches Verständnis zugrunde, wonach Handlungen an der Realisierung von Zielen orientierte Verhaltenssequenzen sind. Die Durchführung selbst, das Handeln also, bezieht seinen Sinn demnach aus dem Handlungsziel und ist erfolgreich, wenn es gelingt, das Handeln (bewusst oder routinemäßig) so zu planen, zu steuern und zu kontrollieren, dass das Handlungsziel erreicht wird (vgl. z. B. Luckmann 1992: 48 ff.). Nach diesem Verständnis von Handeln als einem sinnhaften

Geschehen ist es ebenso möglich, dass der Handlungssinn stillschweigend und routinemäßig zur Geltung kommt, wie auch, dass es sich um bewusste Sinngebung handelt. Es handelt sich mithin um ein handlungstheoretisches Verständnis, dass praxistheoretische Überlegungen mit einbezieht (vgl. Schulz-Schaeffer 2010; Schulz-Schaeffer/Rammert 2019). Ausgehend von diesem Verständnis sinnhaften Handelns lassen sich Akteure durch drei Merkmale charakterisieren:

„Sie sind 1) als effektive Handlungssubjekte fähig, verändernde Wirksamkeit auszuüben, sind also in der Lage, die Veränderungen in Raum und Zeit herbeizuführen, die erforderlich sind, um das betreffende Handlungsziel zu erreichen (*effektive Handlungsdimension*). Sie sind 2) regulative Handlungssubjekte, insofern sie die Steuerungsgewalt und Kontrolle über die Handlungsdurchführung besitzen (*regulative Handlungsdimension*); und sie sind 3) intentionale Handlungssubjekte, das heißt es sind ihre Zielsetzungen, von denen sich die Schritte der Handlungsdurchführung ableiten (*intentionale Handlungsdimension*). (Schulz-Schaeffer 2019b: 11 f.)

Wieder geht es aus der Perspektive des gradualisierten Handlungsbegriffs darum, in welcher Weise diese drei Handlungsdimensionen auf den unterschiedlichen Handlungsebenen zum Tragen kommen. Die Auseinandersetzung mit dieser Frage führt zu einigen weiterführenden Erkenntnissen mit Blick auf jede der drei Ebenen des gradualisierten Handelns:

8.3.1 Die Ebene der verändernden Wirksamkeit

In der ursprünglichen Fassung des Konzepts gradualisierten Handelns waren die Autoren noch der Auffassung, dass die Handlungsebene der verändernden Wirksamkeit im Wesentlichen deckungsgleich ist mit dem schwachen Handlungsbegriff der Akteur-Network-Theorie (vgl. Rammert/Schulz-Schaeffer 2002: 44 f.). Die handlungstheoretische Analyse zeigt, dass dies nicht zutrifft. Vielmehr zeigt sich: „Jede Delegation einer Tätigkeit – gleichgültig, ob sie an eine Maschine oder einen Menschen übertragen wird, – betrifft sowohl die effektive wie auch die regulative Handlungsdimension. Die Aufgabe, eine bestimmte Veränderung herbeizuführen, lässt sich nicht delegieren, ohne zugleich auch die Durchführungssteuerung und -kontrolle abzugeben" (Schulz-Schaeffer/Rammert 2019: 47; vgl. Schulz-Schaeffer 2019b: 13–16). Dies ergibt sich zwingend aus der Sinnbezogenheit des Handelns: Wenn veränderndes Wirken dadurch zu einem Handlungsbeitrag wird, dass es zur Realisierung eines Handlungsziels beiträgt, das dem Handeln seinen Sinn gibt, dann kann dieses verändernde Wirken nicht delegiert werden, ohne zugleich auch zu delegieren, dass dieses verändernde Wirken als Handlungsbeitrag zu der betreffenden Handlung durchgeführt wird. Dies sicherzustellen, ist aber genau das, was die regulative Handlungsdimension ausmacht. Art und Umfang der Delegation der Durchführungssteuerung und -kontrolle kann jedoch höchst unterschiedlich sein.

Die einfachsten Formen der Handlungssteuerung sind diejenigen, bei denen die Art und Weise der Handlungsdurchführung einem festen Ablauf folgt und unabhängig von den Gegebenheiten der konkreten Handlungssituation stets in mehr oder weniger identischer Form erfolgt. Das Ablaufschema kann durch eingelebte Gewohnheiten repräsentiert werden, durch strikte Routinen oder soziale Normen oder auch durch organisationale, administrative oder technische Verhaltensvorschriften unterschiedlichster Art. Im Fall technischer Artefakte kann man hier von Algorithmen sprechen, wobei dieser Begriff dann nicht nur zur „Bezeichnung software-technisch realisierter Verfahrensvorschriften" dient, da sachtechnisch objektivierte Verfahrensvorschriften „auch in der mechanischen oder elektrotechnischen Verkopplung von Gerätekomponenten niedergelegt sein [können]" (Schulz-Schaeffer/Rammert 2019: 47; vgl. Schulz-Schaeffer 2008a: 30). Handlungsschritte, die bereits bei menschlicher Handlungsdurchführung einem festen Ablaufschema folgen, lassen sich am einfachsten an technische Artefakte delegieren, denn diese Form der Ablaufsteuerung lässt sich bereits physisch implementieren und stellt auch bei software-technischer Realisierung die simpelste Form der Programmierung dar. Dieser einfachen Delegations- und Substitutionsverhältnisse halber entsteht schnell der – falsche – Eindruck, dass hier nur die effektive Handlungsdimension im Spiel ist. Tatsächlich aber ist auch die regulative Handlungsdimension in Form dieser einfachsten Form der Handlungssteuerung involviert.

8.3.2 Die Ebene des Auch-anders-handeln-Könnens

Die einfachsten Formen des Auch-anders-handeln-Könnens unterscheiden sich von der zuvor angesprochenen Form der Durchführungssteuerung nur dadurch, dass das vorgegebene Ablaufschema an bestimmten Punkten Verzweigungen enthält, an denen zwischen unterschiedlichen Handlungsoptionen gewählt werden muss. Welche dieser Optionen gewählt werden soll, ist im einfachsten Fall aber ebenfalls vorgegeben und orientiert sich typischerweise an bestimmten Gegebenheiten der betreffenden Handlungssituation (Schulz-Schaeffer 2019b: 48 f.). Handlungsbeiträge, die auf dieser Form des Auch-anders-handeln-Könnens beruhen, lassen sich in vielen Fällen ebenfalls recht einfach an Technik delegieren. Sie lassen sich ebenfalls bereits ohne softwaretechnische Komponenten realisieren (wie beim mechanischen Thermostat). Im Fall softwaretechnischer Realisierungen erfordern sie nur Softwaretechnik der allerersten Generation.

Komplexere Formen des Auch-anders-handeln-Könnens entstehen, wenn die Kriterien für die Wahl zwischen den verfügbaren Handlungsoptionen nicht fest vorgegeben sind, sondern aus Wissen über die konkreten Handlungssituationen abgeleitet werden müssen, oder wenn die Handlungsoptionen selbst nicht fest vorgegeben sind, sondern aus Wissen über die konkreten Handlungssituationen entwickelt werden müssen, oder wenn beides zugleich der Fall ist (vgl. Schulz-Schaeffer/Rammert 2019: 49). Diese Formen des Auch-anders-handeln-Könnens sind gefragt, wenn die einzelnen Handlungssituationen sich so stark voneinander unterscheiden, dass sich ein situationsangemessenes Verhalten nicht mehr auf der Grundlage vordefinierter Vorgehensweisen realisieren lässt. Das Navigationsgerät ist ein Beispiel hierfür. Es wäre ebenso unsinnig wie unmöglich, im Navigationsgerät für jede Route, die ein Nutzer erfragen könnte, einen vorprogrammierten Algorithmus vorzuhalten. Realisierbar wurden Navigationsgeräte erst, als es möglich wurde, sie mit den erforderlichen Informationen über das Wegenetz zu versorgen, mit den relevanten Kriterien der Bewertung möglicher Wegstrecken und diese Geräte dann selbst die verfügbaren Handlungsoptionen berechnen und auswählen zu lassen (Schulz-Schaeffer/Rammert 2019: 49).

Ein weiterer Unterschied in der Komplexität des Auch-anders-handeln-Könnens besteht schließlich darin, ob das erforderliche situationsbezogene Wissen bereits als gesammeltes Wissen irgendwo vorliegt (etwa als Expertenwissen in den Köpfen der Spezialist:innen oder in den Wissensdatenbanken der Computer) oder ob es in der jeweiligen Situation selbst generiert werden muss (vgl. Schulz-Schaeffer/Rammert 2019: 50). Zu den Formen der informationsverarbeitenden und informationsgenerierenden Handlungssteuerung technischer Abläufe vgl. auch Schulz-Schaeffer (2008a: 34 ff.).

Für die Analyse verteilten Handelns ist es darüber hinaus wichtig, zwischen zwei Aspekten regulativer Handlungsfähigkeit zu unterscheiden, der Steuerung und der Kontrolle: „Etwas zu steuern ist der Vorgang, mit dem ein Vollzug an einem Plan orientiert wird, in unserem Fall also: die Handlungsdurchführung am Handlungsentwurf. Etwas unter Kontrolle zu haben bedeutet dagegen, die Übereinstimmung oder Abweichung von Plan und Realisierung sehen zu können und im Fall einer Abweichung eingreifen zu können" (Schulz-Schaeffer 2019a: 192 f.; 2019b: 20 f.).

Dort, wo mit einem Handlungsschritt nur die einfachste Form der verändernden Wirksamkeit verbunden ist (oder die einfachste Form des Auch-anders-handeln-Könnens), existiert Handlungskontrolle nur in dem Sinne, dass eine möglichst abweichungsfreie Orientierung an der vorgegebenen Verhaltensvorschrift sichergestellt wird. Das lässt sich im Fall der Delegation entsprechender Handlungsbeiträge an technische Artefakte besonders zuverlässig erreichen, die dann – außer sie gehen kaputt – gar nicht anders können als sich an den in ihnen implementierten Algorithmen zu orientieren. Wir haben es hier allerdings mit einer Minimalform von Handlungskontrolle zu tun, die sich darauf beschränkt, beim eigenen, selbstgesteuerten Verhalten keine Abweichungen vom Handlungsplan vorkommen zu lassen, die aber noch nicht die Fähigkeit beinhaltet, anderweitige handlungsrelevante Abweichungen erkennen und bearbeiten zu können. Entscheidend ist zudem, dass sich diese Form der Handlungskontrolle nur auf das Teilstück der Handlung erstreckt, das in dieser Weise durchgeführt wird. Eine weiterreichende Handlungskontrolle bezüglich dessen, wie gut dieses Teilstück in die Handlung hineinpasst, so wie sie in der konkreten Situation durchgeführt werden muss, ist damit nicht verbunden. Die Delegation von Handlungsbestandteilen an menschliche oder artefaktische Handlungsträger:innen, von denen nicht mehr als diese Formen der Handlungssteuerung und -kontrolle erwartet wird, ist dementsprechend an mindestens eine der folgenden beiden Bedingungen gebunden: (1) Die Handlungssituationen, für die der betreffende Handlungsbeitrag vorgesehen ist, lässt sich so zurichten, dass zu kontrollierende Abweichungen zwischen Handlungsplan und -durchführung nicht in relevantem Umfang auftreten können; oder (2) es sind andere Akteur:innen vorhanden, die die weiterreichende Handlungskontrolle übernehmen.

8.3.3 Die Ebene des intentionalen Handelns

Die bewusstseins- und reflektionsfähige menschliche Person, die nicht nur gesellschaftlich bereits vorliegende, d. h. gesellschaftlich objektivierte Sinnmuster zu erlernen und anzuwenden vermag, sondern auch zu eigenständiger Erfahrungsbildung und eigenen Sinnsynthesen befähigt ist, vermag individuelle und originelle Handlungsabsichten und Handlungsziele zu entwickeln, wie man es voraussichtlich noch auf lange Zeit von keiner noch so hochentwickelten Künstlichen Intelligenz erwarten kann. Für diese höchste Ausprägung intentionalen Handelns existiert verteiltes Handeln bis auf Weiteres nur in der Science Fiction.

Im gesellschaftlichen Alltag sind die Handlungsziele menschlicher Akteur:innen allerdings in ihrer großen Mehrheit weit weniger individuell und originell als es das emphatische Bild der menschlichen Person als Persönlichkeit nahe legt. Für einen Großteil der Handlungssituationen im gesellschaftlichen Alltag existieren im gesellschaftlichen Wissensvorrat kulturell objektivierte Situationsdefinitionen, die den Akteur:innen sagen, worum es in den betreffenden Situationen geht, was die zulässigen Handlungsmittel und Handlungsoptionen sind und welche Handlungsziele sich in den jeweiligen Situationen verfolgen lassen (vgl. Goffman 1977: 19; Esser 2001: 263). Die Orientierung des Handelns an Handlungszielen, die als objektivierte Sinnmuster vorliegen, ist die wesentliche Grundlage für die Analyse verteilten Handelns auf der Ebene des intentionalen Handelns.

Im Kern ist die Technisierung von Handlungen „nichts anderes als die Entwicklung und Bereitstellung typischer Handlungsmittel für typische Handlungsziele (vgl. Schulz-Schaeffer 2008b: 711f.; 2019b: 17). Jedes technische Artefakt, das entwickelt wurde oder wird, um menschliches Handeln in der einen oder anderen Weise zu unterstützen, enthält mithin zugleich eine technisch objektivierte Vermutung über die korrespondierenden Handlungsziele seiner Nutzer" (Schulz-Schaeffer/Rammert 2019: 52). Technisierung bedeutet, „dass die technischen Handlungsmittel bereitstehen, bevor die konkrete Nutzerin in der aktuellen Situation das zugehörige Handlungsziel zu verfolgen beginnt. Weil aber die technischen Handlungsmittel auf Handlungsziele bezogen sind, bedeutet dies, dass deren technisch objektivierte Bereitstellung es ermöglicht, nahelegt oder manchmal auch geradezu aufdrängt, diese Ziele zu realisieren, und damit in indirekter Weise gewissermaßen auch eine Objektivierung dieser Handlungsziele darstellt" (Schulz-Schaeffer/Rammert 2019: 52).

Die Analyse des verteilten Handelns auf der intentionalen Ebene basiert also auf dem Befund, dass ein großer Teil der Handlungsziele, an denen die Akteur:innen sich im gesellschaftlichen Alltag orientieren, in Form objektivierter Sinnmuster vorliegt, aber nicht nur als im gesellschaftlichen Wissensvorrat kulturell objektivierte Sinnmuster, sondern auch als im Ensemble der verfügbaren technischen Artefakte technisch objektivierte Sinnmuster. Dieser Befund bildet „die Grundlage dafür, Ähnlichkeiten und Möglichkeiten der wechselseitigen Substitution zwischen menschlichem Handeln und technischen Aktivitäten nun auch auf der obersten Ebene unseres gradualisierten Handlungsbegriffs, der Ebene des intentionalen Handelns, identifizieren und analysieren zu können" (Schulz-Schaeffer/Rammert 2019: 54).

Der Sinnzusammenhang zwischen dem Handlungsziel und der Handlungsdurchführung hat noch eine zweite Implikation für das verteilte Handeln auf der Ebene des intentionalen Handelns. Die zunehmend intelligenten Formen des Auch-anders-handeln-Könnens technischer Artefakte legen den Vergleich mit menschlichem Expertentum nahe: So wie die erfahrene Taxifahrerin das Fahrziel des Kunden besser zu erreichen vermag als er es selbst könnte, so auch das hochentwickelte Navigationsgerät. Bei menschlichen Expert:innen führt dieses Kompetenzgefälle wegen des Sinnzusammenhanges zwischen Handlungsziel und Handlungsdurchführung dazu, dass im Auftrag handelnde Expert:innen gegebenenfalls besser wissen als die auftraggebenden Kund:innen, welche Handlungsziele in deren Interesse sind oder nicht. Dies gilt für technisch implementierte Expertise entsprechend (vgl. Schulz-Schaeffer 2019b: 22ff.). Mit der zunehmenden Leistungsfähigkeit und Verbreitung maschinenlernender Empfehlungssysteme wird dieses Kompetenzgefälle, das sich auf Handlungsziele auswirkt, auch im Bereich der technisch delegierten Handlungsdurchführung zunehmend relevant. Für die Analyse der Delegation und Substitution von Handlungsbeiträgen im verteilten Handeln in der intentionalen Handlungsdimension wird dieser Gesichtspunkt zukünftig ganz sicher zunehmend an Bedeutung gewinnen.

8.4 Analyse prototypisch realisierter Szenarien

Die Formen der Sozialität von Robotern, die im gesellschaftlichen Alltag relevant werden können, werden zum großen Teil gegenwärtig noch entwickelt und ausgehandelt. Deren handlungstheoretische Analyse bedarf also einer empirischen Ausrichtung, die diese Entwicklungs- und Aushandlungsprozesse in den Blick nimmt (vgl. Kap. 4). Wenn man sich für eine handlungstheoretische Analyse interessiert, die die Formen der Sozialität von Robotern in den Formen des verteilten Handelns verankert sieht, dann empfiehlt es sich, die betreffenden Entwicklungs- und Aushandlungsprozesse entwicklungsnah zu erforschen, also die Orte in den Mittelpunkt der empirischen Forschung zu rücken, an denen verteiltes Handeln zuerst realisiert, getestet, evaluiert und erprobt wird. Wir betrachten prototypisch realisierte Szenarien als den wichtigsten Ort, an dem dies geschieht.

Prototypisch realisierte Szenarien sind eine spezifische Erscheinungsform von Situationsszenarien. Unter Situationsszenarien verstehen wir Zukunftsvorstellungen in Gestalt von Beschreibungen typischer zukünftiger Situationen der Verwendung einer noch zu entwickelnden oder weiterzuentwickelnden neuen Technik und des Umgangs mit ihr. Die Situationsszenarien, an denen wir interessiert sind, zeichnen sich dadurch aus, dass sie die vorgestellten zukünftigen Situationen in einigem Detail ausbuchstabieren und spezifizieren, in welcher Weise die verschiedenen Komponenten dieser vorgestellten zukünftigen Situationen – die Funktionen und Eigenschaften der neuen Technik, die Nutzer:innen mit ihren Interessen, Präferenzen und Fähigkeiten, andere Akteur:innen, die in der einen oder anderen Weise mit der neuen Technik zu tun haben werden und sonstige Gegebenheiten der Situation – miteinander interagieren würden oder könnten. Situationsszenarien lenken damit den Blick auf die Wirkungszusammenhänge zwischen den unterschiedlichen technischen und sozialen (einschließlich der kulturellen) Komponenten, die zusammenwirken würden und entsprechend aufeinander abgestimmt werden müssten, wäre das Szenario Wirklichkeit. Unter prototypisch realisierten Szenarien verstehen wir die mehr oder weniger umfassende physische Umsetzungen der Komponenten eines Situationsszenarios in

mehr oder weniger realistischen Laborumgebungen. In Gestalt prototypisch realisierter Szenarien werden die Wirkungszusammenhänge einer vorgestellten Zukunft – im Umgang ihrer physischen Realisierung – gegenwärtige Wirklichkeit,
wenn auch zunächst nur in der artifiziellen Umgebung des Labors (vgl. Schulz-
Schaeffer/Meister 2015: 166; 2017: 198, 201; 2019: 40, 44 ff.).

Die in dieser Weise in der Gegenwart vorweggenommene Zukunft ist der Ort,
an dem die Handlungsmöglichkeiten und die unerwünschten Effekte, die mit der
im Situationsszenario vorgestellten Zukunft verbunden sein würden oder könnten, bereits gegenwärtig sehr konkret in den Blick genommen werden. Mit den
Veränderungen, die die im Labor prototypisch realisierte Wirklichkeit im Vergleich zur aktuellen Wirklichkeit darstellt, verbinden sich unterschiedliche Interessen und Sichtweisen der verschiedenen Akteursgruppen, die mit der neuen
sozio-technischen Situation zu tun hätten, würde sie Wirklichkeit. Zugleich
ist jedes prototypisch realisierte Szenario zunächst nur eine Probewirklich-
keit und offen für Modifikationen. Dies macht prototypisch realisierte Szenarien zu einem zentralen Ort der Aushandlung von im Werden begriffenen
neuen sozio-technischen Konstellationen (vgl. Schulz-Schaeffer/Meister 2017:
207–212; 2019: 41 ff.).

Wenn man erfassen will, wie die Aushandlungsprozesse im Zusammenhang mit prototypischen Szenarien die Entwicklung neuer sozio-technischer
Konstellationen wie etwa sozialer Roboter beeinflusst, dann sollte man sich
nicht auf prototypisch realisierte Szenarien in den Labors der akademischen
oder industriellen Forschungseinrichtungen und -abteilungen beschränken,
sondern auch spätere Manifestationsstufen prototypischer Szenarien einbezie-
hen: den Test-Einsatz ausgereifterer technischer Prototypen in kontrollierten realweltlichen Einsatzumgebungen sowie den tatsächlichen ersten Einsatz der
neuen Technik im realweltlichen Nutzungszusammenhang. Auch der erste
„echte" Einsatz einer neuen Technik ist nach unserer Auffassung in gewissem
Umfang noch die Erprobung eines Prototypen in einer noch laborähnlichen Situation. Dies ändert sich erst, wenn der neue sozio-technische Zusammenhang
Bestandteil des normalen Alltages geworden ist.

Die verschiedenen Erscheinungsformen prototypischer Szenarien vom For-
schungslabor bis hin zum ersten realweltlichen Einsatz stellen unterschiedliche
Stadien im Prozess der sozialen Aushandlung dar. Wenn wir von einem sozialen
Aushandlungsprozess sprechen, meinen wir nicht, dass es direkte persönliche
Verhandlungen zwischen den verschiedenen Akteursgruppen geben muss, die
bestimmte Interessen und Sichtweisen mit Blick auf die im Werden begriffene
Technik teilen. Vielmehr werden die meisten dieser Interessen und Sichtweisen
zumeist indirekt repräsentiert (vgl. Schulz-Schaeffer/Meister 2019: 47 ff.). Auch
finden diese gesellschaftlichen Aushandlungen nicht kontextfrei statt, sondern

können in vielfältiger Weise gesellschaftlich und kulturell eingebettet sein. Ein wichtiger Faktor, der den Boden für soziale Roboter bereitet, sind starke gesellschaftliche Narrative, die Robotern eine wichtige Rolle bei der Bewältigung grundlegender gesellschaftlicher Probleme zuweisen (vgl. Kap. 4). Eines dieser Narrative bildet den Ausgangspunkt der beispielhaften empirischen Analysen, die wir im folgenden Abschnitt präsentieren, um das Vorgehen einer handlungstheoretischen Analyse der Sozialität von Robotern zu illustrieren.

8.5 Beispielhafte empirische Analysen

Die Beispiele für die handlungstheoretische Analyse stammen aus dem Feld der kollaborativen Robotik, in dem Roboter für Anwendungskontexte entwickelt werden, in denen sie in der direkten körperlichen Interaktion mit menschlichen Arbeitskolleg:innen zusammenarbeiten. Kollaborative Roboter werden gegenwärtig hauptsächlich für die beiden Anwendungsbereiche der industriellen Produktion und der Pflege in Krankenhäusern und Pflegeeinrichtungen entwickelt (Fischer et al. 2017: 11f.; Bendel et al. 2020: 1). Kollaborative Roboter für industrielle Anwendungen werden häufig auch als „Cobots" bezeichnet (vgl. Peshkin/Colgate 1999). Industrielle Cobots, so eine aktuelle Charakterisierung, sind „für die direkte Zusammenarbeit mit menschlichen Mitarbeiter:innen in der Industrie konzipiert, um eine flexible Produktionsumgebung für die zukünftige Mischung von Menschen und Robotern zu schaffen und sie bei der Bewältigung von Aufgaben zu unterstützen" (Hentout et al. 2019: 4, eigene Übersetzung). Ihr physisches Kernstück ist zumeist ein über sieben Gelenke frei beweglicher Greifarm (oder zwei solche Greifarme), der sich mit einer Geschwindigkeit und Kraftausübung bewegt, die mit der menschlicher Arme vergleichbar ist, und sensorgesteuert anhalten oder ausweichen kann, wenn eine Kollision mit menschlichen Körpern droht (vgl. Hägele et al. 2016: 1405ff.; Villani et al. 2018: 252ff.).

Pflegeroboter werden als Roboter beschrieben, „die teilweise oder vollständig autonom arbeiten und pflegerische Tätigkeiten für Menschen mit körperlichen und/oder geistigen Einschränkungen ausführen" (Goeldner et al. 2015: 115). Kollaborative Pflegeroboter werden mit dem Ziel entwickelt, menschliche Pflegekräfte bei ihrer Arbeit zu unterstützen und zu entlasten. Typischerweise besteht ein kollaborativer Roboter für Aufgaben in der Pflege aus einem mobilen Gehäuse auf Rädern als Basiseinheit. Es ist bestückt mit mehreren Sensoren zur Umweltwahrnehmung, Kollisionsvermeidung und Navigation sowie einem oder zwei Roboterarmen. Zudem gibt es eine zentrale Kommunikations- und

Steuereinheit, zumeist ein Tablet/Touchscreen. Jedoch gibt es auch Lösungen, die menschliche Sprache und Berührung verwenden.

8.5.1 Das Narrativ der sich ergänzenden Stärken von Mensch und Roboter

Eine wichtige treibende Kraft für die Entwicklung kollaborativer Roboter sind einflussreiche gesellschaftliche Narrative, die diesen Robotern eine wichtige Rolle bei der Bewältigung grundlegender gesellschaftlicher Probleme zuweisen. Das wohl einflussreichste Narrativ zur Begründung, weshalb Innovation in der heutigen industriellen Produktion unabdingbar ist, lautet, dass die Produktion flexibler werden muss, um unter den sich verändernden Marktbedingungen, den kürzeren Entwicklungszyklen und den stärker individualisierten Produkten mithalten zu können. Dementsprechend wird der hohe Standardisierungsgrad der heutigen Produktionsmaschinen als der größte Engpass angesehen, der überwunden werden muss, um zu flexibleren Produktionsformen zu gelangen. Die industriellen Cobots, die direkt in menschlichen Arbeitsumgebungen eingesetzt werden können, ohne wie bei der klassischen Industrierobotik zuvor aufwändige Sicherheitsschranken installieren zu müssen, gelten vor dem Hintergrund dieses Narrativs als ein Baustein zur Erhöhung von Produktionsflexibilität. In Bezug auf den Pflegesektor ist das wahrscheinlich einflussreichste Narrativ die Digitalisierung als Mittel zur Bewältigung des Pflegenotstands, d. h. des erwarteten dramatisch zunehmenden Mangels an menschlichen Pflegekräften aufgrund der demografischen Alterung der Gesellschaft.

Ein weiteres Narrativ, das sowohl in der Fachliteratur wie auch Projektbeschreibungen von Entwicklungsprojekten kollaborativer Roboter häufig anzutreffen ist, ist für die Analyse der Verteilung von Handlungsvollzügen auf menschliche und robotische Arbeitskolleg:innen von besonderer Bedeutung, weil es die Art und Weise der Verteilung ausdrücklich thematisiert. Es ist das Narrativ von den einander ergänzenden Stärken von Mensch und Roboter. Dieses Narrativ dient zum einen erkennbar der Beruhigung aller Beteiligten dahingehend, dass mit dieser weiteren Stufe der Automatisierung beruflicher Arbeitszusammenhänge keine Verdrängung menschlicher Arbeitskräfte durch Roboter einhergehen werde, sondern ein neues Miteinander von Mensch und Technik, da es auf die besonderen Stärken menschlicher Arbeitskraft weiterhin ankomme. Das Narrativ hat zudem auch die Eigenschaft, eingesetzt werden zu können, um die menschlichen Arbeitskräfte zu motivieren, die neuen robotischen Arbeitskolleg:innen zu akzeptieren. Denn es verspricht, dass die Roboter in der neuen Zusammenarbeit den menschlichen Arbeitskolleg:innen die belastenden Tätigkeiten abnehmen, aber die wertvollen lassen werden. So würden die Pflegekräfte von den stumpfen, körperlich anstrengenden und repetitiven Aufgaben entlastet werden, um – von der „Versorgungsarbeit" entlastet – mehr Zeit für die „Sorgearbeit" zu haben (vgl. Krings et al. 2014).

Im Feld der industriellen Produktion, aus dem das Beispiel stammt, das wir nutzen wollen, um das Narrativ einer handlungstheoretischen Analyse zu unterziehen, hat das Narrativ von den einander ergänzenden Stärken von Mensch und Roboter die in dem folgenden Zitat prägnant zusammengefasste Form: „Die Mensch-Roboter-Kollaboration ermöglicht die Kombination der typischen Stärken von Robotern mit einigen der zahlreichen Stärken des Menschen. Typische Stärken von Industrierobotern sind hohe Ausdauer, hohe Nutzlast, Präzision und Wiederholbarkeit. Zu den Stärken menschlicher Arbeitskräfte, die von keiner Maschine übertroffen werden, gehören die Flexibilität für neue Produktionsaufgaben, kreative Problemlösungsfähigkeiten und die Fähigkeit, auf unvorhergesehene Situationen zu reagieren" (Hägele et al. 2016: 1405, eigene Übersetzung). Auch hier kommt das Narrativ mit dem doppelten Versprechen einher, dass die Mitarbeiter:innen weiterhin einen unverzichtbaren Platz in der industriellen Produktion haben würden und dass der Einsatz von Cobots ihre Arbeitsbedingungen verbessern werde: „Durch die Kombination der Stärken des Roboters, wie Präzision und Kraft, mit der Geschicklichkeit und Problemlösungsfähigkeit des Menschen können Aufgaben bewältigt werden, die nicht vollständig automatisiert werden können, und kann die Produktionsqualität und die Arbeitsbedingungen der Mitarbeiter:innen verbessert werden" (El Makrini et al. 2018: 51, eigene Übersetzung). Die rhetorische Überzeugungskraft des Narrativs speist sich aus der im Alltag westlicher Gesellschaften weit verbreiteten emphatischen Sicht auf die menschliche Person als Persönlichkeit, die wir oben bereits angesprochen hatten: Qua Menschsein besitzen Menschen demnach die benannten „zahlreichen Stärken", durch die ihre Position in der Kollaboration mit den Robotern begründet wird.

Für dieses Narrativ lassen sich viele, viele weitere Belegstellen anführen, die mit großer Einhelligkeit ein Idealbild der zukünftigen Zusammenarbeit von menschlichen und robotischen Arbeitskolleg:innen zeichnen, demzufolge die Cobots die körperlich anstrengenden, anspruchsloseren, repetitiven und ermüdenden Tätigkeiten übernehmen, während die kognitiv anspruchsvollen Tätigkeiten, die Tätigkeiten, die besondere Flexibilität und Problemlösungskompetenz erfordern, bei den menschlichen Arbeitskolleg:innen verbleiben (vgl. z. B. Gustavsson et al. 2018: 123; Malik/Bilberg 2019b: 1542; 2019a: 471; Meyer/Beiker 2015; Norman 2015; Ranz et al. 2017: 183; Sharif et al. 2016: 4; Sherwani et al. 2020: 2; Wang et al. 2019: 704; Wang et al. 2020). In den Begriffen der handlungstheoretischen Analyse ausgedrückt: Die robotischen Arbeitskolleg:innen werden diesem Narrativ zufolge Handlungsanteile übernehmen, die primär auf der Handlungsebene verändernder Wirksamkeit angesiedelt sind und die mit vergleichsweise weniger komplexen Formen der Handlungssteuerung und -kontrolle verbunden sind. Die komplexeren Formen der Handlungssteuerung und -kontrolle bleibt dagegen bei den menschlichen Arbeitskolleg:innen, die andererseits im Bereich der körperlichen Ausübung verändernder Wirksamkeit entlastet werden.

Wir wollen dieses Narrativ mit zwei empirischen Beispielen konfrontieren, an denen wir zweierlei zeigen wollen. Zum einen folgt die Verteilung von Arbeitsaufgaben im Bereich industrieller Anwendungen, so wie sie gegenwärtig in prototypisch realisierten Szenarien der Kollaboration zwischen menschlichen und robotischen Arbeitskolleg:innen erdacht und ausgehandelt wird, offensichtlich nicht unbedingt der vom Narrativ vorgesehenen Verteilung. Zum anderen lässt sich die Verteilung von Handlungsbestandteilen zwischen menschlichen und robotischen Arbeitskolleg:innen – selbst, wenn man es wollen würde – auch deshalb nur sehr begrenzt an dem Narrativ orientieren, weil die dort aufgezählten Handlungsfähigkeiten von Mensch und Roboter im verteilten Handeln nicht einfach additiv nebeneinander gesetzt werden können, sondern in vielfältigen Übersetzungsverhältnissen zueinander stehen, sobald ein Stück menschlicher Handlungsdurchführung an einen Roboter übergeben wird oder umgekehrt.

Das erste Beispiel entstammt einem großen europäischen Forschungsverbund mit akademischen und industriellen Partnern, das, gefördert im Rahmen des europäischen Forschungsprogramms „Horizon 2020", in unterschiedlichen Anwendungsszenarien die Entwicklung industrieller Cobots vorantreibt. In dem Anwendungsszenario, das hier unser empirisches Beispiel bildet, geht es um die Montage eines so genannten Rundschalttisches, eines Gerätes, das beispielsweise in Anlagen zur Abfüllung und Etikettierung von Flaschen oder Gläsern eingesetzt wird. Konkret geht es um die Verschraubung des Drehtellers auf dem Rundschalttisch. Da ein Rundschalttisch im Einsatz beständiger Belastung ausgesetzt ist, muss diese Verschraubung mit großer Sorgfalt vorgenommen werden.

Die Verteilung der Handlungsbeiträge, die sich die Projektpartner für dieses Anwendungsszenario ausgedacht haben, sieht folgendermaßen aus (siehe Abb. 8.1): Eine Fertigungsarbeiterin trägt Klebstoff auf die Schrauben auf und steckt die Schrauben in die Schraublöcher des Drehtellers. Die Aufgabe der Verschraubung übernimmt der Roboter. Im ersten Schritt überprüft der Roboter mit einem Bilderkennungssystem, ob sich in allen Schraublöchern Schrauben befinden. Ist dies der Fall, bewegt sich der Roboterarm mithilfe der Bewegungsplanung, die auch darauf achtet, Kollisionen mit dem menschlichen Arm zu vermeiden, zu den jeweiligen Schrauben und verschraubt sie. Die Verschraubung selbst erfolgt nach einem komplexen Muster. Der Roboter zieht die Schrauben zuerst in einem sternförmigen Schraubschema halb an. Dann zieht der Roboter die Schrauben mit demselben sternförmigen Schraubschema fest, wobei er eine definierte Drehkraft anwendet. Schließlich überprüft der Roboter kreisförmig, ob alle Schrauben mit der definierten Drehkraft verschraubt sind.

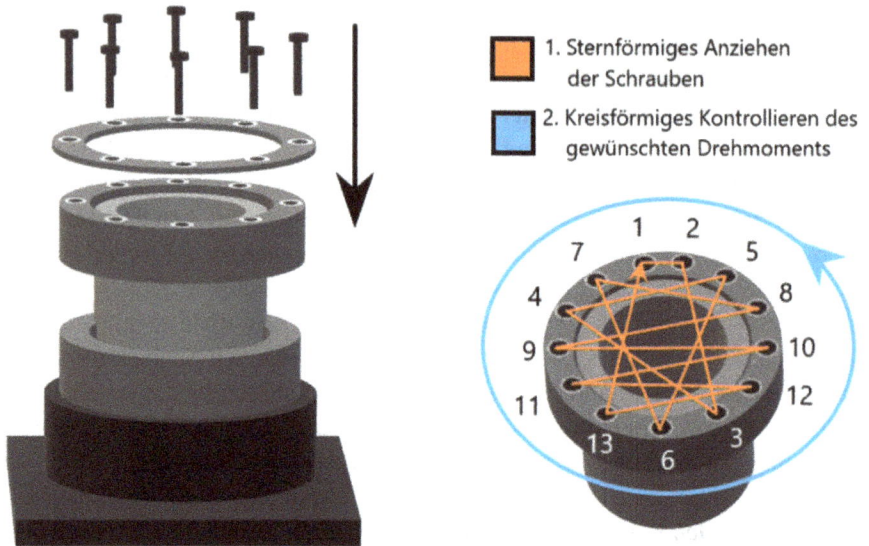

Abb. 8.1: Aufgabe der Verschraubung und Verschraubschema, eigene Darstellung.

Unser Interviewpartner begründet die Delegation der Tätigkeit des Verschraubens an den Roboter wie folgt:

> Und dann gibt es nämlich, weil das sehr hohe Kräfte übertragen muss, dieser Drehtisch, ein Muster, in dem die Schrauben angezogen werden müssen. Da hat sich herausgestellt, dass die Menschen anfangen irgendwann Fehler zu machen, wenn die viele von diesen Drehtischen montieren. Weil, wenn sie müde werden zum Beispiel. Und der Roboter nimmt dann wahr, wo die Schrauben sind und ob alle drinstecken. Wenn er sagt, ja, sind alle da, fängt er dann an dieses Muster abzufahren und festzuschrauben. Das ist erstmal so ein Stern // und danach ist es ein Kreis. (Universitärer Robotikingenieur, #00:36:08-0#)

Unser zweites Beispiel ist eine realweltliche Anwendung im Karosseriebau der Ford-Werke in Köln. Gegenstand der verteilten Handlung ist hier das Verkleben von Blechteilen zur Verstärkung der Seitenwände der dort produzierten Karosserien. Das Kollaborationsszenario sieht folgendermaßen aus: Ein Facharbeiter legt das zu beklebende Blechteil in eine Vorrichtung des Roboters, die mithilfe von Gewichtssensoren feststellen kann, ob das Blechteil korrekt positioniert wurde. Nach der Betätigung des Startknopfs trägt der Roboter in vorprogrammierter Weise den Klebstoff präzise dort auf, wo er für eine möglichst haltbare Verklebung dieses Blechteils erforderlich ist. Anschließend entnimmt der Facharbeiter das beklebte Blechteil und legt ein neues Blechteil ein. Während der Roboter das nächste Blechteil beklebt, verklebt der Facharbeiter das erste Blechteil an der Seitenwand der Karosserie.

Beiden Beispielen ist gemeinsam, dass anspruchsvolle Tätigkeiten an den Roboter delegiert werden. Um so präzise zu kleben wie der Roboter, benötigt ein Facharbeiter einige Geschicklichkeit. Um das Verschraubungsmuster so korrekt und zuverlässig zu befolgen wie der Roboter, benötigt eine menschliche Facharbeiterin hohe Konzentrationsfähigkeit, Erinnerungsvermögen und zudem einiges an handwerklichem Können, um jeweils die richtige Drehkraft ausüben zu können. Ebenfalls ist beiden Beispielen gemein, dass bestimmte anspruchslose Tätigkeiten bei den menschlichen Arbeitskolleg:innen verbleiben: Das gilt für das Einstecken der Schrauben im ersten Beispiel ebenso wie für das Zurechtlegen des Blechs im zweiten Beispiel. Die beiden Beispiele sind keine Ausnahmefälle. Vielmehr kann man in einer Vielzahl prototypisch realisierter Szenarien der Kollaboration mit industriellen Cobots Handlungsverteilungen sehen, die sich dem Bild nicht fügen, das das Narrativ der einander ergänzenden Stärken von Mensch und Roboter zeichnet. Darin zeigt sich, dass das emphatische Menschenbild, auf das das Narrativ rekurriert, für das Verständnis des Handelns im Alltag (und auch im beruflichen Alltag) irreführend ist. Viele Handlungen sind auf den weniger komplexen Stufen des Auch-anders-handeln-Könnens angesiedelt. Wo dies im verteilten Handeln der Fall ist, kommen Qualitäten, die der Mensch qua Menschsein besitzt, folglich nicht zum Tragen und andere Gesichtspunkte bestimmen die Art und Weise der Verteilung.

Hier kommt nun der zweite oben angesprochene Punkt ins Spiel: Die Umwandlung von Handlungsanforderungen im Zusammenhang mit ihrer Übertragung von menschlichen zu robotischen Akteur:innen oder umgekehrt. Einfach ausgedrückt: Manche Tätigkeiten, die Menschen schwer fallen, fallen Robotern leicht und umgekehrt. So ist die Tätigkeit des präzisen Auftragens von Klebstoff, wenn sie von einem Roboter ausgeführt wird, eine Tätigkeit, die nur einfache Formen des Auch-anders-handeln-Könnens erfordert und nur die minimale Form der Handlungskontrolle, die darin besteht, dass der funktionierende technische Mechanismus auf die Reproduktion des Handlungsschemas festgelegt ist. Anstelle programmierter Präzision benötigt die Facharbeiterin dagegen erlernte Geschicklichkeit, um den Klebstoff ähnlich präzise auftragen zu können. Sie muss lernen, die kleinen Abweichungen in ihren Körperbewegungen zu bemerken und entsprechend gegenzusteuern. Ihr Handeln repräsentiert mithin eine komplexere Form des Auch-anders-handeln-Könnens. Allgemein ausgedrückt: Der gleiche Handlungsbeitrag kann ein kognitiv anspruchsvolleres Handeln der menschlichen

Arbeitskraft und eine technisch weniger anspruchsvolle Verhaltenssteuerung des Roboters erfordern. Dies kann, wie im ersten Beispiel explizit angesprochen, der Grund sein, solche Tätigkeiten an Cobots zu delegieren. Das gleiche gilt umgekehrt entsprechend: Gegenstände zu ergreifen und zu positionieren, fällt Robotern in der Regel sehr viel schwerer als ihren menschlichen Arbeitskolleg:innen. Auch wenn die Technik diesbezüglich in den letzten Jahren beträchtliche Fortschritte gemacht hat (Stichworte: computer vision, bin picking), sind technische Realisierungen weiterhin aufwändig und teuer, sodass es aus der ökonomischen Logik betrachtet bis auf Weiteres sinnvoller erscheint, für entsprechende Zuarbeiten, die für menschliche Arbeiter:innen anspruchslose, repetitive Tätigkeiten darstellen, dennoch menschliche Arbeitskräfte einzusetzen.

8.5.2 Die erklärungsbedürftige Überzeugungskraft unrealistischer Kollaborationsszenarien

Im Pflegebereich stößt man seit etlichen Jahren immer wieder auf prototypisch realisierte Kollaborationsszenarien, die den Eindruck erwecken, dass der realweltliche Einsatz kollaborativer Pflegeroboter in der direkten Interaktion mit Pflegekräften und Pflegebedürftigen in unmittelbare Nähe gerückt ist. Gleichzeitig ist diese Erwartung ebenfalls seit etlichen Jahren immer wieder enttäuscht worden (vgl. Maibaum et al. 2021). Eine gängige Erklärung lautet, dass es im Rahmen der Forschungs- und Entwicklungsprojekte, in denen ein beträchtlicher Teil der Arbeit an der Entwicklung von Pflegerobotern erfolgt, dazu gehört, größere Ziele zu versprechen als man zu realisieren in der Lage ist, um die Geldgeber zur Finanzierung zu bewegen. Aus diesem Grund würden dann die Demonstratoren, mittels derer zu Projektende die Projektergebnisse präsentiert werden, in gut kontrollierten Laborsettings in einer Weise präsentiert, die jenen Eindruck erwecken, auch wenn der Weg zum realweltlichen Einsatz tatsächlich noch weit ist (vgl. Kehl 2018). Das empirische Beispiel, das wir in diesem Abschnitt präsentieren, wollen wir nutzen, um mittels einer handlungstheoretischen Analyse zu erklären, weshalb Kollaborationsszenarien im Pflegebereich auf den ersten Blick so überzeugend aussehen können, obwohl sie auf den zweiten Blick weit hinter den Anforderungen des realweltlichen Einsatzzusammenhanges zurückbleiben.

Das Kollaborationsszenario, um das es in dem Beispiel geht, ist in der Pflegerobotik seit vielen Jahren eines der gängigen Szenarien: In Anbetracht des Problems, dass insbesondere pflegebedürftige ältere Menschen zu wenig trinken, soll ein Pflegeroboter die Aufgabe übernehmen, den Pflegebedürftigen proaktiv Getränke anzureichen und anzubieten. Es gibt immer wieder Entwicklungsprojekte der prototypischen Realisierung dieses Szenarios. In dem hier betrachteten

Fall wird der Pflegeroboter von einem Schweizer Robotik-Unternehmen entwickelt, das unter anderem auf Roboter für Pflegeeinrichtungen spezialisiert ist. Er befindet sich im Testeinsatz in mehreren Pflegeeinrichtungen in der Schweiz und Deutschland. Als Beispiel soll ein Einsatz in der Schweiz dienen.

Der Roboter besteht aus einem fahrbaren Untersatz und einem Greifarm, der zusätzlich mit einer Kamera ausgestattet ist, die der räumlichen Orientierung des Roboters dient. In das Fahrgestell ist unter anderem ein Bildschirm zur Informationsanzeige integriert, Sensorik zur Navigation und Kollisionsvermeidung, und es enthält eine Haltevorrichtung für die Getränke. Das Getränkeanreich-Szenario, das in der Schweizer Pflegeeinrichtung prototypisch realisiert worden ist, wird von einem unserer Interviewpartner folgendermaßen beschrieben:

> [Der Roboter hat] ein speziell konstruiertes Tableau auf dem Rücken, wo vier spezielle Becher reinpassen. Da bekam er dann auch an einem Tisch, wo unsere Bewohner oft sitzen, einen weiteren Standpunkt. Den fährt er an, misst den Tisch dann etwas aus, also mit seinen Kameras zwischen dem Schnabel, und positioniert dann diese vier Becher auf diesem Tisch und sagt dann auch noch auffordernd: ‚Trinken Sie etwas. Trinken ist gesund'. (Leitende Pflegefachkraft, #00:06:28-6#)

Dieser Beschreibung nach scheint der Roboter alle Fähigkeiten zu besitzen, um die Pflegekräfte bei der Aufgabe zu entlasten, Senior:innen zum Trinken zu animieren, um Dehydration vorzubeugen: Er kann die Getränke zu den Pflegebedürftigen bringen, sie ihnen zurechtstellen und sie dann auch noch motivierend ansprechen. Bei näherer Betrachtung zeigt sich allerdings, dass die soziotechnische Konstellation des prototypischen Szenarios in einer Weise realisiert worden ist, dass das erwünschte Ergebnis in bestimmten Fällen zwar durchaus eintreten kann. Dies ist allerdings von einer ganzen Reihe weiterer Bedingungen abhängig, die in der Summe tatsächlich dazu führen, dass der prototypische Einsatz dieses Roboters die Pflegekräfte nicht entlastet, sondern im Gegenteil eine zusätzliche Arbeitsbelastung mit sich bringt. Schauen wir uns einige dieser Bedingungen an:

Die erste Bedingung ist, dass die Senior:innen sich auch tatsächlich an den Tisch setzen, den der Roboter ansteuert. Denn in dem Szenario ist der Roboter nur befähigt, diesen Tisch anzusteuern. Senior:innen, die sich anderswo aufhalten, bleiben unversorgt. Auch ist der Roboter nicht programmiert zu überprüfen, ob an dem Tisch tatsächlich Personen sitzen. Er platziert die Getränke und fordert zum Trinken auch dann auf, wenn der Raum leer ist. Eine weitere Bedingung ist, dass der Tisch nicht verschoben wird, sondern genau an dem Ort bleibt, an dem ihn der Roboter erwartet. Zwar kann der Roboter die Position der Gläser auf dem Tisch mit der eigenen Sensorik berechnen. Steht aber der Tisch an der falschen Stelle, dann scheitert die gesamte Aktion. Außerdem kann der Roboter sich nicht eigenständig mit Getränken versorgen. Wenn also der Roboter mit der Aufgabe des Getränkeanreichens beginnt, muss ihn eine Pflegekraft zunächst in die Küche begleiten. Dort angekommen, fragt der Roboter, ob Getränke zum Servieren bereitstehen, was die Pflegefachkraft verbal oder durch leichtes Herunterdrücken des Greifarms bestätigen muss. Anschließend muss die Pflegefachkraft die Gläser mit Wasser befüllen und sie in der dafür vorgesehenen Halterung am Roboter positionieren. Nach erneuter verbaler oder manueller Bestätigung fährt der Roboter dann allein zum Aufenthaltsraum und stellt die Gläser wie zuvor beschrieben auf den Tisch.

Eine wesentliche Ursache dafür, dass das Kollaborationsszenario auf den ersten Blick eine brauchbare Entlastung der Pflegekräfte zu realisieren scheint, während es tatsächlich eine zusätzliche Belastung für die Pflegekräfte bedeutet, ist handlungstheoretisch betrachtet in der regulativen Handlungsdimension zu suchen. In diesem Szenario ist eine Art und Weise der Verteilung von Handlungssteuerung und Handlungskontrolle vorgesehen, die nicht zu den Handlungssituationen passt, in denen das verteilte Handeln erfolgt. Abgesehen von der Teilhandlung des Abstellens der Gläser auf dem Tisch, verfügt der Roboter bei den meisten der an ihn delegierten Teilhandlungen nur über eher minimale Formen der Handlungskontrolle, d. h. er ist nicht in der Lage, Abweichungen von dem Handlungsplan, an dem er sein Verhalten orientiert, zu erkennen und sein Verhalten entsprechend anzupassen. Wenn man bei der Delegation von Handlungsbestandteilen an technische Artefakte nur die minimale Handlungskontrolle mit delegiert, dann setzt man damit zugleich voraus, dass in der betreffenden Handlungssituation keine Abweichungen von dem vorgeplanten Handlungsverlauf vorkommen, in den das an die Technik delegierte Teilstück hineinpasst. In der kontrollierbaren Umgebung einer Fabrikhalle lässt sich dies in beträchtlichem Umfang sicherstellen. In einer Pflegeeinrichtung dagegen ist dies sehr viel schwieriger und mit Blick auf die Aufrechterhaltung einer lebenswerten Umgebung auch nicht anstrebenswert. Damit der Roboter in dem Schweizer Getränkeanreich-Szenario die ihm übergebene Aufgabe dennoch einigermaßen gut bewältigen kann, sind die Pflegekräfte beständig gefragt, die weiterreichende Handlungskontrolle für den Roboter mit zu übernehmen und die Abweichungen zu korrigieren, die zu korrigieren der Roboter selbst nicht in der Lage ist.

Die geringe Handlungskontrolle des Roboters geht einher mit einer Form der Handlungssteuerung, in der für viele der delegierten Teiltätigkeiten nur relativ einfache Formen des Auch-anders-handeln-Könnens implementiert sind. Nur einzelne Teiltätigkeiten (das Abstellen der Gläser auf dem Tisch, das Navigieren von der Küche zum Aufenthaltsraum) enthalten Bestandteile informationsverarbeitender Handlungsplanung. Einfache Formen des Auch-anders-handeln-Könnens beruhen auf vorgegebenen Handlungsplänen, die unabhängig von den Gegebenheiten der jeweiligen Situation stets in gleicher Weise umgesetzt werden. In Verbindung mit der geringen Handlungskontrolle hat dies den Effekt, dass die Pflegekräfte ihre Arbeit um die Arbeit des Roboters herum organisieren müssen, d. h. sich in ihrer Arbeitsplanung nach der Tätigkeit des Roboters richten müssen.

Beispielsweise ist der Roboter in dem Schweizer Szenario so programmiert, dass er sich stets genau um 15.30h in die Küche begibt, um die Getränke zu holen. Auch als es noch zu den Aufgaben der Pflegekräfte gehörte, den Pflegebedürftigen proaktiv Getränke anzubieten, war dies eine Tätigkeit, die immer nachmittags etwa um 15h durchgeführt wurde; aber durchaus auch mal ein wenig früher oder später, je nachdem, wie es gerade in das Arbeitsaufkommen der zuständigen Pflegekraft hineinpasste. Der zeitlich festgelegte Roboter dagegen erfordert es, dass eine Pflegekraft sich zu dem festgelegten Zeitpunkt in die Küche begibt, egal, ob dies gerade in ihren Arbeitsablauf hineinpasst. Würde sich der Roboter hier nach den Pflegekräften richten können und dann die Getränke anfordern, wenn eine Pflegekraft sowieso gerade in der Küche wäre, dann wäre diese Zuarbeit für sie wenig zusätzlicher Aufwand. So aber

> muss ein Mitarbeiter neben ihm [dem Roboter, Anm. d. Verf.] herlaufen, bis er vorn halt ist, das braucht eine gewisse Zeit. Dann müssen Sie die Getränke auffüllen, die ihm hinten in sein Tableau stellen und bestätigen, dass er die jetzt hat, in der Zeit habe ich dreimal so viele Getränke selber den Bewohnern gebracht. Das ist wirklich noch nicht erleichternd. (Leitende Pflegekraft, #00:13:12-3#)

Die Überzeugungskraft unrealistischer Szenarien beruht darauf, dass sie stillschweigend und von der Betrachterin oder dem Betrachter unbemerkt die abweichungsfreie Handlungssituation voraussetzen, die vorhanden sein muss, damit der prototypisch realisierte sozio-technische Wirkungszusammenhang in der gewünschten Weise funktioniert. Die prototypische Realisierung entsprechender Kollaborationsszenarien in der kontrollierten Umgebung des Labors (oder in einer laborähnlich zugerichteten realweltlichen Umgebung), die es ermöglicht, Abweichungen auszuschalten, hilft, diese stillschweigende Prämisse auch noch während der prototypischen Realisierung entsprechender Kollaborationsszenarien aufrechtzuerhalten.

Ob Kollaborationsszenarien, die mit dieser Prämisse operieren, realistisch oder unrealistisch sind, hängt dabei vom Anwendungskontext ab. Wo, wie in vielen industriellen Anwendungen, hinreichend abweichungsarme Handlungssituationen erzeugt werden können, lassen sich auf diese Weise realistische Kollaborationsszenarien konstruieren, also Szenarien, die Aussicht haben, zumindest so ähnlich realweltlich zur Geltung zu kommen, wie sie erdacht wurden. Dort, wo die

Handlungssituation dagegen nicht in gleicher Weise kontrolliert werden kann oder soll, besteht diese Aussicht weniger.

Das im vorigen Abschnitt beschriebene Kollaborationsszenario im Karosseriebau der Kölner Ford-Werke ist in diesem Sinne ein realistisches Szenario. Es ist sogar deutlich mehr noch als das Getränkenreich-Szenario durch eine Form verteilten Handelns gekennzeichnet, bei der die Handlungsbeiträge des Roboters auf fest vorgegebenen Formen der Handlungssteuerung beruhen. Mehr als die minimale Handlungskontrolle besitzt der Roboter nur bei der Kontrolle der korrekten Positionierung des zu beklebenden Blechteils und bei der Kollisionskontrolle des Roboterarms. Dennoch wird auf dieser Grundlage ein Ablauf verteilten Handelns realisiert, in dem die menschlichen und die robotischen Handlungsbeiträge so ineinandergreifen, „dass auch weder der Roboter auf den Mensch wartet oder der Mensch auf den Roboter" (Ingenieur des Automobilunternehmens, #00:06:53-6#). Dass diese durchaus komplexe Verteilung der Handlungsbeiträge auf der Grundlage einfacher Formen der Handlungssteuerung und geringer Handlungskontrolle realisierbar ist, wird dadurch ermöglicht, dass die Handlungssituation selbst hochgradig gegen Abweichungen kontrolliert ist.

Interessanterweise wird das im zuvor besprochenen Sinne eher unrealistische Getränkenreich-Szenario von den Beteiligten nichtsdestotrotz als eine ernstzunehmende Position im Aushandlungsprozess über die zukünftige Wirklichkeit der Unterstützung von Pflegekräften durch Pflegeroboter wahrgenommen. Die Pflegekraft, die den Testeinsatz des Pflegeroboters in leitender Funktion begleitet, argumentiert:

> Aber Sie müssen auch einfach sehen, wie es ist. Es ist ein Projekt, und ich persönlich stehe dem Ganzen sehr offen gegenüber, und ich motiviere mein Team natürlich auch [...] man muss sie [die Pflegekräfte, Anm. d. Verf.] natürlich mitnehmen, das ist so. Das ist keine Frage, denn es ist einfach, wie ich Ihnen dreimal jetzt schon sagte, er [der Roboter, Anm. d. Verf.] macht Arbeit, und ich wiederhole mich da. Und natürlich müssen Sie da das Team natürlich motivieren, denn es ist Mehrarbeit und das sieht natürlich nicht jeder: ‚Oh, super, ich darf mehr arbeiten.' [...] Aber da muss man motivieren, aber das klappt bei uns recht gut. (Leitende Pflegekraft, #00:42:03-8#)

Der Umstand, dass der Roboter in der gegenwärtigen Version des Kollaborationsszenarios Mehrarbeit verursacht, ist für diesen Gesprächspartner kein Grund, die Verteilung des Handelns, so wie sie in dem Szenario vorgesehen ist, grundsätzlich in Frage zu stellen. Vielmehr interpretiert er bereits den insgesamt unbefriedigenden Ist-Zustand des Kollaborationsszenarios als akzeptables Übel auf dem Weg, den Roboter grundsätzlich in die Lage zu bringen, Pflegearbeit zu leisten: „jetzt gerade, wenn Sie mich wirklich fragen, macht er Arbeit. Aber das ist okay" (leitende Pflegekraft, #00:13:18-8#). Seine hoffnungsvolle Einschätzung begründet er mit der Projektsituation des Testbetriebs. Der Charakter der sozialen Robotik in der Pflege als einer Technologie im Werden, und die damit verbundene Aushandlungsoffenheit der zukünftigen Wirklichkeit der Kollaboration zwischen menschlichen und robotischen Arbeitskolleg:innen in diesem Anwendungsfeld wird durch diese Einschätzung nur noch unterstrichen. Sicherlich ist der positive Grundton mit Blick auf die sinnvolle Nutzbarkeit von Pflegerobotern durch die Involviertheit des Interviewpartners in das Robotikprojekt in der Schweizer Pflegeeinrichtung mitbedingt und wird nicht von allen Beteiligten geteilt. Aber auch das ist natürlich ebenfalls Bestandteil der Zusammenhänge, in denen die Kollaboration zwischen menschlichen und robotischen Arbeitskolleg:innen mittels prototypisch realisierter Szenarien ausgehandelt wird.

8.6 Schluss

In diesem Beitrag haben wir unseren Ansatz einer handlungstheoretisch fundierten empirischen Analyse von Prozessen der Entwicklung, Aushandlung und Etablierung neuer Formen der direkten Zusammenarbeit zwischen menschlichen Akteur:innen und Robotern skizziert. Wir verorten die Sozialität von Robotern in einem weiten Sinne in ihrer Beteiligung an der Durchführung verteilter Handlungen. Dabei betrachten wir es als eine empirische Frage und als Gegenstand der Aushandlungsprozesse, die uns interessieren, in welcher Weise mit der Delegation der Durchführung von Handlungsbestandteilen an Roboter auch die Handlungssteuerung, -planung und -kontrolle zwischen den menschlichen und den robotischen Arbeitskolleg:innen neu verteilt werden. Wir legen unserer Analyse das Konzept des gradualisierten Handelns zu Grunde, das unserer Auffassung den Vorteil hat, die Verteilung von Handlungsbeiträgen auf den unterschiedlichen Ebenen der Handlungsdurchführung und ihrer Sinngebung symmetrisch analysieren zu können. Und wir plädieren dafür, die prototypische Realisierung von Szenarien der Kollaboration zwischen menschlichen und robotischen Arbeitskolleg:innen auf unterschiedlichen Stufen „realweltlicher" Realisierung als einen zentralen Ort der Aushandlung der neuen Formen verteilten Handelns in den Blick zu nehmen. Wir hoffen, dass die empirischen Illustrationen, die wir in diesem Beitrag präsentiert haben, die Fruchtbarkeit unseres Ansatzes veranschaulichen konnten.

Literatur

Bendel, O./Gasser, A./Siebenmann, J., 2020: Co-Robots as Care Robots. in AAAI 2020 Spring Symposium „Applied AI in Healthcare: Safety, Community, and the Environment", hg. V. Stanford University: AAAI.

Breazeal, C./Takanishi, A./Kobayashi, T., 2008: Social Robots that Interact with People. S. 1349–1370 in: B. Siciliano/O. Khatib (Hrsg.), Handbook of Robotics. Berlin: Springer.

Dautenhahn, K., 2007: Socially intelligent robots: dimensions of human-robot interaction. Philosophical Transactions of the Royal Society: Biological Science 362: 679–704.

El Makrini, I./Elprama, S. A./Van den Bergh, J./Vanderborght, B./Knevels, A.-J./Jewell, C.I./ Stals, F./De Coppel, G./Ravyse, I./Potargent, J., 2018: Working with Walt: How a cobot was developed and inserted on an auto assembly line. IEEE Robotics & Automation Magazine 25: 51–58.

Esser, H., 2001: Soziologie. Spezielle Grundlagen, Bd. 6: Sinn und Kultur. Frankfurt/Main u. a.: Campus.

Fischer, M./Krings, B.-J./Moniz, A./Zimpelmann, E., 2017: Herausforderungen der Mensch-Roboter-Kollaboration. lehren & lernen: 8–14.

Fong, T./Nourbakhsh, I./Dautenhahn, K., 2003: A survey of socially interactive robots. Robotics and Autonomous Systems 42: 143–166.

Giddens, A., 1992: Die Konstitution der Gesellschaft. Grundzüge einer Theorie der Strukturierung. Frankfurt/Main u. a.: Campus Verlag.

Goeldner, M./Herstatt, C./Tietze, F., 2015: The emergence of care robotics-A patent and publication analysis. Technological Forecasting and Social Change 92: 115–131, https://reader.elsevier.com/reader/sd/pii/S0040162514002753.

Goffman, E., 1977: Rahmen-Analyse. Ein Versuch über die Organisation von Alltagserfahrungen. Frankfurt/Main: Suhrkamp.

Gustavsson, P./Holm, M./Syberfeldt, A./Wang, L., 2018: Human-robot collaboration – towards new metrics for selection of communication technologies. Procedia CIRP 72: 123–128.

Hägele, M./Nilsson, K./Pires, J.N./Bischoff, R., 2016: Industrial robotics. S. 1385–1422 in: B. Siciliano/O. Khatib (Hrsg.), Springer handbook of robotics. Berlin: Springer.

Hentout, A./Aouache, M./Maoudj, A./Akli, I., 2019: Human–robot interaction in industrial collaborative robotics: a literature review of the decade 2008–2017. Advanced Robotics 33: 1–36.

Kehl, C., 2018: Robotik und assistive Neurotechnologien in der Pflege – Gesellschaftliche Herausforderungen. Berlin Büro für Technikfolgen-Abschätzung beim deutschen Bundestag, TAB-Arbeitsbericht Nr. 177, https://www.tab-beim-bundestag.de/de/pdf/publikationen/berichte/TAB-Arbeitsbericht-ab177.pdf.

Krings, B.-J./Böhle, K./Decker, M./Nierling, L./Schneider, C., 2014: Serviceroboter in Pflegearrangements. S. 63–122 in: M. Decker/T. Fleischer/J. Schippl/N. Weinberger (Hrsg.), Zukünftige Themen der Innovations- und Technikanalyse: Lessons learned und ausgewählte Ergebnisse. KIT Report No. 7668. Karlsruhe: KIT Scientific Publishing.

Latour, B., 1987: Science in Action. How to Follow Scientists and Engineers through Society. Cambridge, Mass.: Harvard University Press.

Latour, B., 1988: Mixing Humans and Nonhumans Together. The Sociology of a Door-Closer. Social Problems 35: 298–310.

Latour, B., 1991: Technology is Society Made Durable. S. 103–131 in: J. Law (Hrsg.), A Sociology of Monsters: Essays on Power, Technology and Domination. London u. a.: Routledge.

Latour, B., 1992: Where are the Missing Masses? The Sociology of a Few Mundane Artifacts. S. 225–258 in: W.E. Bijker/J. Law (Hrsg.), Shaping Technology; Building Society. Studies in Sociotechnical Change. Cambridge, Mass. u. a.: The MIT Press.

Latour, B., 1996: Der Berliner Schlüssel. Erkundungen eines Liebhabers der Wissenschaften. Berlin: Akademie Verlag.

Latour, B., 2007: Eine neue Soziologie für eine neue Gesellschaft. Einführung in die Akteur-Netzwerk-Theorie. Frankfurt/Main: Suhrkamp.

Luckmann, T., 1992: Theorie des sozialen Handelns. Berlin u. a.: de Gruyter.

Maibaum, A./Bischof, A./Hergesell, J./Lipp, B., 2021: A critique of robotics in health care. AI & SOCIETY: 1–11.

Malik, A.A./Bilberg, A., 2019a: Complexity-based task allocation in human-robot collaborative assembly. (Industrial Robot: the international journal of robotics research and application 46: 471–480.

Malik, A.A./Bilberg, A., 2019b: Developing a reference model for human–robot interaction. International Journal on Interactive Design and Manufacturing 13: 1541–1547.

Meister, M., 2019: Ein institutionelles Feld als heterogener Innovationskontext. Das Beispiel Social Robotics. S. 289–328 in: I. Schulz-Schaeffer/C. Schubert (Hrsg.), Berliner Schlüssel zur Techniksoziologie. Wiesbaden: Springer.

Meyer, G./Beiker, S. (Hrsg.), 2015: Road Vehicle Automation 2. Cham: Springer International Publishing.

Norman, D.A., 2015: The Human Side of Automation. S. 73–79 in: G. Meyer/S. Beiker (Hrsg.), Road Vehicle Automation 2. Cham: Springer International Publishing.

Peshkin, M./Colgate, J.E., 1999: Cobots. Industrial Robot: An International Journal 26: 335–341.

Rammert, W./Schulz-Schaeffer, I., 2002: Technik und Handeln. Wenn soziales Handeln sich auf menschliches Verhalten und technische Abläufe verteilt. S. 11–64 in: W. Rammert/I. Schulz-Schaeffer (Hrsg.), Können Maschinen handeln? Soziologische Beiträge zum Verhältnis von Mensch und Technik. Frankfurt/Main u. a.: Campus.

Ranz, F./Hummel, V./Sihn, W., 2017: Capability-based Task Allocation in Human-robot Collaboration. Procedia Manufacturing 9: 182–189.

Sabanovic, S., 2010: Robots in Society, Society in Robots. Mutual Shaping of Society and Technology as a Framework for Social Robot Design. Internatinal Journal of Social Robotics 2: 439–450.

Schulz-Schaeffer, I., 2008a: Formen und Dimensionen der Verselbständigung. S. 29–53 in: A. Kündig/D. Bütschi (Hrsg.), Die Verselbständigung des Computers. Zürich: vdf Hochschulverlag.

Schulz-Schaeffer, I., 2008b: Technik als sozialer Akteur und als soziale Institution. Sozialität von Technik statt Postsozialität. S. 705–719 in: K.-S. Rehberg (Hrsg.), Die Natur der Gesellschaft. Verhandlungen des 33. Kongresses der Deutschen Gesellschaft für Soziologie in Kassel 2006. Frankfurt/Main u. a.: Campus.

Schulz-Schaeffer, I., 2010: Praxis, handlungstheoretisch betrachtet. Zeitschrift für Soziologie 39: 319–336.

Schulz-Schaeffer, I., 2014: Akteur-Netzwerk-Theorie. Zur Ko-Konstitution von Gesellschaft, Natur und Technik. S. 267–290 in: J. Weyer (Hrsg.), Soziale Netzwerke. Konzepte und Methoden der sozialwissenschaftlichen Netzwerkforschung. München u. a.: De Gruyter/ Oldenbourg.

Schulz-Schaeffer, I., 2019a: Die Autonomie instrumentell genutzter Technik. Eine handlungstheoretische Analyse. S. 181–205 in: H. Hirsch-Kreinsen/A. Karačić (Hrsg.), Autonome Systeme und Arbeit. Perspektiven, Herausforderungen und Grenzen der Künstlichen Intelligenz in der Arbeitswelt. Bielefeld: transcript.

Schulz-Schaeffer, I., 2019b: Technik und Handeln. Eine handlungstheoretische Analyse. S. 9–40 in: C. Schubert/I. Schulz-Schaeffer (Hrsg.), Berliner Schlüssel zur Techniksoziologie. Wiesbaden: Springer VS.

Schulz-Schaeffer, I./Meister, M., 2015: How Situational Scenarios Guide Technology Development – Some Insights from Research on Ubiquitous Computing. S. 165–179 in: D.M. Bowman/A. Dijkstra/C. Fautz/J. Guivant/K. Konrad/H. van Lente/S. Woll (Hrsg.), Practices of Innovation and Responsibility: Insights from Methods, Governance and Action. Berlin: Akademische Verlagsgesellschaft.

Schulz-Schaeffer, I./Meister, M., 2017: Laboratory settings as built anticipations – prototype scenarios as negotiation arenas between the present and imagined futures. Journal of Responsible Innovation 4: 197–216.

Schulz-Schaeffer, I./Meister, M., 2019: Prototype scenarios as negotiation arenas between the present and imagined futures. Representation and negotiation power in constructing new socio-technical configurations. S. 37–65 in: A. Lösch/A. Grunwald/M. Meister/I. Schulz-Schaeffer (Hrsg.), Socio-technical futures shaping the present. Empirical examples and analytical challenges. Wiesbaden: Springer VS.

Schulz-Schaeffer, I./Rammert, W., 2019: Technik, Handeln und Praxis. Das Konzept gradualisierten Handelns revisited. S. 41–76 in: C. Schubert/I. Schulz-Schaeffer (Hrsg.), Berliner Schlüssel zur Techniksoziologie. Wiesbaden: Springer VS.

Sharif, S./Gentry, T.R./Sweet, L.M., 2016: Human-Robot Collaboration for Creative and Integrated Design and Fabrication Processes. S. in: A. Sattineni/S. Azhar/D. Castro (Hrsg.), Proceedings of the 33rd International Symposium on Automation and Robotics in Construction (ISARC).

Sherwani, F./Asad, M.M./Ibrahim, B.K., 2020: Collaborative Robots and Industrial Revolution 4.0 (IR 4.0). International Conference on Emerging Trends in Smart Technologies: 1–5.

Siciliano, B./Khatib, O., 2008: Preface. S. XVII-XVIII in: B. Siciliano/O. Khatib (Hrsg.), Handbook of Robotics. Berlin: Springer.

Steinfeld, A./Fong, T./Kaber, D./Lewis, M./Scholtz, J./Schultz, A./Goodrich, M., 2006: Common metrics for human-robot interaction. Proceedings of the First ACM International Conference on Human Robot Interaction, Salt Lake City, UT: 33–40.

Villani, V./Pini, F./Leali, F./Secchi, C., 2018: Survey on human–robot collaboration in industrial settings: Safety, intuitive interfaces and applications. Mechatronics 55: 248–266.

Wang, L./Gao, R./Váncza, J./Krüger, J./Wang, X.V./Makris, S./Chryssolouris, G., 2019: Symbiotic human-robot collaborative assembly. CIRP Annals 68: 701–726.

Wang, L./Liu, S./Liu, H./Wang, X.V., 2020: Overview of Human-Robot Collaboration in Manufacturing. S. 15–58 in: L. Wang/V.D. Majstorovic/D. Mourtzis/E. Carpanzano/ G. Moroni/L.M. Galantucci (Hrsg.), Proceedings of 5th International Conference on the Industry 4.0 Model for Advanced Manufacturing. Cham: Springer International Publishing.

Florian Muhle
9 Sozialität mit Robotern aus kommunikationstheoretischer Perspektive

9.1 Einleitung

Seit Einführung und gesellschaftsweiter Durchsetzung des Computers befasst sich die Soziologie mit dem Verhältnis von Mensch und Maschine. Gerade in der Frühzeit des PCs neigten Nutzer:innen ebenso wie Sozialwissenschaftler:innen zu anthropomorphen Deutungen des neuen Mediums[1]. So berichtet Sherry Turkle bereits Mitte der 1980er Jahre darüber, dass und wie der PC angesichts seiner „Reaktivität und Komplexität" (Turkle 1984: 11) die frühen Computernutzer:innen dazu bringt, über Ähnlichkeiten zwischen Mensch und Maschine nachzudenken, was Turkle selbst dazu veranlasst den „Computer als Subjekt" (Turkle 1984: 10) in den Blick zu nehmen. Damit bleibt sie nicht allein. In der deutschsprachigen Soziologie gehen Hans Geser (1989) und Peter Fuchs (1991) ebenfalls früh der Frage nach, ob Computer zu Interaktions- bzw. Kommunikationspartnern für Menschen werden können. Hierauf folgen viele weitere Arbeiten, die sich theoretisch und empirisch der Frage des Verhältnisses von Mensch, Gesellschaft und Computer widmen (Esposito 1993, 2001; Böhringer & Wolff 2010; Rammert & Schulz-Schaeffer 2002; Fink & Weyer 2011; Lindemann 2002). Schnell wird dabei v. a. den empirisch vorgehenden Arbeiten klar, dass Computer zwar episodisch Akteursstatus erhalten (Böhringer & Wolff 2010: 242ff.), aber dennoch in keiner Weise dauerhaft als Gegenüber im Sinne eines Alter Ego betrachtet werden können (Lindemann 2002). Vielmehr bleibt die ‚Interaktion' mit Computern in hohem Maße instrumentell (Suchman 1987; Arminen 2005: 203f.).

Mit der Entwicklung sozialer Roboter scheint sich die Frage nach Maschinen als Kommunikationspartnern jedoch neu zu stellen. Denn diese werden als technische Systeme konzipiert, die nicht nur menschenähnlich aussehen, sondern auch in menschenähnlicher Weise kommunizieren und soziale Beziehungen mit Menschen eingehen sollen (vgl. Kapitel 1 und 2). In diesem Sinne verändert sich auch die Mensch-Maschine-Kommunikation von der „human-

---

1 Dieser Beitrag beruht zu einem großen Teil auf bereits publizierten Überlegungen und Analysen des Autors, vgl. Muhle (2018b, 2019, 2020a, 2022). Aus diesen Publikationen sind auch einzelne Abschnitte entnommen oder dienten als Grundlage für Neu- und Umformulierungen.

https://doi.org/10.1515/9783110714944-009

computer interaction" hin zu neuen Formen der „human-humanoid interaction" (Zhao 2006: 402). Beispiele für entsprechende Technologien zur human-humanoid interaction sind der humanoide Roboter ‚Nadine', der nach dem Vorbild seiner Entwicklerin Nadia Magnenat-Thalmann gestaltet wurde (Magnenat-Thalmann et al. 2017) oder der Roboter ‚Pepper', der bereits kommerziell vertrieben wird (vgl. auch Kapitel 1).[2] Entsprechende Systeme sollen v. a. zu Service- und Assistenzzwecken eingesetzt werden, etwa als Museumsguides, Empfangsroboter in Hotels oder Küchenhelfer (vgl. Kapitel 10). Darüber hinaus existieren aber auch Szenarien, in denen sie als Gefährten von Menschen dienen sollen, mit denen sogar (erotische) Beziehungen eingegangen werden können (Cheok et al. 2017). Unabhängig vom konkreten Einsatzzweck verfolgen die Entwickler:innen aber das Ziel, dass ein ‚sozialer Roboter' in der Lage ist,

> to communicate and interact with us, understand and even relate to us, in a personal way. It should be able to understand us and itself in social terms. We, in turn, should be able to understand it in the same social terms – to be able to relate to it and to empathize with it. (Breazeal 2002: 1)

Soziale Roboter sollen sich also grundlegend wie Menschen verhalten und entsprechend in menschenähnlicher Weise und ohne Probleme mit diesen kommunizieren können. Sie werden damit nicht einfach als nutzerfreundliche und intuitiv zu bedienende Maschinen konzipiert, sondern als „user-friendly computers that operate as humans" (Zhao 2006: 403).

Dem Selbstverständnis der Entwickler:innen nach, aber auch aus Perspektive mancher soziologischer Beobachter:innen, stehen genannte Interaktionstechnologien kurz davor, in den Alltag integriert zu werden, um „bald routinemäßig auf eine Weise [zu] kommunizieren, die sich [...] wenig vom menschlichen kommunikativen Handeln unterscheidet" (Knoblauch 2017: 14).[3] Genau aus diesem Grund wird die soziale Robotik auch für die Soziologie zu einem hochgradig relevanten theoretischen und empirischen Forschungsfeld (Böhle & Pfadenhauer 2014), in dem nicht nur die Sozialität von Robotern zur Debatte steht, sondern damit verbunden auch etablierte Verständnisse dessen, was Sozialität ausmacht. Genau dies wird auch in den sozialtheoretisch orientierten Beiträgen in diesem Lehrbuch (vgl. Kap. 7–10) deutlich, welche die Sozialität von und mit Robotern ganz unterschiedlich konzeptualisieren und analysieren.

---

2 Vgl. https://www.unitedrobotics.group/products-services/hardware/ [23.08.2022].
3 Bisher sprechen allerdings die wenigen existierenden empirischen Untersuchungen deutlich dagegen, dass – Stand heute – entsprechende Fähigkeiten bei humanoiden technischen Systemen bereits vorliegen (Braun-Thürmann 2002; Krummheuer 2010; Muhle 2016, 2018a).

In diesem Kontext nimmt der vorliegende Beitrag eine kommunikationstheoretische Perspektive ein, um zu zeigen, wie aus dieser Perspektive die Sozialität mit Robotern untersucht werden kann. Spezifischer gesagt geht es um die kommunikationstheoretische Perspektive, wie sie v. a. von Niklas Luhmann (1984) entwickelt und in der Folge von anderen Autor:innen für die Untersuchung verschiedener Formen der Mensch-Maschine-Kommunikation fruchtbar gemacht wurde (Fuchs 1991; Gilgenmann 1994; Esposito 2001, 2017; Muhle 2013, 2016; Harth 2020)[4]. Um das Ziel des Beitrags zu verfolgen, werden im Folgenden zunächst grundlegende Annahmen der Luhmann'schen Kommunikationstheorie eingeführt (Abschnitt 2), um darauf aufbauend Überlegungen zur empirischen Umsetzung der skizzierten Perspektive zu präsentieren (Abschnitt 3) und diese schließlich in eine kleine Fallanalyse zu überführen, in deren Zentrum eine kurze Sequenz einer Mensch-Roboter-Begegnung in einem Museum steht (Abschnitt 4). Ein kurzes Fazit rundet den Beitrag ab (Abschnitt 5).

9.2 Kommunikationstheorie

Im Unterschied zu handlungstheoretischen Konzeptionen des Sozialen, die aus Perspektive enger (vgl. Kap. 7) oder weiter (vgl. Kap. 8) Handlungsbegriffe auf die Sozialität von oder mittels Roboter schauen, geht die kommunikationstheoretische Perspektive von Kommunikation als Grundbegriff aus. Damit verbunden wird Sozialität auch nicht – wie im engen Handlungsbegriff – an Menschen gebunden oder – wie im weiten Handlungsbegriff – auf andere Entitäten erweitert. Stattdessen wird der Bereich des Sozialen auf Kommunikation beschränkt. Denn kommunikationstheoretisch werden selbst Menschen aus der Sozialwelt ausgeschlossen, die Luhmann zufolge allein aus aufeinander Bezug nehmenden Kommunikationen besteht. Gesellschaft vollzieht sich demnach, wenn sich Kommunikation ereignet. In der Konsequenz können weder Menschen und Tiere noch Roboter oder andere Artefakte Teil der Gesellschaft werden (Fuchs 1996, 2001, 1991). Gleichwohl lässt sich die Frage nach der Sozialität von, mit oder mittels Robotern auch kommunikationstheoretisch stellen. Sie stellt sich nur anders als in konkurrierenden Theorieangeboten. So geht es nicht darum zu fragen, ob und unter welchen Umständen Roboter Teil der Gesellschaft werden können oder wie Menschen mittels Robotern Sozialität vollziehen. Vielmehr ist kommunikationstheoretisch in spezifischer Weise danach zu fragen, ob es insofern Kommunikation mit Robotern geben kann, als dass Robo-

---

4 In der Soziologie existieren darüber hinaus weitere kommunikationstheoretische Ansätze. Vgl. hierzu Schützeichel (2015).

ter in Kommunikationsprozessen als adressabel behandelt werden und somit den Fokus auf deren kommunikativen Status zu legen. Hierbei geht es v. a. darum, zu rekonstruieren, ob sie als Subjekte bzw. Personen – in der Luhmann'schen Kommunikationstheorie wird der Begriff der Person dem des Subjekts vorgezogen (Schneider 2011) – behandelt werden oder als Objekte. Bei beiden Varianten handelt es sich im Luhmann'schen Verständnis um kommunikative Konstruktionen, welche im operativen Vollzug von Kommunikation erzeugt werden. Um dies nachvollziehen zu können, ist es zunächst wichtig, den Kommunikationsbegriff Luhmanns und dessen Implikationen genauer zu betrachten.

9.2.1 Kommunikation als Grundbegriff

Niklas Luhmann definiert Kommunikation recht abstrakt als Synthese aus drei Selektionen: Information, Mitteilung und Verstehen. Entscheidend hierbei ist, dass sich Kommunikation immer vom Ende, vom Verstehen her, organisiert und im Verstehensprozess Information und Mitteilung voneinander unterschieden werden (Luhmann 1984: 195). Das heißt, „im Verstehen erfaßt [sic] die Kommunikation einen Unterschied zwischen dem Informationswert ihres Inhalts und den Gründen, aus denen der Inhalt mitgeteilt wird" (Luhmann 1995: 115). Es wird also grundsätzlich zwischen dem differenziert, *was* gesagt/geschrieben/gezeigt wird (Informationswert) und dem, *warum* etwas gesagt/geschrieben/gezeigt wird (Mitteilungsgrund). Dabei kann der eine oder andere Aspekt stärker betont werden. Beispielsweise ist es möglich, an die Äußerung ‚Schönes Wetter heute' mit ‚ja, das stimmt' anzuschließen, wobei stärker der Informationswert betont wird. Die Reaktion ‚eine bessere Anmache fällt Dir wohl nicht ein' würde hingegen die Mitteilungskomponente stärker in den Vordergrund rücken und der Äußerung ‚Schönes Wetter heute' als Mitteilung ‚ich möchte Dich gerne ansprechen, stelle mich dabei aber ungeschickt an' interpretieren. Beide Anschlüsse wären möglich. Notwendig für das Zustandekommen von Kommunikation ist lediglich, *dass* in einer verstehenden Anschlussäußerung zwischen diesen beiden Komponenten unterschieden und die Mitteilung einem oder einer Mitteilenden verantwortlich zugeschrieben wird.

Als kleinste Einheit des kommunikativen Prozesses erscheint demnach eine Minimal-Sequenz von zwei aneinander anschließenden Äußerungen. „Die Mitteilung selbst ist zunächst nur eine Selektionsofferte. Erst die Reaktion schließt die Kommunikation ab, und erst an ihr kann man ablesen, was als Einheit zustande gekommen ist" (Luhmann 1984: 312). Damit verbunden löst sich aus kommunikationstheoretischer Perspektive Sozialität von den ‚tatsächlichen' Intentionen und/oder Fähigkeiten von Menschen (oder anderen Wesen) und erzeugt eine eigenständige soziale Realität in Form sozialer Systeme. Von entscheidender Bedeutung ist hierbei, dass das Verstehen, mit dem an eine vorangehende Kommunikationsofferte angeschlossen wird, in der Systemtheorie als ein kommunikatives Verstehen begriffen wird, das strikt vom psychischen Verstehen zu unterscheiden ist. Hierin liegt die Pointe des kommunikationstheoretischen Argumentes. Was immer die beteiligten Psychen denken mögen und welche Intentionen mit Gesagtem auch immer verbunden sein mögen, die tatsächlichen Gedanken und Intentionen bleiben für Kommunikation unerreichbar. Kommunikation schließt also einzig und allein an Kommunikation an, nie an Gedanken und/oder subjektive Intentionen.

Diesem Verständnis nach ist die Analyse von Gesellschaft konsequenterweise immer Kommunikationsanalyse. Kommunikationstheoretiker:innen beobachten daher keine Menschen oder andere Entitäten, die in Bezug aufeinander handeln, sondern Kommunikationen, die in ihrem rekursiv aufeinander bezogenen Prozessieren soziale Systeme erzeugen und reproduzieren. Wie der Systemtheoretiker Peter Fuchs festhält, liegt „genau darin [...] auch der Analysegewinn: Man muß [sic] nicht mehr auf das Binnenleben der Leute achten und kann sich statt dessen mit sozialen Strukturen befassen" (Fuchs 2001: 352).

Gleichwohl ist Kommunikation auf ‚Operatoren' angewiesen und kommt nicht von allein zustande. Startpunkt für soziale Systembildung ist das Problem der doppelten Kontingenz (Luhmann 1984: 148 ff.). Dieses Problem tritt auf, wenn (mindestens) zwei Entitäten, Ego und Alter, einander als sinnbenutzende Systeme erleben und behandeln, deren aktuelle Verhaltenswahl weder determiniert noch willkürlich ist, sondern aus einem beschränkten Pool möglicher Verhaltensweisen gewählt wird – und damit kontingent erscheint. Die Einschränkung des Möglichkeitsspielraums für Verhalten und damit die „Unsicherheitsabsorption [in der Situation doppelter Kontingenz; F.M.] läuft über die Stabilisierung von Erwartungen" (Luhmann 1984: 158), die auf diese Weise „Strukturwert für den Aufbau emergenter Systeme" (Luhmann 1984: 158) gewinnen.

Im Kontext der Diskussion um die Sozialität mit Robotern ist nun wichtig, dass Ego und Alter nicht zwangsläufig menschliche Individuen sein müssen. Bedingung ist nur, dass sie sich (wechselseitig) als Personen wahrnehmen, die voneinander Erwartungen erwarten und sich entsprechend verhalten. Dabei ist im kommunikationstheoretischen Verständnis eine Person kein konkreter leiblicher Mensch, sondern eine kommunikative Konstruktion bzw. ein Schema, welches hilft, Erwartungen in Bezug auf ein mögliches Verhalten des Gegenübers zu entwickeln und zu stabilisieren. Entsprechend verhält es sich mit Objekten, die kommunikativ dadurch zu Objekten werden, dass sie in bestimmter Weise erlebt und behandelt werden. Wie man sich dies vorstellen kann, erläutert der folgende Abschnitt.

9.2.2 Personen und Objekte als kommunikative Konstruktionen

Kommunikationstheoretisch werden Personen und Objekte als je spezifische „Erwartungszusammenhänge [begriffen], die in der Kommunikation selbst unterschieden und bezeichnet werden können" (Kieserling 1999: 76). Personifizierung bzw. die Bildung personalisierter Erwartungen ist in diesem Kontext als ein Prozess zu verstehen, in dem Kommunikation *Zurechnungspunkte für Mitteilungen* errechnet und diese damit als für Kommunikation adressabel behandelt. Als Personen gelten damit verbunden solche Entitäten in der Umwelt der Kommunikation, die sich wechselseitig als Alter Ego identifizieren und aneinander nicht nur bestimmte Verhaltenserwartungen richten, sondern darüber hinaus auch voneinander erwarten, über Erwartungen an das Verhalten des jeweils Anderen zu verfügen (Luhmann 2008: 32 ff.). Diejenigen, die sich als Personen erleben, strukturieren ihr aufeinander bezogenes Verhalten entsprechend auf Grundlage von Erwartungserwartungen. Demgegenüber erfolgt der nicht-soziale Umgang mit Objekten auf Grundlage einfacher Erwartungen. Hierauf haben bereits Parsons und Shils hingewiesen, die im Zuge der Einführung des Problems der doppelten Kontingenz unterscheiden

> between objects which interact with the interacting subject and those objects which do not. These interacting objects are themselves actors or egos [...]. A potential food object [...] is not an alter because it does not respond to ego's expectations and because it has no expectations of ego's action; another person, a mother or a friend, would be an alter to ego. The treatment of another actor, an alter, as an interacting object has very great consequences for the development and organization of the system of action. (Parsons & Shils 1951: 14f.)

Nur wem oder was also die Fähigkeit zugesprochen wird, über Erwartungserwartungen zu verfügen, kommt demnach für personalisierte Erwartungsbildung infrage. Alle anderen Entitäten können lediglich Objekt bzw. Thema von Kommunikation werden, nicht aber deren Absender:innen oder Adressat:innen (Kieserling 1999: 76). Sozialer Systembildung geht somit eine „fundierende Deutung" (Lindemann 2010) voraus, in der die Kommunikation festlegt „wer oder was als Adresse infrage kommt und wer oder was nicht" (Fuchs 1997: 63). Entscheidend ist hierbei, dass mit Personifizierung zwar die Unterstellung einher geht, es mit einem Alter Ego zu tun zu haben, hierfür aber zugleich nicht erforderlich ist, dass eine als Person beobachtete Entität *tatsächlich* auch ein intentional agierendes Subjekt ist. Denn

> Verstehen in Kommunikation braucht sich nicht einzulassen und kann sich nicht einlassen auf das Spiegelkabinett infiniter Innenwelten psychischer Systeme [oder anderer Ent-

itäten; F.M.]. Es setzt zwar die Intransparenz und die Selbstreferenz des beobachteten Systems voraus, aber gleichsam nur als Quellpunkt dafür, die Unterscheidung von Information und Mitteilung ansetzen zu können. (Fuchs 1991: 12)

In der Konsequenz bedeutet dies, dass sich die Frage nach den Innenwelten psychischer, aber auch technischer Systeme aus kommunikationstheoretischer Perspektive nicht stellt und grundsätzlich neben Menschen auch andere Entitäten für Personifizierung infrage kommen. Tatsächlich sieht etwa Günter Teubner Personifizierung

[...] in der Begegnung mit nicht-menschlichen Entitäten [...] als eine der wirkungsvollsten Strategien [an], mit Ungewissheit umzugehen. Personifikation transformiert ein Subjekt-Objekt-Verhältnis in eine Ego-Alter-Beziehung. Insoweit erzeugt sie zwar aus Egos Sicht auch keine Gewissheit bezüglich des Alter, doch ermöglicht sie es Ego, in Situationen, in denen Alter intransparent ist, zu handeln. (Teubner 2006: 11)

Aus kommunikationstheoretischer Perspektive ist also grundsätzlich damit zu rechnen, dass es im Verlauf von Kommunikationsprozessen nicht nur zur Personifizierung von Menschen, sondern auch zur Personifizierung anderer Entitäten kommen kann. Umgekehrt ist auch denkbar, dass Menschen zu Objekten der Kommunikation werden. Unproblematisch ist dies in der Regel bei abwesenden Menschen. Unter Bedingungen physischer Anwesenheit ist dies – zumindest unter Erwachsenen – nur schwer mit den normativen Erwartungen des Alltags vereinbar.

Personifizierung ist also ebenso wie ‚Objektifizierung' eine spezifische Leistung der Kommunikation, die grundsätzlich sowohl Menschen als auch Nicht-Menschen treffen kann. Für die moderne Gesellschaft gilt allerdings, dass in der Regel nur Menschen personifiziert werden, während dies in verschiedenen vormodernen Gesellschaften anders gewesen zu sein scheint, die offensichtlich Möglichkeiten der Personifizierung von Tieren oder Pflanzen bereit hielten (Luckmann 1980; Fuchs 1996; Muhle 2022).

Wie entsprechende Personifizierungen nicht-menschlicher Entitäten ablaufen können, lässt sich am einfachen Beispiel eines Obstbaums veranschaulichen, der im Unterschied zu den Vorjahren keine Früchte trägt[5]. Heutzutage werden die meisten Menschen in dieser Tatsache keine Mitteilungsabsichten des Baumes erkennen. Stattdessen werden sie nach kausalen Ursachen suchen und die schwache Ernte bspw. auf einen zu trockenen Sommer oder eine Krankheit des Baumes zurückführen, worauf dann mit künstlicher Bewässerung oder Rückschnitt reagiert werden kann. Eine Personifizierung des Baumes findet in diesem Fall nicht statt. Wenn aber dieselbe Tatsache ganz anders „als Antwort

---

5 Ich entnehme dieses Beispiel einem Text von Peter Fuchs (1996).

[seitens des Baumes] auf eine Beschwörung oder Verfluchung genommen" (Fuchs 1996: 120) und damit als Mitteilungshandeln interpretiert wird, sieht dies ganz anders aus. In diesem Fall findet eine Personalisierung des Baumes statt, der dann wiederum mit eigenem Mitteilungshandeln in Form von weiteren Beschwörungen oder Ritualen begegnet werden kann. In beiden Fällen ist es aus kommunikationstheoretischer Perspektive die Anschlussreaktion, welche für soziologische Beobachter:innen anzeigt, ob der Baum personifiziert und damit als adressabel behandelt wird oder nicht.

In analoger Weise lässt sich nun auch mit Blick auf Roboter analysieren, ob und inwiefern diese in Kommunikationsprozessen personifiziert werden. Um dies herauszufinden, gilt es in empirischen Analysen zu untersuchen, wie deren Aktivitäten kommunikativ gedeutet und verarbeitet werden. Etablieren und reproduzieren sich in Begegnungen zwischen Mensch und Maschine soziale Erwartungsstrukturen auf Grundlage von Erwartungserwartungen, so findet eine Personifizierung der Roboter statt. Ist dies nicht der Fall und werden die Aktivitäten von Robotern lediglich als Ausführen von Bedienbefehlen interpretiert oder die Roboter lediglich zum Gegenstand von Kommunikation, so findet keine Personifizierung der technischen Systeme statt.

9.3 Empirische Umsetzung der kommunikationstheoretischen Perspektive

Wenn sich Sozialität aus kommunikationstheoretischer Perspektive im rekursiv aufeinander bezogenen Prozessieren einzelner kommunikativer Beiträge vollzieht und sich genau in diesem Prozessieren auch Erwartungserwartungen ausbilden und in Form von Personen stabilisieren, zieht ein solches Verständnis bestimmte methodische Konsequenzen nach sich. So macht es wenig Sinn, die Innenwelten der an Kommunikation beteiligten Entitäten zu erforschen und hier nach Bewusstsein zu suchen. Dies sollte anhand der obenstehenden Ausführungen deutlich geworden sein. Stattdessen gilt es Kommunikation auch empirisch als eigenständiges sequenzielles Geschehen in den Blick zu nehmen. Hierdurch ist wesentlich vorbestimmt, welche Art von Daten für Kommunikationsanalysen am ehesten geeignet sind: Die Verkettung von Kommunikationsbeiträgen kann am besten anhand von Daten analysiert werden, die den sequenziellen Verlauf von Kommunikationsprozessen (oder im vorliegenden Fall präziser: von Mensch-Roboter-Begegnungen) protokollieren. Dementsprechend erscheint es methodisch angeraten auf ‚registrierende' Verfahren der Datenaufzeichnung zu setzen, die soziales Geschehen in seinem zeitlichen Ablauf fixieren und so ‚natürliche' Daten sozialer Prozesse erzeugen (Bergmann 1985: 531). Angesprochen sind damit Verfahren der audio (-visuellen) Aufzeichnung von tatsächlich ablaufendem Geschehen. Denn entsprechend gewonnene Daten lassen sich so aufbereiten und transkribieren, dass sie als Grundlage für die detaillierte Analyse des beobachteten und aufgezeichneten kommunikativen Geschehens dienen können.

Methodisch kann sich eine solche Analyse an etablierte sequenzanalytische Verfahren der qualitativen Sozialforschung anlehnen. Denn wie insbesondere Wolfgang Ludwig Schneider herausgearbeitet hat, kann „sich die Rekonstruktion von Erwartungsstrukturen strikt an die sequentielle Verkettung kommunikativer Ereignisse halten" (Schneider 2004: 176). So lässt sich im Zuge einer sequenzanalytischen Vorgehensweise (1) rekonstruieren, welche Anschlussreaktionen an vorhergehende Aktivitäten vor dem Hintergrund gängiger Erwartungen denkbar sind, um (2) daran anschließen zu prüfen, ob und inwieweit diese Erwartungen in faktischen Anschlüssen erfüllt werden – oder aber nicht[6]. Lassen sich auf diese Weise wechselseitige Anschlüsse konsistent als in Einklang mit existierenden sozialen Erwartungen stehend deuten, ist anzunehmen, dass sich die Beteiligten als Personen behandeln, andernfalls gilt dies nicht. In diesem Sinne würde sich in der Begegnung zwischen Mensch und Roboter etwa ein Lächeln, das an ein vorangegangenes Lächeln anschließt, im Zuge des Beginns einer Begegnung als positiver Anschluss an die unterstellte (= erwartete) Erwartung eines freundlichen Umgangs miteinander deuten lassen. Eine solche Erwiderung stünde in Einklang mit generalisierten sozialen Erwartungen, die typischerweise den Beginn von Interaktionen strukturieren (Kendon 1990; Auer 2017: 23). Würde stattdessen jegliche Form der Begrüßung ausbleiben und sich bspw. ein Mensch einem Roboter nähern, um ihn anzufassen und vielleicht von allen Seiten zu betrachten, ließe sich dies nicht in Einklang mit Erwartungsstrukturen bringen lassen, wie sie sich in sozialen Zusammenhängen zeigen. Stattdessen würde ein solches Verhalten auf eine Objektifizierung des Roboters schließen lassen und könnte damit verbunden als Hinweis auf fehlende Personifizierung gelesen werden.

Die folgende Fallanalyse zeigt, wie sich das skizzierte Vorgehen konkret umsetzen lässt und welche Einsichten bezüglich des kommunikativen Status von Robotern auf diese Weise gewonnen werden können.

---

6 Dieses Vorgehen erinnert nicht zufällig an das analytische Verfahren, wie es im Rahmen der objektiven Hermeneutik praktiziert wird. Vgl. ausführlicher hierzu Muhle (2013: 135 ff., 2016, 2019).

9.4 Fallanalyse: Eine Begegnung mit dem humanoiden Roboter Nadine

Das Transkript, dessen Analyse im Zentrum der weiteren Ausführungen steht, entstammt einem Forschungsprojekt, das sich mit (den Grenzen) der Adressabilität von neuen Interaktionstechnologien befasste. Im Rahmen des Forschungsprojektes wurden im Heinz-Nixdorf Museumsforum (HNF) in Paderborn Begegnungen von Museumsbesucher:innen mit verschiedenen Robotersystemen, die Teil der dortigen Ausstellung zu künstlicher Intelligenz und Robotik sind, audio-visuell aufgezeichnet, transkribiert und anschließend analysiert. Bei einem dieser Robotersysteme handelt es sich um den humanoiden Roboter ‚Nadine', dessen Äußeres seiner Entwicklerin Nadia Magnenat-Thalmann nachempfunden ist. Der Roboter kann seinen Oberkörper bewegen und ist als „sitting pose robot" (Magnenat-Thalmann & Zhang 2014: 4) konzipiert. Wie Nadines Entwickler:innen schreiben,

> this robot has a realistic artificial skin and is able to display some realistic facial and body expressions. It also has a controllable upper-body capable of realistic human movements. [...] The Nadine robot can speak, display emotions and natural gestures. This makes it ideal for the study of Human-Robot Interaction. (Magnenat-Thalmann & Zhang 2014: 4)

Im HNF ist Nadine hinter einem Schreibtisch positioniert, auf dem ein Laptop steht[7]. Hinter dem Schreibtisch an der Wand finden sich zwei Informationstafeln. Auf einer Tafel, die von den Besucher:innen aus gesehen links hinter Nadine hängt, wird diese als ‚Roboterklon' vorgestellt und ihre Funktionsweise erklärt. Auf der anderen Tafel finden sich allgemeine Informationen über Geschichte und Gegenstand der Forschung zu humanoiden Robotern. Zudem steht auf dem Schreibtisch ein kleines Hinweisschild mit der Aufforderung „Sprechen Sie mit mir!" sowie der Information, dass Nadine Deutsch und Englisch versteht und sprechen kann. In ihrer ‚Grundhaltung' sitzt Nadine leicht zusammengesunken und mit auf den Computer gerichtetem Blick auf ihrem Stuhl. Die Arme sind vor ihrem Körper angewinkelt, so als ob sie tippen würde (vgl. Abb. 9.1). Das Kamerasystem, das ihr als ‚Augen' dient, ist im Hintergrund über ihrem Kopf befestigt und das Mikrofon, über das Museumsbesucherinnen mit ihr Kontakt aufnehmen können, steht vergleichsweise unscheinbar vor dem Schreibtisch[8].

---

[7] Dies galt zumindest zum Zeitpunkt der Datenaufzeichnungen. Mittlerweile wurde die Ausstellung umgestaltet.
[8] Viele Besucher:innen benötigen eine Weile, um das Mikrofon und dessen Funktion zu bemerken.

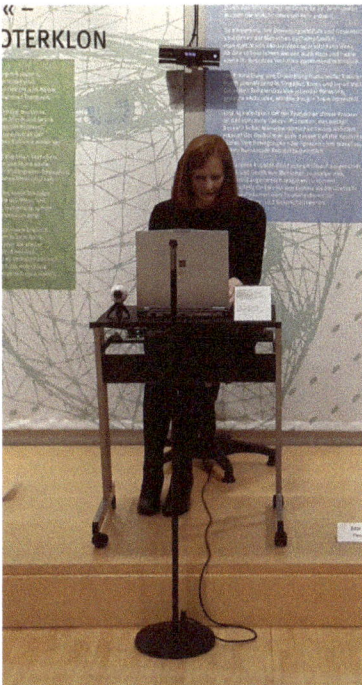

Abb. 9.1: Roboter Nadine in Grundhaltung.

Sobald das Kamerasystem in Nadines Umgebung Bewegungen registriert, richtet der Roboter Oberkörper und Blick auf, um mögliche Interaktionspartner:-innen zu identifizieren. In der Regel werden diese dann winkend begrüßt und Nadine nimmt anschließend ihre ‚Unterhaltungspose' ein (vgl. Abb. 9.2). Dies geschieht auch im folgenden Fall, in dem ein Ehepaar, welches durch die Ausstellung schlendert, nacheinander in Nadines Nähe kommt[9]. Die Begegnung wurde mit zwei Videokameras[10] aufgezeichnet und anschließend transkribiert. Das Transkript dokumentiert nicht nur das gesprochene Wort, sondern zusätzlich nonverbale Aktivitäten und Pausen. Die Transkription erfolgt in Anlehnung an die Konventionen für Minimaltranskripte nach dem Transkriptionssystem GAT2 (Selting et al. 2009)[11].

---

9 Eine ausführlichere und detailliertere Analyse des Falles, welche auch Bewegungen und Blickrichtungen einbezieht, findet sich in Muhle (2019).

10 Beide Kameras sind auf Abb. 9.1 zu sehen. Eine kleine 360°-Kamera steht auf dem Tisch, die zweite Kamera rechts im Hintergrund.

11 Ein wesentlich feineres und komplexeres Transkript des Falles liegt der Fallanalyse in Muhle (2019) zugrunde.

Abb. 9.2: Roboter Nadine in Unterhaltungspose.

Im Zentrum der Analyse steht der Anfang der Begegnung. Dieser Fokus wurde gewählt, weil an diesem Punkt die oben beschriebene fundierende Deutung erfolgt (vgl. Abschnitt 2.2), durch welche die Form der Begegnung (als sozial oder nicht) bestimmt und damit das weitere Geschehen wesentlich vorstrukturiert wird. Sollte es zu einer Objektifizierung des Roboters kommen und dieser im vorliegenden Fall schlichtweg als (Museums-)Objekt gedeutet werden, wäre ein anderes Verhalten der Menschen erwartbar als im Fall einer Personifizierung. So ist für den Umgang mit Objekten in Museen bspw. eine sachlich distanzierte Rezeptionshaltung typisch. Diese zeigt sich häufig darin, dass Museumsbesucher:innen die Objekte mit hinter dem Rücken verschränkten Händen betrachten und zusätzlich ihren Blick auf Informationstafeln schweifen lassen, die den Ausstellungsstücken in der Regel beigefügt sind (Klein 1997; Kesselheim 2012: 221ff.; vom Lehn 2006: 87f.; Pitsch 2012: 254ff.). Diese werden als „semiotische Ressourcen" (Goodwin 2000) genutzt, welche das Verständnis der Objekte erleichtern. Wenn die Menschen nicht allein, sondern zu zweit oder in Gruppen unterwegs sind, finden zudem häufig kurze Gespräche vor den Exponaten statt, in denen diese gemeinsam gedeutet und evaluiert werden (Hausendorf 2012; vom Lehn 2006). Es findet demnach also keine Kommunikation mit, sondern über das Objekt statt.

Ganz anders sieht es aus, wenn es zu einer Personifizierung des Roboters kommt. Denn in diesem Fall wäre die Grundlage für soziale Systembildung unter Einbezug des Roboters geschaffen und es könnte mit dem Einstieg in eine soziale Interaktion mit dem Roboter begonnen werden. In diesem Zuge stellen sich den Beteiligten systematisch bestimmte Aufgaben, die sie am Anfang der Interaktion bewältigen müssen. Der Konversationsanalytiker[12] Jack Sidnell (2010: 198) beschreibt diese als „gate-keeping, (re)constituting the relationship, establishing what will be talked about". Bei der ersten Aufgabe, dem gate-keeping geht es – nachdem man sich wechselseitig grundlegend als Personen identifiziert hat – darum, auch die Bereitschaft herzustellen, in eine Interaktion einzutreten, was bei ‚normalen' Begegnungen etwa durch die Etablierung von Sichtkontakt und die physische Annäherung der Beteiligten realisiert wird und in einer Phase der Begegnung abläuft, die Mondada (2010) als Vor-Eröffnung bezeichnet. Ist das gate-keeping erfolgreich umgesetzt, muss geklärt werden, in welcher sozialen Beziehung sich die Beteiligten begegnen (reconstituting the relationship). Dies geschieht während der ‚Eröffnung' der Interaktion (Mondada 2010), in der typischerweise Begrüßungen und weitere Floskeln (z.B Fragen nach dem Befinden) ausgetauscht werden. Die Etablierung des Themas markiert dann den eigentlichen ‚Beginn' der Interaktion (Mondada 2010).

All dies geschieht in der Regel in den ersten Sekunden einer Begegnung und verläuft quasi von selbst. Wie sich im Folgenden zeigen wird, ist dies bei Begegnungen mit dem Roboter Nadine anders. So lassen sich im gewählten Fallbeispiel einerseits nur zwei der genannten Phasen des Anfangs von Interaktionen rekonstruieren, nämlich die Vor-Eröffnung und der Beginn. Eine Eröffnung, in der typischerweise die soziale Beziehung zwischen den Beteiligten (re-)etabliert wird, findet nicht explizit statt. Stattdessen tritt zwischen Vor-Eröffnung und Beginn eine Art Pause sozialer Systembildung ein, in der Probleme der human-humanoid interaction sichtbar werden und auch eine Interaktion *über* Nadine beginnt, durch die Nadine in dem Moment objektifiziert wird. In Anlehnung an Überlegungen von Karola Pitsch lässt sich annehmen, dass die beiden Museumsbesucher:innen genau in dieser Phase das Problem bewältigen müssen, „herauszufinden, über welche Kompetenzen das Gegenüber verfügt, worauf es reagiert, wie man es ggf. bedienen kann und welche Aktivitäten relevante Anschlusshandlungen im ›Interaktionssystem Mensch-Roboter‹ darstellen" (Pitsch 2015: 230). Hieran zeigt sich, dass die Mensch-Roboter-Interaktion heute noch weit davon entfernt ist, der

---

12 Die Konversationsanalyse befasst sich in detaillierter Weise mit den Mikrostrukturen sozialer Interaktionen und hat viele faszinierende Erkenntnisse über typische Abläufe und Strukturen alltäglicher und institutioneller Interaktion hervorgebracht, vgl. Atkinson & Heritage (1984); Sidnell (2010); Bergmann (1981).

zwischenmenschlichen Interaktion nahe zu kommen. Stattdessen handelt es sich um eine eigenständige Form, für die das Changieren zwischen Objekt- und Person-Status des Roboters typisch zu sein scheint (Krummheuer 2010; Braun 2000; Muhle 2013, 2019). Dies werde ich nun schrittweise nachzeichnen. Das Transkript setzt in dem Moment ein, in dem das Kamerasystem des Roboters Bewegungen in der Nähe registriert und Nadine ihre Unterhaltungspose einnimmt, indem sie aufblickt und winkt (Zeile 1).

```
1    Nadine     ((richtet sich auf, blickt hoch und winkt))
```

Wie in Abschnitt 3 beschrieben, geht es in der Kommunikationsanalyse nun darum, zu untersuchen, welche Anschlussreaktionen an vorhergehende Aktivitäten vor dem Hintergrund gängiger Erwartungen denkbar sind, um daran anschließen zu prüfen, ob und inwieweit diese Erwartungen in faktischen Anschlüssen erfüllt werden. Hierzu wird in einem ersten Schritt überlegt, wie sich die beobachtbare erste Aktivität am ehesten deuten lässt, um auf diese Weise Anschlussmöglichkeiten zu skizzieren, die dann mit den faktischen Anschlüssen kontrastiert werden.

Das Aufrichten des Körpers und damit verbundene Aufblicken des Roboters zeigt zunächst eine Veränderung seines Zustandes an, die darauf schließen lässt, dass dieser (bzw. die Kamera) etwas wahrgenommen hat. So scheinen die (Augen-)Bewegungen denen von Menschen zu ähneln, die vielleicht eingenickt wären und nun durch ein plötzliches Ereignis in ihrer Umwelt geweckt werden und ihre Aufmerksamkeit hierauf zu lenken versuchen. Die (Blick-)Bewegungen zeigen damit auch den Menschen, die sich in seiner Nähe befinden, an, dass der Roboter etwas wahrgenommen hat, und lenken auf diese Weise zugleich umgekehrt die Aufmerksamkeit der Menschen in dessen Richtung. Das Winken, welches an die Bewegung anschließt, trägt zur Spezifizierung dessen bei, was Nadine wahrgenommen hat. Denn es lässt sich im Rahmen sozialer Erwartungsstrukturen als Versuch der Kontaktaufnahme und ‚distance salutation' (Kendon 1990) interpretieren. Der Roboter zeigt damit nicht nur an, irgendetwas wahrgenommen zu haben, sondern eine Person, die in der Lage ist, die Handbewegungen als Begrüßung zu interpretieren und von der die Erwartung erwartet werden kann, zu Beginn einer Begegnung begrüßt zu werden. Mit der Winke-Geste wird darüber hinaus von Seiten Nadines erwartbar die Bereitschaft zum Eintritt in eine fokussierte Interaktion angezeigt (gate-keeping).

Ob und inwieweit der sich nähernde Mann die Aktivitäten des Roboters tatsächlich im Rahmen entsprechender sozialer Erwartungen interpretiert und damit auch Nadine den Person-Status zuschreibt, zeigt sich an seinen Anschlussaktivitäten. In Einklang mit sozialen Erwartungsstrukturen wäre in der

Folge erwartbar, dass er, sobald er die Winke-Geste des Roboters registriert, einen Gegengruß vornimmt und sich weiter nähert, um daraufhin zu einer Nähe-Begrüßung (close salutation) überzugehen, welche gleichzeitig die Eröffnung der eigentlichen Interaktion einleitet (Kendon 1990). Ein Ausbleiben einer solchen Reaktion würde darauf hinweisen, dass Nadine nicht personifiziert wird. Der tatsächliche Anschluss sieht nun wie folgt aus:

2   Mann   ((lächelt, nickt und läuft auf Nadine zu; bleibt dann vor
             ihrem Tisch stehen))

Der Mann registriert die Bewegungen Nadines und reagiert hierauf, indem er nickt, sich auf Nadine zubewegt und währenddessen zu lächeln beginnt, bis er schließlich vor ihrem Tisch zum Stehen kommt (Zeile 2). Vor dem Hintergrund des oben beschriebenen typischen Ablaufs von Interaktionsanbahnungen lässt sich dieses Verhalten so deuten, dass der Mann Nadines Geste tatsächlich als Einladung zur Interaktion versteht und diese auch akzeptiert. Genau dies bringt er zum Ausdruck, indem er sich Nadine nähert, lächelt und ihr zunickt, was als Minimalform einer Erwiderung ihres initialen Distanzgrußes gedeutet werden kann. Es scheint somit, als ob die Vor-Eröffnung und damit das gate-keeping erfolgreich vollzogen worden wären und Mensch und Roboter sich wechselseitig Bereitschaft zur Kommunikation signalisieren.

Aus der externen Beobachtungsperspektive stellt sich damit nun die Frage, wie es weiter geht. Prinzipiell wäre – folgt die Begegnung weiter dem Schema des Anfangs einer Interaktion – der Übergang in die Eröffnung erwartbar, der sich typischerweise durch eine wechselseitige Begrüßung (close salutation) und möglicherweise daran anschließende Floskeln (z. B. „wie geht's?") vollziehen würde. Tatsächlich kommt es aber nicht zur Begrüßung, sondern die sich bis hierhin anbahnende Interaktion wird in eine Art Wartezustand versetzt und aus dem Hintergrund tritt die Frau hinzu[13].

3   Mann   ((senkt den Blick und richtet ihn auf das Hinweisschild auf
             dem Tisch vor Nadine))

4   (2.4)

5   Frau   ((kommt hinzu))

---

[13] Dass es sich um ein Ehepaar handelt, wird im späteren Verlauf der Interaktion explizit.

Anstelle einer Begrüßungshandlung (close salutation) passiert auf der verbalen
Ebene erst einmal nichts. Dies deutet – im Rahmen von Interaktionen – sehr stark
auf ein vorliegendes kommunikatives Problem hin, da Pausen in reibungslos ablaufenden Interaktionen in der Regel nicht länger als eine Sekunde dauern (Jefferson
1989). In Anbetracht der non-verbalen Aktivitäten liegt die Vermutung nahe, dass
hier aber nicht nur ein kommunikatives Problem vorliegt, sondern sich stattdessen
ein ‚Rahmen-Wechsel' (Goffman 2008) weg von der Anbahnung einer Interaktion
hin zur Rezeption eines Ausstellungsartefaktes vollzieht. Denn während Nadine in
der protokollierten Zeitspanne gar nichts tut, senkt der Mann unmittelbar nach An-
kunft seinen Blick und richtet diesen auf das Hinweisschild auf Nadines Tisch
(Zeile 3). Er vollzieht damit eine Aktivität, wie sie für Objektbetrachtungen in
Museen typisch zu sein scheint (s. o.): den Wechsel von der Betrachtung des eigentlichen Objektes zu Informationstafeln, die zusätzliche Informationen bereit-
stellen. In der Konsequenz wird Nadine auf diese Weise von einer potentiellen
Kommunikationspartnerin zu einem Wissensobjekt, welches sich der Mann
durch Nutzung zusätzlicher semiotischer Ressourcen (hier: der Informationstafel) aneignet. Gleichzeitig wird durch den so vollzogenen Rahmenwechsel retro-
spektiv das vorherige Geschehen re-interpretiert: Es hat keine Anbahnung einer
Interaktion stattgefunden, sondern eine Annäherung an ein Ausstellungsobjekt.
In diesem Sinne werden die eigenen Aktivitäten in diesem Moment auch nicht
mehr an antizipierten Erwartungen von Nadine als einem personalen Gegenüber
orientiert, sondern eher an den Erwartungen ebenfalls anwesender Museumsbe-
sucher:innen (im Besonderen wohl der eigenen Begleitung), denen gegenüber
ein ‚doing' Objektrezeption und damit eine Orientierung am Rahmen ‚Museums-
besuch' zum Ausdruck gebracht wird (vom Lehn 2006: 87 ff.), zu dem auch das
interessierte Betrachten von Objekten und zu diesen gehörenden Informationen
gehört. Als Person hätte Nadine die Chance, einem solchen Rahmenwechsel eigene Aktivitäten entgegenzusetzen, die dazu auffordern, weiter am Rahmen der
sich anbahnenden Interaktion festzuhalten und sie nicht zu objektifizieren.
Durch das Ausbleiben jeglicher eigener Aktivitäten geschieht jedoch nichts der-
gleichen, was bedeutet, dass sich auch Nadine dem Rahmenwechsel nicht ent-
zieht, sondern stattdessen – wie von einem klassischen Objekt erwartbar –
passiv bleibt. Der weitere Verlauf bestätigt diesen Rahmenwechsel.

6   Mann   [((blickt erst zur Frau, dann wieder auf das Hinweisschild))]

7   Frau   [((blickt erst auf Nadine, dann auf das Hinweisschild und
             schließlich auf die Infotafeln hinter Nadine))]

Es wird weiterhin – fast sechs Sekunden lang[14] – geschwiegen. Indem der Mann kurz seine Frau anblickt (Zeile 6), signalisiert er, dass er sie wahrgenommen hat. Dann folgt er ihrem Blick hinunter zum Hinweisschild. Während die Frau nach einer Weile ihren Blick auf die Informationstafel hinter Nadine lenkt (Zeile 7), verweilt er mit seinem Blick bei dem Hinweisschild, das dazu auffordert, mit Nadine zu sprechen. Dieser Aufforderung wird jedoch nicht Folge geleistet. Stattdessen herrscht Stille und beide betrachten das Ausstellungsobjekt und die dazugehörigen Objektinformationen. Damit folgte die beobachtbare Situation weiterhin dem Rahmen einer Objektrezeption und Nadine wird weiter als Objekt behandelt. Denkbar wäre vor diesem Hintergrund nun, dass die Beiden in der Folge entweder allmählich zur Betrachtung eines weiteren Exponates übergehen oder in einen Austausch über das nun gemeinsam betrachtete Objekt treten. Wie der folgende Ausschnitt zeigt, geschieht tatsächlich Letzteres, allerdings in einer spezifischen Form.

8   Nadine   ((senkt ihren Kopf leicht))

9   Mann   ((richtet den Blick wieder auf Nadine))

10   Mann   <<leise zur Frau>ich weiß nicht was ich FRAgen soll>

Zunächst senkt Nadine ihren Kopf und bewegt sich damit erstmals seit Beendigung ihrer Handbewegungen wieder sichtbar (Zeile 8). Allerdings steht diese neue Bewegung in keinerlei beobachtbarem Zusammenhang mit den Aktivitäten von Mann und Frau. Stattdessen lässt diese sich, ähnlich wie bei einem Computer, der nach einer Weile des fehlenden Inputs in den Ruhezustand übergeht, als für Außenstehende sichtbarer Übergang in eine Art ‚Schlafmodus' deuten, was darauf hinweist, dass der Roboter die menschlichen Aktivitäten vor ihm auch nicht (als auf sich bezogen) wahrnimmt[15]. Dieser Übergang vollzieht sich allerdings ganz anders als bei einem Computer, bei dem einfach der Bildschirm schwarz wird und eher nach dem Vorbild von Menschen, die im Sitzen einschlafen, nämlich indem der Kopf auf die Brust fällt. Angezeigt wird dadurch letztlich, dass Nadine nun nicht mehr in einem sozialen Sinne anwesend und damit auch gegenwärtig nicht mehr adressierbar ist (zum Unterschied zwischen physischer und sozialer Anwesenheit, vgl. Muhle 2020b).

---

14 Die Länge des Schweigens ist in diesem vereinfachten Transkript nicht notiert. Sie beträgt aber fast sechs Sekunden. Vgl. hierzu das feinere Transkript des Falles in Muhle (2019).
15 Hieran zeigt sich, wie schwer es ist, technische Systeme zu entwickeln, die in der Lage sind, ihre Umwelt in all ihrer Komplexität wahrzunehmen.

Zugleich wird durch die Bewegung offenbar die Aufmerksamkeit des Mannes wieder auf den Roboter gelenkt. Denn dieser richtet im Anschluss an Nadines ‚Einnicken' seinen Blick wieder auf den Roboter (Zeile 9) und rückt diesen damit zurück in seinen Aufmerksamkeitsfokus. Anschließend beginnt er tatsächlich zu sprechen. Hierbei richtet er sich aber wie erwartet nicht an Nadine, sondern an seine neben ihm stehende Frau, der gegenüber er nun zum Ausdruck bringt, mit welchem Problem er sich konfrontiert sieht und damit letztlich auch die entstandene Stille erklärt. Offensichtlich nimmt er die auf dem Schild notierte Gesprächsaufforderung ernst, sieht sich aber mit dem Problem konfrontiert, keine Anhaltspunkte für einen thematischen Gesprächseinstieg und damit den eigentlichen Beginn einer Mensch-Roboter-Interaktion zu besitzen. Einerseits agiert er damit innerhalb des Rahmens der gemeinsamen Objektrezeption, indem er sich mit seiner Frau mit Bezug auf das betrachtete Objekt austauscht. Andererseits verdeutlicht er aber auch, dass er zugleich bezogen auf das Problem des Gesprächsbeginns mit Nadine agiert. Dieses Problem scheint fundamentaler Art zu sein, da es ihm nicht einmal gelingt, sein Verhalten auch nur versuchsweise zu bestimmen und zu schauen, wie das Gegenüber hierauf reagiert (vgl. hierzu Luhmann 1984: 150). Angesichts fehlender Erfahrung mit möglichen Erwartungen eines Roboters scheint er die Unbestimmtheit der Situation weitgehend als ‚reine' und nicht schon ‚strukturierte' oder ‚artikulierte' doppelte Kontingenz zu erleben (vgl. hierzu Sutter 1997: 317; Schneider 2009: 259; Kieserling 1999: 89 f.), so dass er Nadine gegenüber handlungsunfähig wird.

Vor dem Hintergrund der bis hierhin rekonstruierten Struktur der Begegnung scheint der skizzierte Rahmen der musealen Objektrezeption an dieser Stelle nicht mehr einfach als Korrektur einer initialen fundierenden Deutung, sondern eher als Einschub, der die Eröffnung einer fokussierten Interaktion unterbricht, um Möglichkeiten der Kontaktaufnahme mit Nadine zu eruieren. Die prinzipielle Möglichkeit der Aufnahme von Kommunikation scheint entsprechend nicht ausgeschlossen. Im Vergleich mit normalen Interaktionseröffnungen ist somit auffällig, dass der unmittelbare Zugzwang unterbrochen scheint und Nadine in der Phase der Problembearbeitung offensichtlich ihren Status als soziales Gegenüber verliert, um ihn anschließend wieder gewinnen zu können. Ähnlich wie dies bereits Jörg Bergmann (1988b) für Haustiere und Holger Braun (2000) für technische Artefakte beschrieben haben, erscheint Nadine damit kommunikativ als Entität behandelt zu werden, „die zwar eine Zurechnung von Handlungen ermöglicht, diese Zurechnung allerdings in hohem Grad sozial verhandelbar ist" (Braun 2000: 15) So wird Nadine zwar offensichtlich grundsätzlich Adressabilität zugesprochen, da man sich ansonsten auch keine Gedanken über einen Gesprächseinstieg machen müsste. Zugleich erscheint dieser Status aber „nur zeitweise eingeräumt [zu werden], um ihn fakultativ wieder entziehen zu können" (Braun 2000: 15).

Genau dies scheint mit dem Rahmenwechsel zur Objektrezeption im vorliegenden Fall realisiert zu werden. Der Entzug des Status als adressable Entität dient hier dazu Zeit zu gewinnen und Lösungen für die Aufgabe des Gesprächseinstiegs zu finden. Da dem Mann dies nicht selbst gelingt, wird in der Folge seine Frau aktiv, wie der nächste und letzte Ausschnitt des Transkriptes zeigt.

```
11        (1.5)

12   Frau   <<beugt sich zum Mikrofon und spricht langsam und deutlich>
            wie ALT bist du.>
```

Nach einer kurzen Pause, die darauf verweist, dass der Mann auch weiterhin nicht in der Lage ist einen thematischen Einstieg zu wählen, übernimmt seine Frau, indem sie sich zum Mikrofon beugt und den Roboter langsam und deutlich – als ob sie mit einem Kind oder einer Person, die in der verwendeten Sprache nicht 100%ig kompetent ist, reden würde – fragt, wie alt er ist (Zeile 12)[16].

An diesem Einstieg ist nun zweierlei auffällig: Erstens verzichtet die Frau auf eine (Nähe-)Begrüßung, wie sie in alltäglichen, aber auch institutionellen Interaktionen obligatorischer Teil der Interaktionseröffnung wäre und in fundamentaler Weise der Herstellung der sozialen Beziehung zwischen den sich Begrüßenden dient. Stattdessen beginnt sie direkt mit dem thematischen Einstieg. Zweitens erscheint auch die spezifische Wahl des Gesprächsthemas ungewöhnlich. Denn ein direkter Einstieg mit einer Frage nach dem Alter des Gegenübers verlässt implizite ‚moralische' Vorgaben einer „taktvolle[n] Verständigung" (Luhmann 1972: 56) und gilt entsprechend in zwischenmenschlicher Interaktion als hochgradig riskant. Unter normalen Umständen ist mit dem gewählten Beginn also eine klare Provokation verbunden, sodass mit Ablehnung, wenn nicht Empörung gerechnet werden müsste.[17]

---

16 Dabei ignoriert sie, dass der Roboter durch den gesenkten Kopf eigentlich Nicht-Ansprechbarkeit signalisiert. Auch dies ist etwas, das häufig in Mensch-Roboter-Begegnungen beobachtbar ist: Die körperlichen Aktivitäten von Mensch und Maschine erfolgen nur rudimentär synchronisiert und die menschlichen Beteiligten ignorieren auf diese Wiese Limitationen der Fähigkeiten der Roboter.
17 Selbst bei einem Gespräch mit einem Kind, dem gegenüber Fragen nach dessen Alter prinzipiell legitim und durchaus üblich sind, müsste eine solche Frage eingeleitet und gerahmt werden und wäre ohne vorangegangene Begrüßung kaum vorstellbar.

Der gewählte Einstieg ist somit für eine soziale Interaktion vollkommen unty-
pisch und verletzt basale Normen des Taktes und der Reziprozität. Damit verwei-
gert die Frage letztlich auch die Anerkennung des Gegenübers als Alter Ego,
welches damit rechnen kann, dass in der Kommunikation die eigenen „Alter-
Perspektive(n) Berücksichtigung finden" (Luhmann 1984: 119). Nadine wird entsprechend durch die Frage zwar als adressierbar kategorisiert, aber gleichzeitig
nicht wie eine menschliche Person behandelt, deren ‚normative Erwartungen'[18]
bei der Wahl des eigenen Verhaltens in Rechnung gestellt werden müssten. Insofern steckt in der Wahl des Verhaltens seitens der Frau insofern eine Aberken-
nung des Person-Status Nadines, als dass dieser keine für das eigene Verhalten
relevante Erwartungserwartungen zugeschrieben werden. Nichtsdestotrotz wird
sie aber als Entität behandelt, welche über die Fähigkeit verfügt, eine Mitteilung
und deren normative Implikationen zu verstehen. Schließlich gehört es zur ‚mora-
lischen Ordnung' einer Interaktion, dass auf eine Frage eine Antwort normativ erwartbar wird (Bergmann 1988a: 18 ff.). Das heißt, die Frage der Frau formuliert die
Erwartung, dass Nadine normative Erwartungen in Gesprächen kennt und ihr eigenes Verhalten an diesen orientiert, ohne aber selbst in Anspruch zu nehmen,
dass ihr gegenüber entsprechende normative Erwartungen eingehalten werden.
Hierdurch erhält die Begegnung eine starke Asymmetrie und der Roboter wird als
Entität behandelt, die zwar an Kommunikation teilnehmen kann, aber nicht voll-
umfänglich als Person mit eigenen normativen Erwartungen Anerkennung findet.
      Genau dies setzt sich auch im weiteren Verlauf der Begegnung und in vielen
anderen Begegnungen zwischen Menschen und Maschinen in verschiedenen Kontexten fort, so dass an dem hier analysierten kurzen Transkriptausschnitt exemplarisch der aktuelle kommunikative Status von sozialen Robotern (und anderen
künstlichen Gesprächspartnern) aufscheint, wie er aus einer kommunikationstheoretisch orientierten Analysebrille sichtbar gemacht werden kann.

9.5 Schluss

Ziel des vorliegenden Beitrags war es, eine kommunikationstheoretische Perspektive auf die Sozialität mit Robotern vorzustellen und deren heuristische

---

18 Normative Erwartungen sind solche Erwartungen, an denen im Enttäuschungsfall festgehalten wird und deren Akzeptanz damit als selbstverständlich erachtet wird. Mit Blick auf Personen
lässt sich sagen, dass diese als Personen selbstverständlich einen takt- bzw. respektvollen Umgang mit sich normativ erwarten. Diese Selbstverständlichkeit des Erwartens ist strikt an das
Person-Sein und die Anerkennung dieses kommunikativen Status gebunden.

Fruchtbarkeit für die empirische Analyse von Begegnungen zwischen Menschen und Robotern aufzuzeigen. Der Clou der kommunikationstheoretischen Perspektive liegt darin, dass sie versucht, Diskussionen um notwendige Eigenschaften von Menschen und Maschinen, welche sie als soziale Akteure qualifizieren können, zu umgehen. In diesem Sinne interessiert sie sich auch nicht für die Sozialität von oder mittels Robotern. Eher schon geht es um die Frage, ob es Sozialität mit Robotern geben kann, wobei diese kommunikationstheoretisch reformuliert wird in die Frage, welchen kommunikativen Status Roboter (oder andere Entitäten) in Kommunikationsprozessen erhalten. So formuliert richtet sich der Analysefokus auf die Untersuchung sequenziell ablaufender Kommunikationsprozesse.

Erkennbar wird auf diese Weise, dass und wie sich Mensch-Roboter-Interaktionen derzeit noch deutlich von bekannten Mustern der zwischenmenschlichen Interaktion unterscheiden. Damit verbunden werden humanoide Roboter zwar insofern als Kommunikationspartner behandelt, als dass ihnen zumindest partiell zugeschrieben wird, Kommunikation verstehen und angemessen auf Kommunikationsangebote reagieren zu können. Zugleich wird Robotern aber nicht – zumindest nicht durchgängig – zuerkannt, über (normative) Erwartungen hinsichtlich eines ihnen gegenüber angemessenen Verhaltens zu verfügen. Eine (moralische) Anerkennung als Person bleibt ihnen damit kommunikativ verwehrt. Damit scheint sich mit der Entwicklung und Verbreitung humanoider Maschinen ein neuer Typus ‚sozialer Adressen' herauszubilden, der vielleicht als „technische Adresse" beschrieben werden kann (Muhle 2019). Das Besondere dieses Typus liegt darin, dass Entitäten, die diesen kommunikativen Status zugesprochen bekommen, prinzipiell als kommunikationsfähig behandelt werden, *nicht aber als Personen*.[19] Fallen diese beiden Eigenschaften bei Menschen traditionell zusammen, gilt dies mit Blick auf Roboter scheinbar nicht. Vermutlich liegt genau hierin auch in (naher) Zukunft weiterhin die Besonderheit der Kommunikation mit humanoiden Robotern und anderen avancierten Kommunikationstechnologien. Ihre kommunikativen Fähigkeiten werden zwar besser, einen Person-Status erhalten sie hierdurch aber noch nicht. Anzunehmen ist eher, dass sich spezifische Formen der Befehlskommunikation entwickeln, wie sie heute auch schon in der Interaktion mit sogenannten ‚smart speakern' beobachtbar sind (Reeves et al. 2018). Diskussionen etwa um Roboterrechte wie sie bereits öffentlich geführt werden, scheinen vor diesem Hintergrund eher in Science-Fiction-Fantasien zu gründen als in der Realität der Mensch-Roboter-Verhältnisse.

---

19 Hier könnte man über Ähnlichkeiten (und Unterschiede) mit dem kommunikativen Status von Sklaven oder Eingeschlossenen in totalen Organisation nachdenken.

Literatur

Arminen, I., 2005: Institutional Interaction. Studies of Talk at Work. Aldershot [u. a.]: Ashgate.

Atkinson, J.M. & J. Heritage (Hrsg.), 1984: Structures of Social Action. Studies in Conversation Analysis. Cambridge: Cambridge University Press.

Auer, P., 2017: Anfang und Ende fokussierter Interaktion: Eine Einführung. InLiSt – Interaction and Linguistic Structures 59.

Bergmann, J., 1981: Ethnomethodologische Konversationsanalyse. S. 9–51 in: P. Schröder & H. Steger (Hrsg.), Dialogforschung. Jahrbuch 1980 des Instituts für deutsche Sprache. Düsseldorf: Schwann.

Bergmann, J., 1985: Flüchtigkeit und methodische Fixierung sozialer Wirklichkeit. Aufzeichnungen als Daten der interpretativen Soziologie. S. 299–320 in: W. Bonß & H. Hartmann (Hrsg.), Entzauberte Wissenschaft: Zur Relativität und Geltung soziologischer Forschung. Göttingen.

Bergmann, J., 1988a: Ethnomethodologie und Konversationsanalyse. Kurseinheit 3. Hagen: Fernuniversität – Gesamthochschule Fachbereich Erziehungs- Sozial- und Geisteswissenschaften.

Bergmann, J., 1988b: Haustiere als kommunikative Ressourcen. S. 299–312 in: H.-G. Soeffner (Hrsg.), Kultur und Alltag: Soziale Welt: Sonderband 6. Göttingen: Schwartz.

Böhle, K. & M. Pfadenhauer, 2014: Social Robots call for Social Sciences. Science, Technology & Innovation Studies 10: 3–10.

Böhringer, D. & S. Wolff, 2010: Der PC als „Partner" im institutionellen Gespräch. Zeitschrift für Soziologie 39: 233–251.

Braun, H., 2000: Soziologie der Hybriden. Über die Handlungsfähigkeit technischer Agenten 4-2000. https://www.ssoar.info/ssoar/bitstream/document/1047/1/ssoar-2000-braun-soziologie_der_hybriden.pdf. [zuletzt geprüft am 24.08.2022].

Braun-Thürmann, H., 2002: Künstliche Interaktion. Wie Technik zur Teilnehmerin sozialer Wirklichkeit wird. Wiesbaden: Westdeutscher Verlag.

Breazeal, C.L., 2002: Designing sociable robots. Cambridge, Mass: MIT Press.

Cheok, A.D., K. Karunanayaka & E.Y. Zhang, 2017: Lovotics: Human-robot Love and Sex Relationships. S. 193–220 in: P. Lin, K. Abney & R. Jenkins (Hrsg.), Robot Ethics 2.0: From Autonomous Cars to Artificial Intelligence. Oxford: Oxford University Press.

Esposito, E., 1993: Der Computer als Medium und Maschine. Zeitschrift für Soziologie 5: 338–354.

Esposito, E., 2001: Strukturelle Kopplung mit unsichtbaren Maschinen. Soziale Systeme 7: 241–253.

Esposito, E., 2017: Artificial Communication? The Production of Contingency by Algorithms. Zeitschrift für Soziologie 46: 249–265.

Fink, R.D. & J. Weyer, 2011: Autonome Technik als Herausforderung der soziologischen Handlungstheorie. Zeitschrift für Soziologie 40: 91–111.

Fuchs, P., 1991: Kommunikation mit Computern? Zur Korrektur einer Fragestellung. Sociologica Internationalis. Internationale Zeitschrift für Soziologie Kommunikations- und Kulturforschung 29: 1–30.

Fuchs, P., 1996: Die archaische Second-Order Society. Paralipomena zur Konstruktion der Grenze der Gesellschaft. Soziale Systeme 2: 113–130.

Fuchs, P., 1997: Adressabilität als Grundbegriff der soziologischen Systemtheorie. Soziale Systeme 3: 57–79.

Fuchs, P., 2001: Von Jaunern und Vaganten – Das Inklusions/Exklusions-Schema der A-Sozialität unter frühneuzeitlichen Bedingungen und im Dritten Reich. Soziale Systeme 7: 350–369.

Geser, H., 1989: Der PC als Interaktionspartner. Zeitschrift für Soziologie 18: 230–243.

Gilgenmann, K., 1994: Kommunikation mit neuen Medien. Der Medienumbruch als soziologisches Theorieproblem. Sociologia Internationalis. Internationale Zeitschrift für Soziologie, Kommunikations- und Kulturforschung 32: 1–35.

Goffman, E., 2008: Rahmen-Analyse. Ein Versuch über die Organisation von Alltagserfahrungen. Frankfurt am Main: Suhrkamp.

Goodwin, C., 2000: Action and embodiment within situated human interaction. Journal of Pragmatics 32: 1489–1522.

Harth, J., 2020: Simulation, Emulation oder Kommunikation? Soziologische Überlegungen zu Kommunikation mit nicht-menschlichen Entitäten. S. 143–158 in: M. Schetsche & A. Anton (Hrsg.), Intersoziologie. Menschliche und nichtmenschliche Akteure in der Sozialwelt. Weinheim, Basel: Beltz Juventa.

Hausendorf, H., 2012: Soziale Positionierungen im Kunstbetrieb. Linguistische Aspekte einer Soziologie der Kunstkommunikation. S. 93–124 in: M. Müller & S. Kluwe (Hrsg.), Identitätsentwürfe in der Kunstkommunikation. Studien zur Praxis der sprachlichen und multimodalen Positionierung im Interaktionsraum ‚Kunst'. Berlin, Boston: Walter de Gruyter GmbH Co.KG.

Jefferson, G., 1989: Preliminary Notes on a Possible Metric which Provides for a ‚Standard Maximum' Silence of approximately one Second in Conversation. S. 166–195 in: D. Roger & P. Bull (Hrsg.), Conversation: An Interdisciplinary Perspective. Clevedon: Multilingual Matters.

Kendon, A., 1990: A Description of some Human Greetings. S. 153–207 in: Conducting Interaction. Patterns of Behavior in Focused Encounters. Cambridge [u. a.]: Cambridge Univ. Pr.

Kesselheim, W., 2012: Gemeinsam im Museum: Materielle Umwelt und interaktive Ordnung. S. 187–231 in: H. Hausendorf, L. Mondada & R. Schmitt (Hrsg.), Raum als interaktive Ressource. Tübingen: Narr.

Kieserling, A., 1999: Kommunikation unter Anwesenden. Studien über Interaktionssysteme. Frankfurt am Main: Suhrkamp.

Klein, H.J., 1997: Kunstpublikum und Kunstrezeption. S. 337–359 in: J. Gerhards (Hrsg.), Soziologie der Kunst: Produzenten, Vermittler und Rezipienten. Wiesbaden: VS Verlag für Sozialwissenschaften.

Knoblauch, H., 2017: Die kommunikative Konstruktion der Wirklichkeit. Wiesbaden: Springer Fachmedien.

Krummheuer, A., 2010: Interaktion mit virtuellen Agenten? Zur Aneignung eines ungewohnten Artefakts. Stuttgart: Lucius & Lucius.

Lindemann, G., 2002: Person, Bewusstsein, Leben und nur-technische Artefakte. S. 79–100 in: W. Rammert & I. Schulz-Schaeffer (Hrsg.), Können Maschinen handeln? Soziologische Beiträge zum Verhältnis von Mensch und Technik. Frankfurt, New York: Campus Verlag.

Lindemann, G., 2010: Die Emergenzfunktion des Dritten – ihre Bedeutung für die Analyse der Ordnung einer funktional differenzierten Gesellschaft. Zeitschrift für Soziologie 39: 493–511.

Luckmann, T., 1980: Über die Grenzen der Sozialwelt. S. 56–92 in: Lebenswelt und Gesellschaft. Grundstrukturen und geschichtliche Wandlungen. Paderborn u. a.: Schöningh.

Luhmann, N., 1972: Einfache Sozialsysteme. Zeitschrift für Soziologie 1: 51–65.

Luhmann, N., 1984: Soziale Systeme. Grundriß einer allgemeinen Theorie. Frankfurt am Main: Suhrkamp.

Luhmann, N., 1995: Was ist Kommunikation? S. 113–124 in: Soziologische Aufklärung 6. Die Soziologie und der Mensch. Wiesbaden.

Luhmann, N., 2008: Rechtssoziologie. Wiesbaden: VS Verlag für Sozialwissenschaften.

Magnenat-Thalmann, N., L. Tian & F. Yao, 2017: Nadine: A Social Robot that Can Localize Objects and Grasp Them in a Human Way. S. 1–23 in: S. Prabaharan, N.M. Thalmann & V.S. Kanchana Bhaaskaran (Hrsg.), Frontiers in Electronic Technologies. Singapore: Springer.

Magnenat-Thalmann, N. & Z. Zhang, 2014: Social Robots and Virtual Humans as Assistive Tools for Improving Our Quality of Life. S. 1–7 in: X. Lou, Z. Luo, L.M. Ni & R. Wang (Hrsg.), 2014 5th International Conference on Digital Home (ICDH): IEEE.

Mondada, L., 2010: Eröffnungen und Prä-Eröffnungen in medienvermittelter Interaktion: Das Beispiel Videokonferenzen. S. 277–334 in: L. Mondada & R. Schmitt (Hrsg.), Situationseröffnungen. Zur multimodalen Herstellung fokussierter Interaktion. Tübingen: Narr.

Muhle, F., 2013: Grenzen der Akteursfähigkeit. Die Beteiligung „verkörperter Agenten" an virtuellen Kommunikationsprozessen. Wiesbaden: Springer VS.

Muhle, F., 2016: „Are you human?" Plädoyer für eine kommunikationstheoretische Fundierung interpretativer Forschung an den Grenzen des Sozialen. Forum Qualitative Sozialforschung / Forum: Qualitative Social Research 17.

Muhle, F., 2018a: Begegnungen mit Nadine. Probleme der ‚Interaktion' mit einem humanoiden Roboter. S. 499–511 in: A. Poferl & M. Pfadenhauer (Hrsg.), Wissensrelationen. Beiträge und Debatten zum 2. Sektionskongress der Wissenssoziologie. Weinheim: Beltz Juventa.

Muhle, F., 2018b: Sozialität von und mit Robotern? Drei soziologische Antworten und eine kommunikationstheoretische Alternative. Zeitschrift für Soziologie 47: 147–163.

Muhle, F., 2019: Humanoide Roboter als ‚technische Adressen'. Zur Rekonstruktion einer Mensch-Roboter-Begegnung im Museum. Sozialer Sinn 20: 85–128.

Muhle, F., 2020a: Roboter in der Sozialwelt. Überlegungen und Einsichten zum Subjektstatus humanoider Roboter in: M. Schetsche & A. Anton (Hrsg.), Intersoziologie. Menschliche und nichtmenschliche Akteure in der Sozialwelt. Weinheim, Basel: Beltz Juventa.

Muhle, F., 2020b: Sei aufmerksam! Über den Kampf um An- und Abwesenheit in Lehrveranstaltungen. Kleine Soziologie des Studierens. Eine Navigationshilfe für sozialwissenschaftliche Fächer. Opladen, Toronto: Verlag Barbara Budrich.

Muhle, F., 2022: Adressabilität und Gesellschaft. Kommunikationstheoretische Überlegungen zur Bestimmung der Grenzen des Sozialen. S. 49–69 in: M. Pohlig & B. Schlieben (Hrsg.), Grenzen des Sozialen. Kommunikation mit nicht-menschlichen Akteuren in der Vormoderne. Göttingen: Wallstein.

Parsons, T. & E.A. Shils, 1951: Toward a General Theory of Action. New York: Harper and Row.

Pitsch, K., 2012: Exponat – Alltagsgegenstand – Turngerät: Zur interaktiven Konstitution von Objekten in einer Museumsausstellung. S. 233–273 in: H. Hausendorf, L. Mondada & R. Schmitt (Hrsg.), Raum als interaktive Ressource. Tübingen: Narr.

Pitsch, K., 2015: Ko-Konstruktionen in der Mensch-Roboter-Interaktion. Kontingenz,
Erwartungen und Routinen in der Eröffnung. S. 229–258 in: U. Dausendschön-Gay,
E. Gülich & U. Krafft (Hrsg.), Ko-Konstruktionen in der Interaktion. Die gemeinsame Arbeit
an Äußerungen und anderen sozialen Ereignissen. transcript: Bielefeld.

Rammert, W. & I. Schulz-Schaeffer, 2002: Technik und Handeln. Wenn soziales Handeln sich
auf menschliches Verhalten und technische Abläufe verteilt. S. 11–64 in: W. Rammert &
I. Schulz-Schaeffer (Hrsg.), Können Maschinen handeln? Soziologische Beiträge zum
Verhältnis von Mensch und Technik. Frankfurt, New York: Campus Verlag.

Reeves, S., M. Porcheron & J. Fischer, 2018: „This is Not What We Wanted": Designing for
Conversation with Voice Interfaces. Interactions 26: 46–51.

Schneider, W.L., 2004: Grundlagen der soziologischen Theorie. Band 3: Sinnverstehen und
Intersubjektivität – Hermeneutik, funktionale Analyse, Konversationsanalyse und
Systemtheorie. Wiesbaden: VS Verlag für Sozialwissenschaften.

Schneider, W.L., 2009: Kommunikation als Operation sozialer Systeme: Die Systemtheorie
Luhmanns. S. 250–391 in: Grundlagen der soziologischen Theorie. Band 2: Garfinkel –
RC – Habermas – Luhmann. Wiesbaden: VS Verlag für Sozialwissenschaften.

Schützeichel, R., 2015: Soziologische Kommunikationstheorien. Konstanz: UVK Verl.-Ges.
[u. a.].

Selting, M., P. Auer, D. Barth-Weingarten, J. Bergmann, P. Bergmann, K. Birkner, E. Couper-
Kuhlen, A. Deppermann, P. Gilles, S. Günthner, M. Hartung, F. Kern, C. Mertzlufft,
C. Meyer, M. Morek, F. Oberzaucher, J. Peters, U. Quasthoff, W. Schütte, A. Stukenbrock
& S. Uhmann, 2009: Gesprächsanalytisches Transkriptionssystem 2 (GAT 2).
Gesprächsforschung – Online-Zeitschrift zur verbalen Interaktion (https://www.ge
spraechsforschung-ozs.de): 353–402.

Sidnell, J., 2010: Conversation Analysis. An Introduction. Chichester [u. a.]: Wiley-Blackwell.

Suchman, L.A., 1987: Plans and Situated Actions. The Problem of Human-Machine
Communication. Cambridge: Cambridge University Press.

Sutter, T., 1997: Rekonstruktion und doppelte Kontingenz. Konstitutionstheoretische
Überlegungen zu einer konstruktivistischen Hermeneutik. S. 303–336 in: T. Sutter
(Hrsg.), Beobachtung verstehen, Verstehen beobachten. Perspektiven einer
konstruktivistischen Hermeneutik. Opladen: Westdeutscher Verlag.

Teubner, G., 2006: Elektronische Agenten und große Menschenaffen. Zur Ausweitung des
Akteursstatus in Recht und Politik. Zeitschrift für Rechtssoziologie 27: 5–30.

Turkle, S., 1984: Die Wunschmaschine. Vom Entstehen der Computerkultur. Reinbek bei
Hamburg: Rowohlt.

vom Lehn, D., 2006: Die Kunst der Kunstbetrachtung. Aspekte einer pragmatischen Ästhetik
in Kunstausstellungen. Soziale Welt 57: 83–99.

Zhao, S., 2006: Humanoid Social Robots as a Medium of Communication. New Media &
Society 8: 401–419.

Pat Treusch

10 Feministische Neomaterialismen und sozialwissenschaftliche Forschung im Robotiklabor – eine Verhältnisbestimmung

10.1 Einstieg

Ein Entwicklungssprung von smarten Robotertechnologien wird aktuell medial breit antizipiert: Roboter sollen sich aus den Fabrikhallen industrieller Produktion in ‚unsere' Haushalte des Globalen Nordens begeben. Unabhängig von der Erfüllbarkeit solch technologischer Versprechen scheint klar zu sein, dass eine „Roboter Invasion" (Gunkel 2018) nicht aufzuhalten ist. Vielmehr kann argumentiert werden, dass wir uns bereits mitten in solch einer ‚Invasion' befinden, die sich jedoch nicht in einem radikalen Umschwung vollzieht, sondern in einem kleinteiligen, schrittweisen Prozess (vgl. Gunkel 2018: ix). Diese Schritte beinhalten, dass ‚wir', die zukünftigen Nutzer:innen, mit smarten Robotertechnologien vertraut gemacht werden, bspw. durch mediale Berichterstattungen. In diesen werden solche Technologien nicht nur präsentiert, sei es durch Abbildungen von existierenden oder möglichen Robotern, sondern diese stellen auch bildlich dar, wie Roboter der Zukunft für ‚uns Menschen' als Individuen und als Gesellschaft dienlich werden sollen. Diese Bilder reichen vom humanoiden Roboter mit Bauchklappe, der von Haustür zu Haustür fährt und bei der Mülltrennung und -entsorgung hilft, über den Roboter, der wie eine fahrende Säule mit Kopf gestaltet ist und in großen Fachmärkten die Kund:innenbetreuung übernimmt, bis zum virulenten Beispiel des humanoiden Roboters, der als Pflegeroboter meist Senior:innen ein Getränk reicht.

Mögen die Szenarien und damit die technologischen Anforderungen von Modell zu Modell variieren, so ist ihnen gemein, dass sie alle einem Narrativ der sozialen im Sinne von sozial dienlichen Maschinen zugehörig sind. Sie konstituieren also die Klasse der *sozialen Roboter*, die über ihre neue Rolle, eben die eine:r Partner:in in sozialen, alltäglichen Situationen, definiert werden (vgl. Dautenhahn 1995). Essenziell dafür ist es, diese Roboter mit der Fähigkeit auszustatten, sich in Alltagsumgebungen bewegen zu können und „natürlich mit Menschen zu kommunizieren und verbale und nonverbale Signale zu nutzen" (Breazeal et al. 2016: 1936, Übersetzung: PT). Diese Fähigkeiten wiederum werden von Entwickler:innen zumeist an ein anthropomorphes Design ge-

https://doi.org/10.1515/9783110714944-010

knüpft, das sich sowohl über die Erscheinung als auch das Verhalten und die Beschreibung des Roboters erstreckt.

Die Idee Roboter als soziale Partner:innen (Breazeal et al. 2016: 1936) durch solch ein anthropomorphes Design zu realisieren ist mehrfach und breit kritisiert worden. So haben Wissenschaftler:innen aus den Geisteswissenschaften, aber auch aus dem Feld der Human-Robot-Interaction (HRI) herausgearbeitet, dass ein anthropomorphes Design unhinterfragt Stereotype und Ungleichheitsverhältnisse reproduzieren oder gar verstärken kann, die rassifizieren, vergeschlechtlichen oder ableistisch sind (vgl. Suchman 2007; Atanasoski &Vora 2019; Ogbonnaya-Ogburu et al. 2020; Treusch 2021; Roesler et al. 2022).

Ganz allgemein können an dem Versprechen, Roboter zu erschaffen, die ‚uns Menschen' in alltäglichen Tätigkeiten unterstützen oder sogar als lästig empfundene Aufgaben übernehmen sollen, unterschiedliche Perspektiven der sozialwissenschaftlichen Analyse und Kritik angesetzt werden.[1] In diesem Beitrag geht es darum, das Bild der sozialen Roboter durch eine Perspektive der feministischen neomaterialistischen Kritik gegenzulesen. Doch was genau beinhaltet das? Dies möchte ich in diesem Beitrag herausarbeiten und hierbei das Augenmerk auf methodologische Einsichten legen, die sich aus solch einer Hinwendung zu Materialitäten im Kontext Robotiklabor ergeben. Auf diese Weise soll am Gegenstand der Auseinandersetzung mit der sozialen Robotik deutlich werden, was das spezifisch Feministische innerhalb neomaterialistsicher Theoriebildung im Hinblick auf diesen Kontext ausmacht.[2] Der Zugang erfolgt hierbei über zwei forschungsbiographische Stationen meiner eigenen sozio-ethnographischen Arbeit in Robotiklaboren. Hierzu präsentiere ich ausgewählte Vignetten, die ich im Lichte feministischer neomaterialistischer Kritik rekonstruieren werde, um auf diese Weise wichtige Grundannahmen der gewählten Theorieperspektive zu verdeutlichen.[3]

---

1 S. bspw.: Treusch 2015; Bischof 2017, Rhee 2018, Darling 2021.

2 Zunächst einmal sind feministische Neomaterialismen ein breit angelegtes Feld der Theoretisierung, das sowohl aus Arbeiten der feministischen Science and Technology Studies (FSTS) hervorgegangen ist, als auch als Impulsgeber für dieses betrachtet werden kann. Federführend sind hier die Arbeiten bspw. von Lucy Suchmann (2007) und im deutschsprachigen Raum insb. von Corinna Bath (2013) und Jutta Weber (2006).

3 Die Arbeit an diesem Artikel wurde finanziert durch das Horizon 2020 RIA Programm der Europäischen Union unter der HUMAN+ COFUND MSC Fördervereinbarung Nr. 945447.

Vignette 1: Im Küchenrobotiklabor

Das Labor sieht auf den ersten Blick wie eine Küche aus. Der Raum ist groß und leicht schlauchförmig geschnitten. Der Eingang ist mittig und durch eine Schiebetür zu betreten. Zur rechten Seite eröffnet sich eine geräumige, moderne, weiße Einbauküche mit separater Anrichte. Gegenüber dem Eingang ist ein großer Tisch, auf dem mehrere Computermonitore stehen und der sich in das Design der Küche einfügt. Nach links gibt es einen quer im Raum aufgestellten Tisch sowie eine Reihe Barhocker an der linken Stirnwand. Außer an der Wand mit Küchenschränken gibt es überall Fenster. An den Fenstern nach draußen sind die Rollläden heruntergelassen. Der Raum wird von mehreren Deckenleuchten beleuchtet. Insgesamt wirkt der Raum hell, freundlich und einladend. Mitten in der Küche steht ein ca. 1,70m großer Roboter mit Torso, Armen mit Händen und einem Kopf mit Augen, angebracht auf einer Plattform mit Rollen. Der Kopf ist leicht auf den Torso gesunken. Ich bin allein im Labor und stelle mich direkt vor den Roboter. Dieser ist augenscheinlich ausgeschaltet, nichtsdestotrotz merke ich, dass ich darauf warte, dass er auf mich reagiert, den Kopf anhebt und den Blick erwidert. (Feldnotizen Oktober 2010)

Die Feldforschung im Rahmen meiner Dissertation fand in einem Küchenrobotiklabor statt. In Vignette eins wird deutlich, dass es sich dabei um einen speziellen Ort handelt. Mag das Labor auf den ersten Blick wie eine herkömmliche Küche erscheinen, so zeigt bereits der zweite Blick, dass nicht nur – im Gegensatz zu einer herkömmlichen Küche – ein Keyboard im Ofen versteckt ist, das nur sichtbar wird, wenn die Ofentür geöffnet und das Blech herausgezogen wird und über das der darüber befindliche Bildschirm bedient wird. Es zeigt sich darüber hinaus, dass sowohl die räumliche Aufteilung als auch die lichttechnischen Bedingungen Arrangements sind, die es erlauben, zwischen Küche und Robotiklabor zu differenzieren. Denn anders als in den meisten häuslichen Küchen sind im Küchenrobotiklabor die Rollläden meist heruntergelassen, um den Raum abzudunkeln. Zugleich sind die hellen großen Neonröhren eingeschaltet, um den Raum zu beleuchten. Dadurch wird eine kontrollierbare Beleuchtung geschaffen, die für die Kameraaugen des Roboters unerlässlich ist.

Zudem ist die Küche so gebaut, dass sich der Roboter in dieser gut bewegen kann: Es gibt keinen Teppich oder Gegenstände, die zu Hindernissen werden können und sie verfügt über ausreichend Platz, damit der Roboter sich gut bewegen kann. Die Fenster vom Flur und dem Nachbarraum in das Labor, sowie die große Schiebetür, schaffen zudem eine Atmosphäre, die auf mich sofort eine einladende Wirkung hat: Sie symbolisieren Transparenz und Offenheit und ermöglichen es, dem Team und seinem Roboter bei der gemeinsamen Arbeit über die Schulter zu schauen.

Damit sind die materiell-räumlichen Bedingungen, die den hybriden Raum Küchenrobotiklabor konstituieren, nur ansatzweise aufgezählt. Dieses Labor ist auch in eine Narration eingebunden, wie die Interaktion mit solch einem Küchenroboter mal aussehen wird, die z. B. auf seinem YouTube Kanal, in journalistischen Artikeln und auf der Projektseite entsponnen wird. Jedoch sind es die Räumlichkeit, der Roboter, das Team der Entwickler:innen und die Besucher:innen, zu denen auch ich zähle, und die in diesem Raum aufeinandertreffen, welche die Interaktion mit dem Roboter aktualisieren. Dies bestätigt auch meine erste Begegnung mit dem Roboter – so kann ich beobachten, dass ich augenscheinlich nach Betreten dieses hybriden Raumes fast ganz automatisch darauf warte, dass meine Anwesenheit vom Roboter nicht nur bemerkt, sondern auch auf diese reagiert wird. Ich erwarte, dass ich begrüßt werde. Dies ist unabhängig davon, dass ich weiß, dass der Roboter nicht angeschaltet ist. Der Raum, die Gegenstände in ihm, die Art wie sie zueinander in Position stehen sowie die Lichtverhältnisse haben diese Erwartung bei mir evoziert. Dazu zählen auch die beiden Kameraaugen des Roboters auf meiner Augenhöhe und eine Metallsalatschüssel mit Schirm auf dem Kopf des Roboters, die wie eine Baseballkappe erscheint.

Sherry Turkle ([1984] 2005) prägte prominent den Begriff der „evokativen Objekte" für den Computer als Maschine, die gleichzeitig als ein gestaltetes Objekt und ein kommunikatives Gegenüber erfahren werden kann und der Fähigkeiten zugeschrieben werden, durch die es quasi zum Leben erweckt wird (vgl. Turkle 2005: 1 ff.; Suchman 2007: 33). Meine Erfahrung damit, wie es sich für mich angefühlt hat, dem Küchenroboter das erste Mal gegenüberzutreten, hat eben diese interpretative Sicht auf eine Ansammlung von Metall, Plastik und Elektronik ausgelöst. Hier können zwei Lesarten angesetzt werden: Aus einer anthropozentrisch situierten Perspektive erscheine ich als das handelnde Subjekt, das einem passiven Objekt gegenübersteht. Mag ich diesem Objekt eine evozierende Wirkung zugestehen, so scheint jedoch kein Zweifel daran zu bestehen, dass ich mit meiner Vorstellungskraft den Roboter zum Leben erwecke, bzw. die Erwartung an ihn stelle, gleich ‚aufzuwachen', den Kopf zu heben und meinen Blick zu erwidern. Aus einer feministisch-neomaterialistischen Perspektive, die einen solchen Anthropozentrismus de-zentriert, bleibe ich zwar das handelnde Subjekt, jedoch bin ich erstens nur eine der handelnden Instanzen innerhalb eines Netzes aus miteinander verknüpften multiplen, mehr-als-menschlichen Handlungsfähigkeiten (*Agencies*), deren konkrete Handlungsträger:innenschaft sich zweitens erst aus dem Zusammenwirken aller beteiligten Akteur:innen ergibt. Aus einer solchen Perspektive geht es nicht nur darum, die Ko-bedingtheit von Akteur:innen anzuerkennen, sondern eben auch die politisch-ethischen Dimensionen dieser Ko-bedingtheit nachzuzeichnen. Deshalb kann solch ein Nachzeichnen auch keine objektiv-neutrale Beschreibung eines als gegeben gedachten Arrangements von Subjekten, Objekten, Dingen und Räumen sein, sondern nur das Ergebnis radikal situierter Wissensproduktion.

Dies bedeutet, Donna Haraways (1991) Paradigma des „Situierten Wissens" folgend,[4] dass Wissensproduktion immer nur partiell möglich ist, da sie an spezifische Zeit-, Macht- und Raumgefüge gebunden ist, aus denen heraus Erkenntnis erst möglich ist. Diese Gefüge stellen somit die materiell-diskursiven Bedingungen von Wissen dar. Diese einschränkenden Bedingungen nicht anzuerkennen, perpetuiert den „Gott-Trick" (Haraway 1991: 189) eines „Blicks aus dem Nirgendwo" (Haraway 1991: 188); einer anscheinend immateriellen, alles durchdringenden Erkenntnisposition. Dies ist die „unmarkierte Position von Mann und Weiß" (Haraway 1991: 188), aus der heraus das subjektive, verkörperte Eingebundensein des Erkennenden in die Welt negiert wird.

In diesem Sinne sind auch meine Erwartungen in der ersten Begegnung mit dem Küchenroboter situiert. Sie werden genauso durch mein vorausgegangenes Anschauen des Roboters in Aktion auf seinem Youtube Kanal beeinflusst wie durch die Einbettung der Begegnung in die spezifisch materialisierte Umwelt des Labors und der in ihm befindlichen Dinge. Die Begegnung stellt damit einen Knotenpunkt diskursiv-materieller *Agencies* dar, deren konkretes Zusammenspiel meine Antizipation eines Verhaltens durch die Maschine evoziert. Diese Evozierung ist zudem eingelassen in das diskursiv-materielle Gefüge des Küchenroboters, der als Akteur:in im Küchenrobotiklabor konstruiert ist; ein Roboter, von dem ich weiß, dass er mit mir im Kontext Küche kollaborieren soll.

Die Trennlinien zwischen mir und dem Roboter werden also durch die materiellen und diskursiven Gefüge (mit-)hervorgebracht, in welche die Begegnung eingelassen ist und die unser Aufeinandertreffen als Roboter und Subjekt erst ermöglichen. Damit verbunden erachte ich die Trennlinien zwischen Subjekt und Objekt aus feministisch-neomaterialistischer Perspektive nicht als gegeben, sondern als das Produkt unseres Aufeinandertreffens. Dabei erkenne ich meine Verantwortung dafür an, dass die Art und Weise wie ich den Roboter erfahre und beschreibe eben partielles Wissen produziert. Trennlinien mitzugestalten, geht immer mit der ethisch-politischen Dimension einher, verantwortlich zu werden für die Situierung der eigenen Erkenntnisposition, die wiederum die multiplen menschlichen und nicht-menschlichen *Agencies*, die an Wissensproduktion beteiligt sind, anerkennt. Dies ist eine zentrale Einsicht feministisch-neomaterialistischer Forschung.

Mit feministisch-neomaterialistischer Theoriebildung geht nicht nur die Betonung der Situiertheit des produzierten Wissens einher, sondern – dies wurde

---

4 Zitate englischer Texte: Übersetzung: PT.

in der Betonung der Bedeutung heterogener *Agencies* schon angedeutet – auch ein „Primat der Materialität" (Coole & Frost 2010: 1). Solch ein Primat der Materialität „stellt einige der grundlegendsten Annahmen, die der modernen Welt zugrunde liegen, in Frage, einschließlich des normativen Verständnisses des Menschen und der Überzeugungen von [autonom-exklusiver, PT] menschlicher Handlungsfähigkeit" (Coole & Frost 2010: 4). So lautet ein Argument, dass das normative menschliche Subjekt der Erkenntnis und des Handelns in kritischer Theoriebildung vorwiegend auf symbolisch-diskursiver Ebene dekonstruiert worden sei, jedoch zu wenig Augenmerk auf die materielle Ebene und ihre Verflechtungen mit der symbolisch-diskursiven gelegt wurde. Dies kann als Impuls für eine Rahmung neomaterialistischer Theoriebildung als *material turn* erachtet werden, wobei wichtig ist zu betonen, dass es sich hier vielmehr um einen erneuernden und ergänzenden Impetus handelt, statt um eine radikale Abwendung oder Neuheit.[5] Mit Diane Coole und Samantha Frost geht es dabei darum, dass „materielle Faktoren in den Vordergrund zu rücken [sind, PT] und die Re-Konfiguration unseres Verständnisses von Materie Voraussetzungen für jeden plausiblen Zugang zu Ko-Existenz und ihren Bedingungen im einundzwanzigsten Jahrhundert sind" (Coole & Frost 2010: 2). Dabei lässt sich feministische neomaterialistische Theoriebildung nicht vereinheitlichen, vielmehr zeichnet sie sich durch multiple Strömungen aus, die sich aus unterschiedlichen Disziplinen speisen, bzw. in diesen angesiedelt sind und weiterentwickelt werden. Revelles-Benavente und andere führen aus, dass dies die Kunstwissenschaften, Philosophie, Kultur- und Medienwissenschaften sowie die Sozialwissenschaften umfasst (Revelles-Benavente et al. 2019: 2). Mit Katharina Hoppe und Benjamin Lipp (2017) ist zudem insbesondere in der Soziologie eine Hinwendung zur Materialität zu beobachten, die sich vorwiegend aus den Arbeiten der *Science and Technology Studies* speist. Wie sie weiter ausführen: „Materialität wird dabei jedoch vorwiegend als *stabilisierender Faktor* von Handlungs- und Ordnungszusammenhängen gefasst" (Hoppe & Lipp 2017: 3; Hervorhebung i.O.). So wird vorrangig die Dinghaftigkeit von Sozialität und sozialen Handelns betont und deren, bzw. dessen materielle Infrastrukturen geraten in den analytischen Fokus. Dem gegenüber schlagen Hoppe und Lipp einen soziologischen Zugriff auf Neomaterialismen vor, der sich an „der Widerspenstigkeit und destabilisierenden Wirkung" (Hoppe & Lipp 2017: 4) von Materialitäten orientiert. Eine Hinwendung zur Materialität kann in diesem Sinne keine bereits stabilisierten diskursiv-materiellen Gefüge voraussetzen, sondern sieht sich vielmehr damit konfrontiert,

---

5 Zur *newness* des material turn, s. auch: Dolphijn & Van der Tuin (2013); Hinton & Treusch (2015).

dass sich „Materialitäten […] der Analyse und Beobachtung [entziehen], […] multipel [materialisieren], und […] gerade aufgrund ihrer Multiplizität [konfigurieren]." (Hoppe & Lipp 2017: 4).

Gemäß der Perspektive des Situierten Wissens sind es eben erst Beobachtung und Analyse, also der erkennende Zugriff auf diskursiv-materielle Konfigurationen von Bedeutung und Materialität, die diese Konfigurationen stabilisieren, während Materialitäten dabei ebenso stabilisierend also auch destabilisierend wirken können. Diese Einsicht in das „komplexe Wechselspiel" von „de/stabilisierenden Wirkungen" (Hoppe & Lipp 2017: 4) wiederum in eine empirische Vorgehensweise und Instrumente zu übersetzen, erscheint höchst voraussetzungsvoll. Wie ich im Folgenden anhand von Vignette 2 zeigen werde, gilt dies insbesondere für sozialwissenschaftliche, qualitative Forschung im Kontext Robotiklabor.

Vignette 2: Interaktion im Küchenrobotiklabor

Zu verschiedenen Anlässen bei denen Demonstrationen des Roboters stattfinden, kommen Besucher:innen in das Küchenrobotiklabor. Ein integraler Teil der Demonstrationen besteht darin, den Besucher:innen zu zeigen, wie der Roboter aufgebaut ist und zu was er fähig ist. Dabei arbeiten zumeist zwei Ingenieure, manchmal drei Ingenieure aus der Robotikgruppe zusammen: Einer von ihnen übernimmt gleichzeitig die Rolle des Präsentators und die Rolle eines potenziellen Nutzers und steht dabei dicht neben dem Küchenroboter. Dabei trägt der Ingenieur ein Headset, über das er mit dem Roboter kommuniziert. Mindestens ein weiterer Ingenieur ist ebenso Teil der Demonstration und sitzt am Rechner im Raum, um die Aktionen des Roboters am Computer zu folgen. In jeder Demonstration folgen einzelne Schritte der Vorführung einem festen Ablauf. Im Folgenden zoome ich in eine Szene der Interaktion während solch einer Demonstration, an der ich teilgenommen habe, hinein.[6]

Der Küchenroboter soll einen Plastikbecher auf der Küchenablage finden, greifen und Ingenieur A bringen. Ingenieur A erklärt, dass es sich dabei um präprogrammierte Griffe handelt, es jedoch für den Roboter nicht einfach sei, seine eigene Hand zu erkennen. Deshalb hat der Roboter einen „magischen roten Ball" am Handgelenk, um seine eigene Roboterhand „visuell zu erkennen". Wenn er jetzt einen Becher greifen soll, dann „minimiert [er] den Abstand zwischen Ball und Objekt" (ibid.). An diese Erklärung schließt Ingenieur B, der das Headset trägt, den Befehl an den Roboter „bring me the green cup!" an. Sobald sich der Roboter in Bewegung setzt, erläutert Ingenieur A, dass dies „vordefinierte Griffe" seien und fügt hinzu „wie man hier sehen kann. Jetzt sieht man – leider nichts." Ingenieur A deutet dabei auf den Monitor in der Küche, auf dem zu sehen ist, was der Roboter mit seinen Kameraaugen sieht und stellt dabei fest, dass die Kameraaugen den Becher aktuell nicht erkennen. Als Reaktion darauf stoppt Ingenieur B den Befehl und nimmt den Becher selbst in die Hand, um ihn höher vor den Roboter zu halten – fast auf Augenhöhe – und dabei auf dem Monitor zu prüfen, ob der Roboter nun

---

6 Alle in dieser Vignette folgenden Zitate sind meinem Buch „Robotic Companionship" (2015), Seite 131 ff., entnommen.

den Becher erkennt, während die beiden Ingenieure beschließen, den Befehl „bring me the green cup from the table!" zu wiederholen. Ingenieur B, nun den Becher vor den Roboter haltend, dreht den Kopf weg von Roboter und Becher und hin zum Bildschirm, bewegt den Becher und stellt fest, dass der Roboter den Becher nun erkennen und seinen Bewegungen folgen kann. Der Roboter nimmt den Becher und übergibt ihn wieder an Ingenieur B.

Dieser Bericht aus dem Küchenrobotiklabor skizziert ausschnittsweise die Bedingungen und Praktiken von Interaktion mit dem Küchenroboter. Der Ablauf der Demonstration ist eingebettet in die erläuternde Vorstellung des Roboters mit seinen Fähigkeiten durch Ingenieur A. In dieser Demonstration trägt Ingenieur B das Headset und übernimmt die Kommunikation via Sprache. Das bedeutet, programmierte Befehle in das Mikrofon zu sprechen, und zwar so, dass der Roboter diese erkennen kann. Dabei zoomt mein Blick v. a. auf erstens die Mikropraktiken und zweitens die Dinge (Subjekte und Objekte) der Interaktion. Dazu zählen das Headset, der grüne Becher, der Monitor, die beiden Ingenieure, der Roboter, der Ablaufplan der Demonstration, die Gäste im Labor, der rote Ball, die vorprogrammierten Griffe, der Raum, die Befehle und mögliche Erwiderungen des Roboters, die Erläuterungen inklusive Gesten und ich als Beobachterin.

Um dem Zusammenspiel der Materialitäten in dem beschriebenen Szenario auf die Spur zu kommen, stelle ich folgende Fragen: Wie kann *Agency* in diesem Handlungsgefüge von Menschen (Ingenieure und Publikum) und Roboter nachgezeichnet werden? Wie können dabei Instanzen der Handlung differenziert werden? Und welche epistemologischen sowie ontologischen, aber auch politisch-ethischen Konsequenzen ergeben sich aus dieser Differenzierung? Aus feministischer Perspektive des situierten Wissens sind diese drei Fragen nicht voneinander loszulösen, sondern überlappen sich und verweisen aufeinander: *Agency* kann nicht neutral und objektiv differenzierten Entitäten wie ‚dem Roboter' zugeordnet werden, sondern artikuliert sich als Ergebnis eines fortlaufenden Prozesses der Materialisierung von Differenz. Aus feministisch-neomaterialistischer Perspektive fokussiert die Analyse dieses Szenarios darauf, zu fragen, wie nachgezeichnet werden kann, wer an diesem Prozess wie beteiligt ist. Dabei geht es um die Situierung von Interaktion in Macht-, Raum- und Zeit-Gefügen des Zusammenwirkens, in denen Entitäten mit Eigenschaften diskursiv-materiell stabilisiert oder destabilisiert werden.

10.2 Agency im Küchenrobotiklabor – ein eindeutiges oder ein flüchtiges Phänomen?

Ein Roboter mit humanoidem Design und der Fähigkeit, über Sprache zu kommunizieren, erscheint auf den ersten Blick eine materiell klar abgegrenzte Entität mit *Agency* zu sein. Jedoch betont bspw. Lucy Suchman, dass ein solches Konzept von *Agency* sich aus der „modernist, post-Enlightenment assumption [...] that autonomous agency is contained within individuals and is a distinguishing capacity of the human" (Suchman 2007: 213) speist. Dem Küchenroboter *Agency* zuzuschreiben bedeutet eben nicht, dessen materiellen Eigensinn anzuerkennen, sondern geht vielmehr mit erstens der Zuschreibung von Mensch(enähn)lichkeit und zweitens der Kodierung von *Agency* als menschlichem Distinguierungsmerkmal einher. Diese Zuschreibung stellt Eindeutigkeit her und perpetuiert dabei die „Konstruktion von universeller Menschlichkeit" (Haraway 1991: 214). Beim ‚universalisierten Menschen', handelt es sich allerdings um das autonom handelnde Subjekt der Aufklärung, und damit um die unmarkierte Kategorie von Mann und Weiß (vgl. Haraway 1991: 210). Menschenähnlichkeit fungiert also als ein Merkmal, über das die machtvollen Operationen der Grenzziehung zwischen universalisiertem Menschen und seinen [sic!] Anderen vollzogen werden.

Die Figur des sozialen als humanoidem Roboter ist damit in Praktiken der Reproduktion von kulturellen Ordnungsmustern entlang der Trennungslinien von Race, Klasse, Geschlecht und Able-Bodiedness eingebettet und damit auch die Interaktion zwischen Menschen und Robotern im Kontext Küchenrobotiklabor. Jedoch lässt sich die Interaktion mit dem Küchenroboter nicht auf die bloße diskursiv-klassifikatorische Zuschreibung von Menschenähnlichkeit reduzieren, aus der dann menschenähnliche Fähigkeiten zur Interaktion hervorgehen. Gleichzeitig kann ein als menschenähnlich gedachtes Design nicht mit einer Verkörperung von menschenähnlichen Fähigkeiten gleichgesetzt werden. Ein feministisch-neomaterialistischer Zugriff erlaubt, wie ich im Weiteren zeigen werde, einen Ausweg aus dieser sich hier ergebenden analytischen Sackgasse, die, wenn sie die *Agency* des Roboters als materielle Instanz neu verhandelt, scheinbar nur zwischen einer epistemologischen (diskursiv-klassifikatorischen) und einer ontologischen (verkörpernden) Zuordnung des Roboters zu menschlicher *Agency* zu differenzieren erlaubt. Beides wird dem von mir beobachtetem Gefüge des Zusammenwirkens nicht gerecht und verhaftet in universeller Menschlichkeit als Schablone für das Design und die Fähigkeiten des Roboters sowie für die Interaktionsmöglichkeiten mit diesem. Ein Ausweg scheint zu sein, *Agency* entlang von de/stabilisierenden Wirkungen und damit als eher flüchtiges, schwer greifbares Phänomen, anstatt als eindeutige Eigenschaft zu begreifen.

Ein wichtiger Bezugspunkt feministischer Neomaterialismen sind queer-feministische, performativitätstheoretische Ansätze (vgl. Butler 1990). Im Kern verstehen diese bspw. die Materialisierung von Körpern als binär vergeschlechtlichte als Sedimentierung eines iterativen Prozesses des Einübens von binärem Geschlecht, welcher die Normen der heterosexuellen Matrix[7] zitiert. Kurzum erlangen Körper eine Bedeutung als einem Geschlecht zugehörig, indem diese Zugehörigkeit permanent vollzogen wird. Praktiken des Vollzugs sind Teil eines meist unhinterfragten Alltagswissens, werden als selbstverständlich erlernt, sind nicht willkürlich, sondern regulierende Operationen von Macht, und lassen sich nicht auf rein sprachliche Praktiken reduzieren. Die neomaterialistische Weiterführung setzt hier an und ergänzt das Konzept der Performativität um erstens das Nicht-Menschliche als ebenso beteiligt am iterativen Einüben von z. B. Körpergrenzen mit Eigenschaften und zweitens um das Verständnis von nicht-menschlichen Körpern ebenso wie menschliche Körper als performativ hervorgebracht (vgl. Barad 2007: 34).

Karen Barads (2007) Arbeit an „posthumanistischer Performativität" ist für die Erforschung von Mensch-Roboter Verhältnissen ganz maßgeblich (vgl. Suchman 2007). Im Folgenden geht es darum, das Konzept der posthumanistischen Performativität ganz basal nachzuvollziehen, um darauf aufbauend zu beschreiben, wie ich dieses nutze, um die Menschen-Roboter Verhältnisse der Interaktion im Kontext Küchenrobotiklabor neu zu verhandeln und analytisch neu zu fassen.

Barad (2007) verschiebt die Analyse der differenzierenden Herstellung von stabilen Grenzen, die Entitäten markieren, von der Frage *how bodies come to matter* hin zu der Frage *how matter comes to matter*. Sie versteht ihre Arbeit als eine Ergänzung queer-feministischer Performativitätstheorie, welche die „materiellen Dimensionen regulierender Praktiken" (Barad 2007: 192) in den Blick nimmt. So geht es ihr darum, menschliche und nicht-menschliche Körper(grenzen) zwar als hervorgebracht durch das iterative, zitierende Einüben von Normen zu verstehen, allerdings gesteht sie dabei Materialität selbst eine aktive, regulierende Rolle zu (Barad 2007: 192). Das kann als eine epistemologische, ontologische und politisch-ethische Intervention in die Konzeptualisierung und kritische Analyse von *Agency* als Alleinstellungsmerkmal ‚des Menschen' verstanden

---

7 Bei der heterosexuellen Matrix handelt es sich um ein Konzept Butlers, mit dem knapp gesagt die Wechselseitigkeit von Geschlecht, Sexualität und Begehren über die Einübung eines naturalisierten, heterosexuellen Normen- und Ordnungssystems, erklärt werden kann.

werden, indem diese ganz grundsätzlich die modernen Erzählungen von Autonomie, Kontrolle und Objektivität als Resultate dieser *Agency* infrage stellt. In Barads Worten: „We are responsible for the world within which we live, not because it is an arbitrary construction of our choosing, but because it is sedimented out of particular practices that we have a role in shaping" (Barad 2007: 203). Es geht ihr also nicht darum, die menschliche Verantwortung in der performativen Herstellung von Realität zu negieren, sondern diese vielmehr in ihrer ko-gestalterischen Dimension anzuerkennen. Das meint, menschliche *Agency* nicht länger als gegebene Eigenschaft zu mystifizieren, sondern ihre Abhängigkeit zu nicht-menschlichen *Agencies*, welche die Moderne als ihren konstituierenden Gestus negiert, anzuerkennen. Dabei handelt es sich eben weder um ein rein epistemologisches, noch rein ontologisches, sondern um ein sowohl ontologisches, als auch epistemologisches sowie ein politisch-ethisches Unterfangen, da Praktiken der Negierung mit Unterdrückung, Diskriminierung und Unterwerfung einhergehen.

Barads Begriff der „Intra-aktion" (Barad 2007: IX) ist für ihren Zugriff auf Performativität von besonderer Bedeutung, denn dieser erfasst die wechselseitig konstituierende Qualität von Interaktion ohne diese an prä-existierende Entitäten zu binden. Dem entsprechend versteht sie Differenz als das Ergebnis performativer, d. h. iterativer Intra-aktivität, über die sich die differenzierende Grenze zwischen menschlich und nicht-menschlich entweder stabilisiert oder destabilisiert. Wenn Barad die „komplexen agentiellen Intra-aktionen multipler materiell-diskursiver Praktiken" (Barad 2007: 206) betont, dann verweist sie auf die Dynamik posthumanistischer Performativität. Diese Dynamik erfassen zu wollen lässt sich nicht von dem eigenen Eingebundensein in iterative Intra-aktivität loslösen. Vor diesem Hintergrund wird greifbar, inwiefern das analytische Erfassen von *Agency* auch immer ein regulierender und partieller Zugriff ist. Konstellationen von materiell-diskursiven Praktiken zu rekonstruieren ist immer auch ein Prozess, in dem die Grenzen eines menschlichen oder nicht-menschlichen Körpers stabilisiert oder destabilisiert werden. Doch inwiefern lassen sich diese Einsichten im Kontext Küchenrobotiklabor anwenden?

Der in Vignette 2 vorgestellte Ausschnitt einer Interaktionsszene lässt sich aus posthumanistisch-performativer Perspektive somit doppelt auf *Agency* untersuchen. Zum einen wird das Herstellen von differenzierenden Körpergrenzen als ein Set an diskursiv-materiellen Praktiken der iterativen Intra-aktivität rekonstruierbar. Zum anderen gilt es, die performative Herstellung menschenähnlicher *Agency* als machtvolle Operation zu erfassen.

Agency in der beschriebenen Szene wird greifbar als ein posthumanistisch-performatives Zusammenwirken verschiedenster diskursiv-materieller Knotenpunkte, die zwar an der Herstellung von HRI beteiligt sind, jedoch meistens vernachlässigt werden. Es sind das Neustarten, die (fehlende) Übertragung auf dem Monitor, das erzählerische Einbetten in die Demonstration, der rote Ball, die Kameraaugen, der Befehl, die Spracherkennung, die prä-trainierten Griffe, die Beleuchtung im Raum, das Nichtreagieren des Roboters, der grüne Becher auf der Küchenanrichte, das Hochhalten des Bechers, der sich bewegende Roboterarm, die in der beobachteten Situation an der Herstellung und Verteilung von *Agency* beteiligt sind. Erst die Vernachlässigung und Leugnung dieser Handlungsbeteiligten macht es möglich, das mystifizierende Narrativ der autonomen menschlichen und menschenähnlichen *Agency* aufrecht zu erhalten (vgl. Suchman 2007: 244; 2011: 123; Treusch 2015: 227). Im Kontext Küchenrobotiklabor ist dies das Narrativ des Roboters, der in der Küche als Zentrum von Privathaushalten nützlich werden soll und sich darin wie ein Mensch bewegt. Dabei ist der erfolgreich vorgestellte soziale Roboter nicht nur an Menschenähnlichkeit als Identifikationsmuster ausgerichtet, sondern wird selbst zur Bestätigung für normative Menschlichkeit, also dafür, was es heißt, menschlich zu sein. Dieser Effekt kann mit Hayles als der eines „reverse feedback loop" (Hayles 2005: 132) analysiert werden.

In der beschriebenen Szene wird dieses Narrativ jedoch brüchig. So werden die intensiven, permanent ablaufenden Arbeiten an der Herstellung von Menschenähnlichkeit deutlich, die meine Analyse in den Vordergrund rückt. Materielle Widerständigkeit und Eigensinn produzieren (De-)Stabilisierungen und müssen permanent sowohl diskursiv als auch materiell reguliert werden. Dies wiederum umfasst Praktiken die als Teil des ko-produzierenden reverse feedback loops zwischen menschlich und menschenähnlich erachtet werden können, wie bspw. sich in die Kameraaugen des Roboters oder in seine Hand mit dem magischen Ball hineinzuversetzen. Die Augen und Hände des Roboters werden in der Demonstrationso für die Zuschauer:innen als menschenähnlich erkenn- und greifbar gemacht, so dass im Gegenzug die eigene Hand wie die des Roboters erfahrbar wird. Zudem umfasst die Herstellung solch menschenähnlicher Interaktionsverhältnisse Praktiken der Improvisation wie *Tinkering* (vgl. Kap. 4.2.2).

Körper, Dinge und Erklärungen der Ingenieure müssen neu aufeinander ausgerichtet werden, entziehen sich jedoch permanent der absoluten, menschlichen Kontrolle. Die (de-)stabilisierende, iterative Intraaktivität sichtbar zu machen, bedeutet im Kontext Küchenrobotiklabor das, was in der Herstellung sozial-sinnvoller Interaktionverhältnisse vernachlässigbar erscheint, als aktive Instanzen der HRI nachzuzeichnen. Aus dieser Perspektive heraus habe ich für den Kontext Küchenrobotiklabor den Begriff des „Performing the Kitchen" (Treusch 2015: 144) entwickelt. Diesen nutze ich, um HRI im Küchenrobotiklabor als Intra-aktionsverhältnis der Ko-produktion zwischen menschenähnlichen und menschlichen Instanzen der HRI zu analysieren (vgl. Treusch 2015: 144 ff.), die den vernachlässigten Dingen, Arbeiten und Praktiken auf die Spur kommt.

10.3 Feministische Neomaterialismen als Werkzeug der Intervention

Intra-aktivität als analytischer Zugang ermöglicht es, vernachlässigte *Agencies* sichtbar zu machen, ohne prä-figurierte Entitäten mit Eigenschaften vorauszusetzen. So geht dieser Zugang auch mit einer Intervention in etablierte Betrachtungsweisen einher. Im Folgenden möchte ich überblicksartig herleiten, inwiefern meine Erfahrungen aus feministisch-neomaterialistischer Perspektive in Robotiklaboren an der Herstellung von HRI beteiligt zu sein, dazu geführt hat, dass ich zwischen Werkzeugen der Analyse und der Intervention, die diese Perspektive bereitstellt, unterscheide. Dabei handelt es sich um eine hermeneutische Unterscheidung, wie ich zeigen werde, die allerdings wichtig nachzuvollziehen war, um meine Rolle als beobachtende Forscherin neu aufzustellen. Darauf aufbauend werde ich abschließend einen Ausblick auf die Weiterentwicklung des hier Vorgestellten entwickeln.

Eine für meine Arbeit forschungsleitende Frage artikuliert Suchman wie folgt: „[h]ow [...] might we refigure our kinship with robots – and more broadly machines – in ways that go beyond narrow instrumentalism, while also resisting restagings of the model Human" (Suchman 2011: 137). Wie ich in dem vorherigen Abschnitt aufgezeigt habe, lässt sich feststellen, dass aktuelle Robotermodelle über den Status eines bloßen Instruments hinausgehen. Gleichzeitig ist ihr Status als soziale Partner:innen der Interaktion recht fragil, während ein permanenter Prozess des Herstellens und Aufrechterhaltens dieses Status im Robotiklabor stattfindet. Dabei lassen sich unterschiedliche Ebenen der Analyse von *Agency* unterscheiden: die fragile, menschenähnliche *Agency* als flüchtiges Ergebnis und die performativen Prozesse, die dieses Ergebnis hervorbringen, in denen augenscheinlich klare Grenzen zwischen Entitäten sowohl verschwimmen als auch wieder klarer werden können. Die Art und Weise wie HRI zugänglich gemacht wird ist dabei ganz maßgeblich dafür, was gesehen, erfahren und analysiert werden kann. Das Ziel ist also nicht in die Falle der diskursiv-materiellen Erzählung von menschlicher Autonomie, Kontrolle und Objektivität zu tappen, welche das Menschenähnliche als eben ‚so wie wir Menschen‘ konstituiert. Suchman bezeichnet dies als ein *Restaging*. Das Ziel, solch ein als performativ gedachtes Aufführen nicht länger zu perpetuieren, muss mit Suchman zwangsläufig enthalten, die Mensch-Roboter-Beziehung neu zu gestalten (vgl. Suchman 2007; 2011).

Der Schlüssel für diese Neugestaltung ist der posthumanistisch performative Charakter von Interaktion. Wenn ich anerkenne, dass die Beziehung zwischen Roboter und Mensch aus diskursiv-materiellen Praktiken der iterativen Intra-aktivität hervorgeht, dann erkenne ich ebenso eine Offenheit für eine Neugestaltung an. Wichtig ist dabei, die Idee der Neugestaltung nicht an das Konzept von *Agency* als menschlichem Alleinstellungsmerkmal zu binden. Welche Form kann solch eine Neugestaltung dann annehmen?

Eine Bedingung einer Neugestaltung dieser Beziehung ist die interdisziplinäre Zusammenarbeit, da diese ebenso mit einer Neugestaltung der Idee, des Designs und der Realisierung des sozialen Roboters einhergeht. Aus posthumanistisch-performativer Perspektive bedeutet das, die multiplen *Agencies*, die daran beteiligt sind, soziale Beziehungen herzustellen, anzuerkennen. Zudem ist es für eine Neugestaltung zentral, das anthropomorphe Design als Voraussetzung für HRI eben nicht nur weiter zu hinterfragen, sondern auch die diskursiv-materiellen Praktiken in ihren regulierenden Operationen der Menschenähnlichkeit zu verändern. Dazu ist es notwendig, disziplinäre Verantwortlichkeiten und damit einhergehende Grenzziehungen zu überwinden.

Vignette 3: Stricknadeln in Robotergreifhänden

Ich stehe in einem Robotiklabor an einer technischen Universität als Projektleiterin des interdisziplinären Projekts „Träumen Roboter vom Stricken?(TRS)".[8] In dem Labor befinden sich unter anderem vier PANDA-Roboterarme, die auf mobilen Tischen angebracht und mit stationären Computern verbunden sind. In einer Ecke befindet sich der PANDA mit dem mein Team und ich arbeiten. Unsere Strickutensilien sind in einem Schrank in der Ecke untergebracht, jedoch heute liegen Nadeln und Wollknäuel an mehreren Arbeitsplätzen als ich das Labor betrete. Mehrere Personen haben während meiner Abwesenheit damit gearbeitet. Gleichzeitig ist ein neuer Gegenstand in den Schrank eingezogen: ein kleiner Würfel aus dem 3D-Drucker. In diesen Würfel ist ein Durchlass in der Größe der verwendeten Nadeln eingearbeitet. Ein zweiter Würfel befindet sich auf der Stricknadel. Mein Team erklärt und zeigt mir, dass PANDAs Greifer den Würfel besser greifen kann als die Stricknadel.

Durch TRS sind ungewöhnliche Objekte in das Robotiklabor eingezogen: Wolle und Stricknadeln. Diese in ein Robotiklabor mitzubringen hat ganz grundsätz-

---

8 Das Projekt wurde gefördert von der VolkswagenStiftung und Vignette 3 ist die stark gekürzte Zusammenschau von Ausschnitten meiner Feldnotizen von September bis Dezember 2018.

lich häufig für Belustigung bei allen Beteiligten auch bei den Besucher:innen des Robotiklabors gesorgt, da sich der Sinn dieser Zusammenführung nicht sofort ergibt: Stricken als Tätigkeit wurde bereits erfolgreich durch die Strickmaschine automatisiert. Warum also sollten nun auch Roboter stricken?

In dem Projekt ging es nicht darum, Handstricken erneut zu automatisieren, sondern die Möglichkeiten der Kollaboration zwischen Menschen und Cobots (Kollaborativen Robotern) auszuloten (vgl. Treusch et al. 2020; Treusch 2021). Das Einbinden von Wolle wurde dabei zu einer Intervention in das etablierte Verständnis von angemessenen Objekten (und ihren Beziehungen) in einem Robotiklabor. Gleichzeitig ermöglichte der materielle Eigensinn von Wolle und Nadeln, Teil der Neugestaltung der kollaborativen Schnittstelle zu werden und deren Möglichkeiten und Beschränkungen sichtbar werden zu lassen. So machen Wolle und Nadeln deutlich, was die Vorannahmen für eine gelungene Interaktion sind, wie die Fähigkeit, würfelähnliche Objekte greifen zu können, aber keine runden, wie Stricknadeln. Der 3D gedruckte Würfel als eine Lösung, um gemeinsam mit dem Roboterarm stricken zu können, unterstreicht die Brüchigkeit der kollaborativen Schnittstelle und die Notwendigkeit von Improvisation. Beides verweist wiederum auf die mehr-als-menschlichen Handlungsinstanzen, die in die Kollaboration von Mensch und Cobot eingebunden sind.

Mit Petra Gemeinboeck und Rob Saunders (2016) spielen Roboter „an important role in probing, questioning and daring our relationships with machines" (Gemeinboeck & Saunders 2016: 159). Aus posthumanistisch-performativer Perspektive geht es allerdings dabei nicht um die Herstellung von Autonomie, die Ausübung von Kontrolle oder ein objektives Narrativ, wie die Mensch-Roboter Beziehung aussehen kann und soll. Vielmehr fordert sie dazu auf, auszuprobieren, zu wagen und zu hinterfragen. Stricken mit Robotern ist in diesem Sinne ein Versuch, diskursiv-materielle Praktiken der iterativen Intra-aktivität zu ermöglichen, in denen der Roboter weder als ‚bloßes Instrument' noch ‚Fast-Mensch' erscheint. Dies ermöglicht es, *Agency* an der Mensch-Roboter-Schnittstelle im Sinne eines *careful coboting* (vgl. Treusch 2021) zu erfassen und neu zu gestalten. Dieser Begriff greift die interventionistische Dimension der Neugestaltung durch die Etablierung einer (Für-)Sorge tragenden Beziehung an der Schnittstelle zwischen Cobot und Mensch auf. Dabei wird (Für-)Sorge zum Werkzeug für die experimentelle, offene, aber Verantwortung übernehmende Herstellung von Beziehungen der Ko-Produktion zwischen Instanzen der Intra-aktivität, die sich in einem permanenten Prozess der Neufiguration befinden.

10.4 Fazit und Ausblick

Eine zentrale Frage, die meine Arbeit aus feministisch-neomateristischer Perspektive stellt ist: Wie wird die Figur des sozialen Roboters sowohl diskursiv als auch materiell hergestellt? Dabei lege ich ein Verständnis von diskursiv-materiell als immer untrennbar miteinander verwoben und beides generierend-produktiv an. Dies erfordert, mit unterschiedlichen Konzepten der feministischen Science and Technology Studies sowie Neomaterialismen zu arbeiten. Das beinhaltet wiederum, nicht nur das Vokabular, sondern auch die Analyseperspektive, durch die Subjekt und Objekt der Interaktion beobachtet werden, zu überarbeiten. Ganz zentral dafür haben sich das Konzept und analytische Werkzeug des situierten Wissens herausgestellt. Beobachtung ist niemals neutral oder objektiv, sondern eine Praxis der Wissensgenerierung, die in soziomateriellen Konfigurationen von Macht, Zeit und Raum situiert ist. Die Politiken der Situiertheit anzuerkennen, und zwar als eine fundamentale Dimension von wissenschaftlichen und technischen sowie immer auch materiellen Praktiken, ist eine Voraussetzung, um die Interaktion zwischen Menschen und Robotern entlang von *Agencies* zu beforschen.

Agency wird dabei nicht vorausgesetzt als eine Eigenschaft, die Subjekt oder Objekt besitzen, sondern als etwas, das sich artikuliert und zwar über den fortlaufenden Prozess der Materialisierung von Differenz. Widerspenstigkeiten und (de)stabilisierenden Wirkungen werden hierbei zu den Markern der sozialwissenschaftlichen Analyse, mit denen materielle *Agencies* in ihrem komplexen Wechselspiel in den Blick genommen werden können. Die neomaterialistische, feministische Perspektive beharrt auf eine Forschung zu Interaktionsverhältnissen mit Robotern, in denen die „Rhetoriken der menschenähnlichen Maschinen verlangsamt werden" und stattdessen die „materiellen Praktiken [der Herstellung, PT] genau beobachtet werden" (Suchman 2011: 134).

Diese Sensitivierung in der Analyse von handlungsfähigen Elementen im Robotiklabor verfolgt zweierlei Ziele: Zum einen geht es darum, aus einer sozialwissenschaftlichen Perspektive ein Korrektiv an der Rhetorik menschenähnlicher Roboter, die angeblich so sind und sich so verhalten wie ‚wir Menschen' anzulegen. Sie ermöglicht, aufzuzeigen, inwiefern Mensch-Roboter-Interaktion eben hochkomplex, fragil und performativ hergestellt ist. Zum anderen sind es diese flüchtigen, brüchigen Momente, in denen Interaktion nicht erfolgreich ist, die nicht nur auf (de)stabilisierende Wirkungen verweisen, sondern auch einen Ansatzpunkt darstellen, Herstellungsprozesse zu verändern. Denn, die diskursiv-materielle, performative Herstellung und die daran beteiligten materiellen *Agencies* nachzuzeichnen, bringt auch das interventionistische Potential der Neugestaltung mit sich. Es eröffnet Möglichkeiten der neomaterialistischfeministischen Neukonfiguration von Mensch-Roboter-Verhältnissen durch eine Neu-Gestaltung der Diskurse und Praktiken der Herstellung.

Einen wichtigen Impuls dafür liefern bspw. Abeba Birhane und Jelle van Dijk. Sie fordern als Prämisse für Mensch-Roboter-Konfigurationen, dass „Mensch zu sein bedeutet, mit unserer Umgebung in einer respektvollen und gerechten Art und Weise umzugehen" (Birhane & van Dijk 2002: 2, Übersetzung: PT). Daraus ergibt sich eine Verschiebung der zentralen Fragestellung um Mensch-Roboter- als soziale Verhältnisse: weg von dem Versuch, Menschenähnlichkeit als techni- schen Faktor zu implementieren, der dazu führt, dass Roboter so aussehen und sich so verhalten sollen ‚wie wir Menschen', hin zur Anerkennung diskursiv- materieller Intra-aktivität, aus der situierte Roboter-Mensch-Verhältnisse hervor- gehen, die auf ihre ethischen Dimensionen entlang von Werten wie Respekt und sozialer Gerechtigkeit zu überprüfen sind.

Dies meint auch, neue Parameter der Bewertung robotischer Gegenwart und Zukünfte einzuführen, die sich an der feministisch-neomaterialistischen Hinwendung zu sozio-materiellen Praktiken und der daran geknüpften Situie- rung von Mensch-Roboter Intra-aktion orientieren. Nicht zuletzt ergeben sich daraus Möglichkeiten, die Gestaltung von Intra-aktionsverhältnissen als eine interdisziplinäre Gestaltungsaufgabe neu zu bestimmen, die eine Zusammenar- beit zwischen Robotik und Sozialwissenschaften nicht nur ermöglichen, son- dern auch notwendig machen.

Literatur

Atanasoski, N. & Kalindi V., 2019: Surrogate Humanity. Race, Robots and the Politics of Technological Futures. Durham: Duke University Press.
Barad, K., 2007: Meeting the Universe Halfway. Durham: Duke University Press.
Bath, C., 2013: Semantic Web und Linked Open Data: Von der Analyse technischer Entwicklungen zum „Diffractive Design". S. 69–115 in: Dies., H. Meißner, S. Trinkaus & S. Völker (Hrsg.): Geschlechter Interferenzen. Wissensformen – Subjektivierungsweisen – Materialisierungen. Münster: LIT-Verlag.
Birhane, A. & J. van Dijk, 2020: Robot Rights? Let's Talk about Human Welfare Instead. 2020 AAAI/ACM Conference on AI, Ethics, and Society (AIES'20), February 7–8, 2020, New York, 7 Seiten.
Butler, J., 1990: Gender Trouble. New York: Routledge.
Coole, D. & S. Frost (Hrsg.), 2010: New Materialisms. Ontology, Agency, and Politics. Durham: Duke University Press.
Breazeal, C., K. Dautenhahn & T. Kanda, 2016: Social Robotics. S. 1935–1972 in: Siciliano, B. and Khatib, O. (Hrsg.): Springer Handbook of Robotics, 2nd edition. Berlin: Springer.
Dautenhahn, K., 1995: Getting to know each other – Artificial social intelligence for autonomous robots. Robotics and Autonomous Systems, 16/2–4: 333–356.

Darling, K., 2021: The New Breed: What Our History with Animals Reveals about Our Future with Machines: What Our History with Animals Reveals about Our Future with Robots. New York: Henry Holt.

Dolphijn R. & I. van der Tuin, 2013: New Materialism: Interviews and Cartographies.: Ann Arbour: Open Humanities Press.

Gemeinboeck, P. & R. Saunders, 2016: Creative Machine Performance: Computational Creativity and Robotic Art. Proceedings of the Fourth International Conference on Computational Creativity 2013: 215–19.

Gunkel, David J. 2018. Robot Rights. Cambridge: MIT Press.

Hayles, N. K., 2005: Computing the Human. Theory, Culture & Society, 22/1, 131–151.

Haraway, D., 1991: Simians, Cyborgs, and Women. The Reinvention of Nature. New York: Routledge.

Hinton, P. & P. Treusch, 2015: Teaching with Feminist Materialisms. Nieuwegein: De Lekstroom Griffioen.

Hoppe, K. & B. Lipp, 2017: Editorial: Neue Materialismen. Behemoth, 10/1, 2–9.

Ogbonnaya-Ogburu, I.F., A.D. Smith, A. To & K. Toyama, 2020: Critical Race Theory for HCI. S. 1–16 in: R. Bernhaupt, F.'. Mueller, D. Verweij, J. Andres, J. McGrenere, A. Cockburn, I. Avellino, A. Goguey, P. Bjørn, S. Zhao, B.P. Samson, R. Kocielnik & F. Mueller (Hrsg.), CHI'20. Proceedings of the 2020 CHI Conference on Human Factors in Computing Systems: April 25–30, 2020, Honolulu, HI, USA. New York: Association for Computing Machinery.

Rhee, J., 2018: The Robotic Imaginary. Minnesota: University of Minnesota Press.

Revelles-Benavente, Ernst & Rogowska-Stangret, 2019: Feminist New Materialisms: Activating Ethico-Politics Through Genealogies in Social Sciences. Social Sciences 8.

Roesler, E., L. Naendrup-Poell, D. Manzey & L. Onnasch, 2022: Why Context Matters: The Influence of Application Domain on Preferred Degree of Anthropomorphism and Gender Attribution in Human–Robot Interaction. International Journal of Social Robotics 14: 1155–1166.

Suchman, L., 2007: Human-Machine Reconfigurations. Plans and Situated Actions, 2nd Edition. New York: Cambridge University Press.

Suchman, L., 2011: Subject Objects. Feminist Theory, 12/2: 119–145.

Treusch, P. 2015: Robotic Companionship. The Making of Anthropomatic Kitchen Robots in Queer Feminist Technoscience Perspective. Linköping: LiU Press.

Treusch, P., A. Berger & D.K. Rosner, 2020: Useful Uselessness? S. 193–203 in: R. Wakkary, K. Andersen, W. Odom, A. Desjardins & M.G. Petersen (Hrsg.), Proceedings of the 2020 ACM Designing Interactive Systems Conference. DIS '20: Designing Interactive Systems Conference 2020, Eindhoven Netherlands. New York: Association for Computing Machinery.

Treusch, P., 2021: Robotic Knitting. Re-Crafting Human-robot Collaboration Through Careful Coboting. Bielefeld: Transcript.

Turkle, S., [1984] 2005: The Second Self. Computers and the Human Spirit. Twentieth Anniversary ed. Cambridge: The MIT Press.

Weber, J., 2006: From Science and Technology to Feminist Technoscience. S. 397–414 in: K. Davis, M. Evans & J. Lorber (Hrsg.): Handbook of Gender and Women's Studies. London: Sage.

Autor:innen

Andreas Bischof, Dr. phil., ist Juniorprofessor für Soziologie mit dem Schwerpunkt Technik an der Technischen Universität Chemnitz, Email: andreas.bischof@hsw.tu-chemnitz.de

Tim Clausnitzer, MA, ist wissenschaftlicher Mitarbeiter im DFG-Forschungsprojekt „Die soziale Konstruktion der Zusammenarbeit von Mensch und Roboter durch prototypisch realisierte Arbeitszusammenhänge (SoCoRob)" an der Technischen Universität Berlin, Email: t.clausnit zer@tu-berlin.de

Michael Decker, Dr. rer. nat., ist Universitätsprofessor für Technikfolgenabschätzung und leitet den Bereich „Informatik, Wirtschaft und Gesellschaft" des Karlsruher Instituts für Technologie, Email: michael.decker@kit.edu

Antonia Krummheuer, Dr. phil., ist Associate Professor am Department of Communication and Psychology an der Universität Aalborg, Email: antonia@ikp.aau.dk

Annalena Mittlmeier, MA, ist Universitätsassistentin am Institut für Soziologie der Universität Wien, Email: annalena.mittlmeier@univie.ac.at

Martin Meister, Dr. phil., ist wissenschaftlicher Mitarbeiter am Institut für Soziologie der Technischen Universität Berlin, Email: martin.meister@tu-berlin.de

Florian Muhle, Dr. phil., ist Professor für Kommunikationswissenschaft mit dem Schwerpunkt Digitale Kommunikation an der Zeppelin Universität Friedrichshafen, Email: florian.muhle@zu.de

Michaela Pfadenhauer, Dr. phil., ist Universitätsprofessorin für Soziologie (Wissen und Kultur) am Institut für Soziologie der Universität Wien, Email: michaela.pfadenhauer@univie.ac.at

Werner Rammert, Dr. rer. soc., ist emeritierter Professor für Techniksoziologie an der Technischen Universität Berlin, Email: werner.rammert@tu-berlin.de

Ingo Schulz-Schaeffer, Dr. rer. soc., ist Professor für Technik- und Innovationssoziologie am Institut für Soziologie der Technischen Universität Berlin, Email: schulz-schaeffer@tu-berlin.de

Pat Treusch, Dr. phil., ist Marie Skłodowska-Curie COFUND Fellow im interdisziplinären und internationalen Programm „Human+" am Trinity College Dublin, Email: treuschp@tcd.ie

Kevin Wiggert, MA, ist wissenschaftlicher Mitarbeiter im DFG-Forschungsprojekt „Die soziale Konstruktion der Zusammenarbeit von Mensch und Roboter durch prototypisch realisierte Arbeitszusammenhänge (SoCoRob)" an der Technischen Universität Berlin, Email: kevin.wig gert@tu-berlin.de

https://doi.org/10.1515/9783110714944-011

Register

https://doi.org/10.1515/9783110714944-012

www.ingramcontent.com/pod-product-compliance
Lightning Source LLC
Chambersburg PA
CBHW050350270326
41926CB00016B/3670